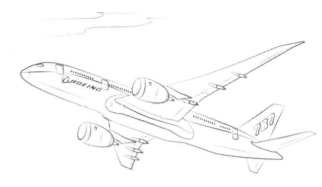

民航飞行学员心理健康自助手册

主　编 ◎ 罗晓利

副主编 ◎ 张炯理　唐迎曦

西南交通大学出版社

·成　都·

图书在版编目（CIP）数据

民航飞行学员心理健康自助手册 / 罗晓利主编. —
成都：西南交通大学出版社，2020.9
ISBN 978-7-5643-7632-1

Ⅰ. ①民… Ⅱ. ①罗… Ⅲ. ①民用航空 – 飞行人员 –
航空心理学 – 手册 Ⅳ. ①V321.3-62

中国版本图书馆 CIP 数据核字（2020）第 168844 号

Minhang Feixing Xueyuan Xinli Jiankang Zizhu Shouce
民航飞行学员心理健康自助手册

主编 罗晓利

责任编辑 罗爱林
封面设计 原谋书装

出版发行 西南交通大学出版社
（四川省成都市金牛区二环路北一段 111 号
西南交通大学创新大厦 21 楼）
邮政编码 610031
发行部电话 028-87600564 028-87600533
官网 http://www.xnjdcbs.com
印刷 四川森林印务有限责任公司

成品尺寸 185 mm×260 mm
印张 16.25
字数 406 千
版次 2020 年 9 月第 1 版
印次 2020 年 9 月第 1 次
定价 98.00 元
书号 ISBN 978-7-5643-7632-1

前　言

有关大学生心理健康的著作、教材或其他读物在国内可谓琳琅满目、版本众多，但迄今为止尚未见到民航飞行学员心理健康类的著作或读物在国内问世。虽然通识类大学生心理健康著作或者读物对飞行学员的心理健康的改善有一定作用，但不可否认的是民航飞行学员是一个特殊的群体，通识类大学生心理健康著作或读物对飞行学员而言并不具有针对性。2017 年，在中国民航局飞行标准司的支持下，"基于大数据的民航飞行学生心理健康维护/疾病风险管理体系研究"课题得到民航局安全能力基金的资助（批准号：DFS20170602）。本手册便是该课题研究重要内容之一，目的是为民航飞行学员提供一本通过自学获取心理健康知识的读物。

民航飞行学员的特殊性主要在于他们必须接受严格的体检和心理选拔程序、入校后的准军事化管理，适应理论与实践的高度结合、高速度与精确性的认知与技能要求，须通过双语化的各种执照等级考试，承受高负荷飞行任务和训练安全压力等。这些特殊场景和要求既会使他们在成功时获得愉悦的成就感，也会在失败时体验到受挫感，如不能进行合理管理则易演变为心理异常，导致心理健康水平下降，甚至心理疾病，以致对他们未来的职业生涯和学习、训练产生巨大影响。

心理健康对于飞行学员之所以重要，可从党和国家的要求、民航飞行安全、作风素质培养 3 个方面来理解。首先，党和国家历来重视大学生的心理健康，教育部于 2001—2018 年先后下达了 5 个有关大学生心理健康教育的文件，提出了大学生心理健康教育的目标、原则、任务，规范了大学生心理健康教育的教学内容、方法与途径、组织保障、建设标准等。大学生心理健康教育工作是全面推进大学生素质教育的需要，是中央和国家培养高素质人才的必然要求。其次，从飞行安全层面来说，80%以上的飞行事故都是由人的因素造成的，而心理健康是人的因素的重要组成部分。研究表明，不健康的心理会诱发不安全驾驶行为，积极健康的心理则会促使安全驾驶行为。民航飞行学员是未来飞行员队伍的生力军，其心理健康也是民航运行与发展的重要保障。最后，民航特色素质教育强调重视民航飞行学员的观念、作风、职业素养、知识、能力的培养和心理健康水平的提高。心理健康是飞行学员基本素质和职业素养的重要组成部分，民航飞行职业的高风险性、高技术密集性、高纪律性以及高职业素养要求性，要求民航飞行学员除了要具备良好的操纵能力外，还要具备良好的自我认知、良好的适应能力、良好的情绪管理能力、良好的个性特质以及良好的职业道德等。

本手册各章节逻辑结构的设计主要以课题研究过程中形成的民航飞行学员心理健康 7 个一级评价指标、45 个二级评价指标为主，并介绍了相关心理健康概念、理论、案例、测试量表以及测试平台使用。全书手册共计 11 个专题，具体编写分工如下：罗晓利提出全书撰写框架及负责全书的统稿工作，并负责专题 2、专题 10 以及专题 11 的撰写；张炯理协助罗晓利完成初期统稿工作，并负责专题 1 和专题 3 的撰写；唐迎曦在文献收集、心理健康标准和评价指标体系建立过程中做了大量工作，并负责专题 7 的撰写；凤四海负责专题 5 和专题 9 的撰写；王泉川负责专题 8 的撰写；罗渝川负责专题 4 的撰写；王红梅负责专题 6 的撰写；杨明负责提供飞行学员心理健康案例。

本手册的撰写过程中，参考了郑日昌先生主编的《大学生心理健康——自主与自助手册》（第 2 版）的撰写体例，通过公开出版的心理健康量表著作、文献查阅、网上资料收集和选取了 12 位专家编制的各类心理健康量表及其常模，并在专题 10 中加以呈现，由于时间和通信方式不明等原因，未能征求他们的意见，在此向他们致歉，并表示感谢！

由于时间紧迫、参编人员较多以及作者水平有限，本手册无论是逻辑结构、体例，还是内容处理上都还存在一些瑕疵，希望广大读者和专家学者批评指正。

罗晓利

2020 年 6 月 18 日于四川广汉

目　录

专题 1　心理健康知多少？

【引　子】

"检查一个人的心理，远比检查行李箱、鞋底或者内裤里面放置的炸弹要难得多！"美国《野兽日报》2015 年 3 月 27 日。

英国《每日电讯报》2015 年 3 月 27 日报道称，欧洲航空安全部门将要求所有欧洲大陆的飞机都保证驾驶舱有两人。

美国前飞行员库克斯称：短期而言，人们将以更加怀疑的态度看待飞行员。他说，令人悲哀的是，"像德国之翼的这个无赖飞行员不是第一个，也不会是最后一个"。

什么是心理和心理健康？心理由哪些方面组成？有哪些心理学专家带领团队形成了自己的心理健康理论流派？什么是健康与不健康心理？什么是心理异常、心理疾病……这些便是本章要介绍的主要内容，这些内容可以帮助读者了解心理和心理健康的常识，有助于读者理解后续章节的主要内容和形成与维护自己的心理健康。

以下案例中，案例 1 是影片《中国机长》的原型，也是每一个民航人都耳熟能详的案例，反映了民航飞行员最高职责和良好心理健康状态。案例 2 是飞行员心理健康不良、心理疾病导致飞行事故的典型事例。通过这两个事例我们可以发现，心理健康和心理素质对于飞行员来说是多么重要！

1　案例分析

案例 1：中国英雄机长——情绪管控能力、果断坚韧的意志品质、崇高职业道德的典范

基本信息：

四川航空公司 3U8633 航班由重庆飞往拉萨，飞机型号为空中客车 A319，飞机编号 B-6419，于 2011 年 7 月 26 日首次交付给川航。该飞机机龄为 6.8 年，为单通道飞机，飞行次数达 1 859 次，次数超过约 87% 的中国民航运营客机。

2018 年 5 月 14 日，四川航空公司 3U8633 航班在成都区域巡航阶段，驾驶舱右座前风挡玻璃破裂脱落，机组实施紧急下降。飞机于 2018 年 5 月 14 日 07:46 安全备降成都双流机场，所有乘客平安落地，有序下机并得到妥善安排。备降期间，右座副驾驶面部、划伤腰部扭伤，一名乘务员在下降过程中受轻伤。

2018 年 6 月 8 日下午 3 点，四川省、中国民用航空局成功处置川航 3U8633 航班险情表彰大会在成都召开。为表彰先进、弘扬正气，中国民用航空局、四川省人民政府决定授予川航 3U8633 航班机组"中国民航英雄机组"称号。2020 年 6 月 2 日，川航驾驶舱风挡爆裂调查报告出炉。调查报告显示，本次事件的最大可能原因是：B-6419 号机右风挡封严（气象封严或封严硅胶）可能破损，风挡内部存在空腔，外部水汽渗入并存留于风挡底部边缘。

事件经过：

2018 年 5 月 14 日，四川航空公司 3U8633 航班在成都区域巡航阶段，驾驶舱右座前挡风玻璃破裂脱落，机组实施紧急下降。瞬间失压一度将副驾驶吸出机外，所幸他系了安全带。在驾驶舱失压，气温迅速降到 –40 ℃（监测显示，当时飞机飞行高度为 32 000 英尺①，气温应该为 –40 ℃ 左右）、仪器多数失灵的情况下，机长刘传健凭着过硬的飞行技术和良好的心理素质，在民航各保障单位密切配合下，机组正确处置，飞机于 2018 年 5 月 14 日 07:46 安全备降成都双流机场。所有乘客平安落地，有序下机并得到妥善安排。

2018 年 5 月 14 日下午，飞行界一名资深人士表示，他们飞行圈都关注到此事。大家讨论认为，此次返航备降成功，确实非常不容易，堪称"世界级"。

他表示，在整个特情处置过程中，驾驶舱前风挡玻璃脱落，驾驶舱的气温是零下几十摄氏度，风流又大，当班机组都穿着短袖衬衫。由于风挡脱落时对客舱设备造成了损坏，很多设备显示不工作，机长还要正确操纵飞机紧急备降去成都，整个过程相当惊险、应对非常不易。他表示，这么大的高空事故，对飞行员的生理和心理都是严峻考验。此次应对成功，说明机长的心理素质过硬。从无线电录音中听上去，（机长）比较淡定，处理过程镇定果断，飞机最后平安降落在成都双流国际机场。

机长专访：

2018 年 5 月 14 日下午，媒体记者联系上机长刘传健，对他进行了专访。

记者：刘机长好，你现在身体好吗？

刘：身体没有感到明显不适，接下来公司还会组织进行一次全面的体检。

记者：航班起飞时间是在 6 点 25 分，事发时间和位置是什么时候？

刘：应该是 7 点多，我没注意准确的时间，离成都的距离在 100～150 千米。

记者：事发时有什么征兆吗？

刘：没有任何征兆，风挡玻璃突然爆裂，"哄"一声发出巨大的声响。我往旁边看时，副驾（身体）已经飞出去一半，半边身体在窗外悬挂。还好，他系了安全带。驾驶舱物品全都飞起来了，许多设备出现故障，噪音非常大，无法听到无线电。整个飞机震动非常大，无法看清仪表，操作困难。

记者：是怎样的困难法？

刘：瞬间失压和低温让人非常难受，每一个动作都非常困难。你要知道，当时飞机的速

---

① 1 英尺 = 0.304 8 米。

度是八九百千米（每小时），又在那么高的高度。我给你打个比喻：如果你在零下四五十摄氏度的哈尔滨大街上，开车以 200 千米的时速狂奔，把手伸出窗外，你能做什么？

记者：确实非常困难。我听说发出了 7700 的指令？

刘：是我发的，在下降时候发的，发生了故障马上就要发这个，相当于是表示"现在我需要帮助"，管制台会看到，知道大概的情况，发生了什么事情，键盘输入数字。

记者：在自动驾驶完全失灵、仪表盘损坏、无法得知飞行数据的情况下，如何确定方向、航向，返航机场的位置等？

刘：是的，完全是全人工操作，目视要靠自己来判断。民航很多是自动设备，其他自动设备都不能提供帮助。这条航线我飞了 100 多次，应该说各方面都比较熟悉。

记者：返航过程中，有没有关注自身的身体状况？

刘：当时只想能不能把飞机安全操作下去，无法关注自己的身体状况。为避免整个机组进一步受到伤害，要先减速迫降，而在紧急高度下降，噪音极大，自动设备不能提供帮助，完全凭手动和目视，靠毅力掌握方向杆，完成返航迫降。我当时的身体应该有非常大的抖动。

记者：从飞行数据上可以看出，事故发生后，紧急下降分了两个阶段：第一次是从 32 000 英尺左右紧急下降高度，第二次是从 24 000 英尺高度下降到着陆。这是出于什么考虑？

刘：因为当时（飞机）的速度非常快，噪音也很大，必须要进行减速。直接下降的话，会造成飞机和机上人员的伤害。

记者：从发生事故到降落花了多长时间？

刘：大概 20 多分钟。

记者：今天早上的天气情况怎样？对这次紧急迫降是否有影响？

刘：天气帮了很大的忙。今天早上几乎无云，能见度非常好，如果伴随降雨或者天气状况不好的话，后果无法预料。

民航局新闻发布会：

2018 年 5 月 15 日下午，在中国民用航空局（简称"民航局"）新闻发布会上，民航局通报了川航 3U8633 次航班风挡玻璃破裂脱落一事。

民航局方面在通报中称，在这次重大突发事故中，机组临危不乱、果断应对、正确处置，避免了一次重大航空事故的发生，反映出高超的技术水平和职业素养，是当代民航精神（即忠诚担当的政治品格、严谨科学的专业精神、团结协作的工作作风、敬业奉献的职业操作）的具体体现，也是对民航局近年来抓基层、打基础、苦练基本功和提升应急能力建设成效的一次重大检验。

据民航局安全总监兼航空安全办公室主任唐伟斌通报，根据目前掌握的调查信息，该机于 2011 年 7 月 26 日新机加入川航运营。脱落的右侧风挡玻璃为该机原装件，投入运营至事发前，未有任何故障记录，也未进行过任何维修和更换工作。

调查结果：

调查报告显示，本次事件的最大可能原因是：B-6419 号机右风挡封严（气象封严或封严硅胶）可能破损，风挡内部存在空腔，外部水汽渗入并存留于风挡底部边缘。

电源导线被长期浸泡后，其绝缘性降低，在风挡左下部拐角处出现潮湿环境下的持续电弧放电。电弧产生的局部高温导致双层结构玻璃破裂，致使风挡不能承受驾驶舱内外压差从机身爆裂脱落。

资料来源：百度百科 https://baike.baidu.com/item/5%C2%B714%E5%B7%9D%E8%88%AA%E8%88%AA%E7%8F%AD%E5%A4%87%E9%99%8D%E6%88%90%E9%83%BD%E4%BA%8B%E4%BB%B6/22585196?fr=aladdin。

案例 2：德国之翼空难——心理疾病导致的自杀性飞机损毁事故

2015 年 3 月 26 日，法国检方举行新闻发布会称，德国之翼航空坠毁客机的副驾驶很可能"蓄意"将机长帕特里克锁在驾驶舱外，并驾驶飞机下坠撞山。事后调查表明，他患有抑郁症和疲劳综合征。

2015 年 3 月 24 日，德国之翼航空公司一架编号为 4U9525 的空中客车 A320 型客机在法国东南部的阿尔卑斯山脉南麓海拔约 2 000 米积雪山区坠毁，机上载有 144 名乘客和 6 名机组人员。

事故发生后，客机驾驶舱通话记录仪被寻获。2015 年 3 月 26 日，第二个黑匣子外壳被找到。

事发经过如表 1-1 所示。

表 1-1　事发经过

时间		事件
当地时间	北京时间	
0 时 01 分	17 时 01 分	客机从西班牙巴塞罗那起飞，计划航程约 1.5 小时
10 时 30 分	17 时 30 分	法国南部普罗旺斯地区艾克斯飞行控制台与失事客机飞行员取得了联系，客机在 1.14 万米的高空
10 时 31 分	17 时 31 分	飞机没有得到允许就开始下降，控制台对客机进行提醒，但没有得到回答，下降过程至少持续 18 分钟
10 时 35 分	17 时 35 分	控制台发出警报
10 时 40 分	17 时 40 分	飞机的高度为 2 000 米，然后从雷达上消失。客机以 700 千米的时速撞向法国阿尔卑斯山脉后粉碎性解体。残骸散落在南麓的上普罗旺斯阿尔卑斯省山区

调查分析：

飞机坠毁前最后 13 分钟黑匣子数据

黑匣子的数据显示，飞行过程中，副驾驶员曾多次怂恿机长去上厕所，并在机长离开驾驶舱将驾驶工作交给自己后，趁机反锁驾驶舱，并启动了下降按钮。

机长返回后发现无法进入，数次通过对讲系统要求副驾驶员开门，敲击舱门并尝试用"脚踢"等方法打开舱门，但未获回应，没有能再次进入驾驶舱。此外，直至飞机撞山坠毁时，驾驶舱内都有人的呼吸声。可见，副驾驶活到了最后一刻，他似乎想要"故意摧毁"客机。

前女友描述：

副驾驶是一个精神饱受折磨、性格古怪的人，善于隐藏内心阴暗的想法。2014年，他曾告诉前女友，自己在策划一个令人发指的行动，使他能被人们永远铭记。

此外，德国检方还在他家中发现了被撕碎的病假条。病假条显示，他本来应该在事故发生当天停飞。

调查结果：

德国检方于当地时间2017年1月9日宣布，正式"关闭"对发生于2015年3月的"德国之翼"9525号空难事件的调查。检方称，除了航班副机长之外，没有发现有其他人参与此事的证据。

社会影响：

（1）航班停飞。

事故发生后，法国航空业人员工会取消了原定于2015年3月25—27日3天的罢工。该飞机所属的德国之翼航空公司在德国本土的部分航班因飞行员拒绝登机而停飞，同时受到影响的还包括汉莎航空的航班。

（2）出台新规。

2015年3月26日，由于副驾驶故意撞机的消息传出，挪威、加拿大和英国的多家航空公司都开始实施驾驶舱内两名机组人员制度。要求在飞行中驾驶舱内同时要有两名机组人员，以防发生不测事件。

（3）悼念活动。

2015年3月26日，坠落地法国南部普拉-上布莱奥讷村举行了简单的悼念仪式，300多名遇难乘客家属参加。塞讷阿尔卑斯的"青年之家"体育馆内也设有灵堂供人们吊唁。

2015年4月17日，德国为事故中的遇难者举行国家纪念仪式。

（4）各方反应。

中国国家主席习近平、中国国务院总理李克强就客机失事造成大量人员遇难，分别向德国总统高克、西班牙国王费利佩六世致慰问电。

博鳌亚洲论坛2015年年会开幕式上，中国国家主席习近平在演讲前，代表中国政府和人民，代表出席博鳌亚洲论坛2015年年会的全体与会者，对事故不幸逝世的死难者表示深切的哀悼，向所有死难者亲属表示诚挚的慰问。

法国总统奥朗德就坠机事故向默克尔表示哀悼。

西班牙首相拉霍伊表示震惊，称这是一起悲剧。

美国总统奥巴马就该事件发表讲话，表达美国人民的慰问。他称此次事故"令人心碎"。奥巴马还致电了西班牙总理拉霍伊，以表达美国人民的慰问，并愿意提供力所能及的帮助。

德国总理默克尔表示难过，将取消原定的会谈，前往坠机现场，并愿意与法国和西班牙领导人进行沟通，3 国将联合调查空难原因。

资料来源：https://baike.baidu.com/item/3%C2%B724%E5%BE%B7%E5%9B%BD%E4%B9%8B%E7%BF%BC%E8%88%AA%E7%A9%BA%E5%85%AC%E5%8F%B8%E5%9D%A0%E6%9C%BA%E4%BA%8B%E4%BB%B6。

2 为什么要了解心理与心理健康的相关知识

飞行学员应了解基本的心理学和心理健康知识，主要基于以下 3 个原因：

2.1 大学生心理健康教育是中央和国家对高素质人才培养的必然要求

党和国家历来重视大学生心理健康，教育部于 2001—2018 年先后下达了 6 个有关大学生心理健康教育的文件：《教育部关于加强普通高等学校大学生心理健康教育工作的意见》（教社政〔2001〕1 号）、《教育部办公厅关于印发〈普通高等学校大学生心理健康教育工作实施纲要（试行）〉的通知》（教社政〔2002〕3 号）、《教育部 卫生部 共青团中央关于进一步加强和改进大学生心理健康教育的意见》（教社政〔2005〕1 号）、《教育部办公厅关于印发〈普通高等学校学生心理健康教育工作基本建设标准（试行）〉的通知》（教思政厅〔2011〕1 号）、《教育部办公厅关于印发〈普通高等学校学生心理健康教育课程教学基本要求〉的通知》（教思政〔2011〕5 号）、《中共教育部党组关于印发〈高等学校学生心理健康教育指导纲要〉的通知》（教党〔2018〕41 号）。从这些文件可以看出，国家对大学生心理健康教育工作的高度重视。大学生心理健康教育工作是时代发展的需要，能帮助大学生处理好环境适应、人际交往、情绪调节、人格发展等各方面的困惑，更好地适应社会环境。

2.2 民航飞行员的心理健康是飞行安全的重要保障

飞行安全的重要性已经毋庸置疑，是航空永恒的主题。2015 年 3 月 26 日，法国检方举行新闻发布会称，德翼航空坠毁客机的副驾驶卢某很可能"蓄意"将机长帕某锁在机舱外，并驾驶飞机下坠撞山。事后证明该飞机副驾驶有严重的抑郁症和自杀倾向。美国国家航空航天局（NASA）与美国联邦航空管理局（FAA）的飞行事故调查表明，由人的因素造成的飞行事故占所有事故成因的 60%~80%，而飞行员的心理健康是人的因素的重要组成部分。另有研究表明，不健康的心理会诱发不安全驾驶行为，积极健康的心理则会促使安全驾驶行为，良好的心理健康状态是飞行员保证飞行安全的重要前提。民航飞行学员是未来飞行员队伍的生力军，其心理健康状况直接影响飞行员队伍的心理健康水平，是飞行安全的重要保障。

2.3 民航飞行学员心理健康研究是民航特色素质教育的需要

当前,我国正处在建设民航强国的关键时期,拥有良好工作作风和职业素养的专业技术人才队伍是民航强国的重要标志。民航特色素质教育强调重视民航飞行学员的观念、作风、职业素养、知识、能力的培养和心理健康水平的提高。心理健康是飞行学员基本素质和职业素养的重要组成部分,民航飞行职业的高风险性、高技术密集性、高纪律性以及高职业素养要求性要求民航飞行学员除了要具备良好的操纵能力外,还要具备良好的自我认知、良好的适应能力、良好的情绪管理能力、良好的个性特质以及良好的职业道德等,这些都对飞行学员的心理素质提出了更高的要求。2015 年以来,中国民航局先后颁布了 3 个与飞行员、飞行学员心理健康相关的通告和文件:《飞行员心理健康指南》(IB-FS-2015-01)、《飞行运行作风》(AC-121-FS-2018-130)、《关于全面深化运输航空公司飞行训练改革的指导意见》(民航发〔2019〕38 号)。这些通告和文件的颁布,表明中国民航局对飞行员和飞行学员心理健康的高度重视。

飞行学员的来源渠道主要有 2 个:一是经高考选拔而来的养成生,这是飞行学员的主要来源;二是已有高校就读经历的大改或大毕改学生,他们的年龄一般在 18~23 岁,正处于青年初期。这一时期是生理、心理发育、定型的关键阶段。个体不单具有青年时期特定的生理过程和个性特征,还处于一个相对复杂的人际关系和独特的文化结构环境中,面临着学业、人际、恋爱、职业等问题的困惑,随之也会产生种种矛盾。因此,飞行学员了解最基本的心理学和心理健康知识,是自我认识和自我了解的迫切需要。中共教育部党组 2018 年在《关于印发〈高等学校学生心理健康教育指导纲要〉的通知》强调,高校要将心理健康教育课程纳入学校整体教学计划,规范课程设置,对新生开设心理健康教育公共必修课,倡导面向全体学生开设心理健康教育选修和辅修课程,实现大学生心理健康教育全覆盖。

飞行学员了解基本的心理学和心理健康知识,有助于他们更好地学习航空理论知识,提高飞行训练水平,平稳实现飞行梦。飞行学员除具有一般大学生的特点外,还有一些飞行专业的独特问题。停飞是每个飞行学员都必须直面的问题,并伴随整个职业生涯。理论学习、执照考试、身体检查、分院训练、航线和 ICAO 英语考试等,都是必须一个个解决的现实问题。对飞行学员,外界不知情者更多的是羡慕,只有身处其中才能体会"步步惊心"的滋味,其学习生活过程中的挫折远比一般大学生多。飞行学员的专业课中有"飞行中人的因素",即是心理学和心理学健康知识在航空理论方面应用的具体体现。教育心理学的学习和技能相关知识,也有助于飞行学员运用思维导图,用主体建构的方式对飞行理论知识进行梳理,提高飞行训练水平。因此,飞行学员了解基本的心理学和心理健康知识,有助于顺利实现飞行梦。

作为未来的职业飞行员,飞行学员了解基本的心理学和心理健康知识,有助于做好人生规划,平稳实现职业提升。飞行学员顺利毕业后,绝大多数将成为职业飞行员。对职业飞行员来说,长时间面临工作压力、时差倒错、安全责任等问题,易使没有做好充分心理准备者惊慌失措,应对无着。飞行员需了解心理健康的相关知识,掌握心理健康促进的相应方法,从而保持自身的心理健康,预防心理障碍,保障飞行安全,延长服务年限。因此,了解基本的心理学和心理健康知识,是飞行学员做好人生规划、平稳实现职业提升的需要。

3 心理学与心理健康的基本知识

3.1 心理学和心理健康的基本概念

3.1.1 心理学

心理学是一门研究人类心理现象及相应行为活动的科学,兼具自然科学和人文科学属性,包括基础与应用两大领域,研究对象涉及知觉、认知、情绪、思维、人格、行为习惯、人际关系、社会关系等。心理学家从事研究的目的是描述、解释、预测和影响行为,提高生活的质量。这些目标构成了心理学事业的基础。心理健康教育属于心理学的应用范畴,飞行学员从小到大,包括现在和以后接触到的心理学知识基本上都属于心理学应用方面的知识。根据本手册定位,本小节将重点介绍与心理健康有关的自我、意志、职业道德、情绪、个性等基本概念及相关知识。

3.1.2 自 我

自我即自我意识或自我概念,主要是指个体对自身存在状态的认知,是个体对其社会角色进行自我评价的结果,包括对躯体、生理与心理活动等的认识。飞行学员良好的自我认知是心理健康的基础。

3.1.3 意 志

意志是人自觉地确定目标,并根据目标调节支配自身行动,克服困难,实现预定目标的心理倾向,具体包括采取决定和执行决定 2 个阶段。由于飞行学员学习的特殊性,在学习的各个过程,都需要较高程度的意志努力。锤炼坚强的意志品质,是打造健康心理的必然选择。

3.1.4 职业道德

职业道德是指从事一定职业的人们在履行职业职责的过程中应遵循的特定的职业思想、行为准则和规范,是与之相适应的道德观念、道德意识、道德活动的总和,是一般社会道德在特定职业活动中的体现。飞行学员以职业飞行员为奋斗目标,其基本的职业道德包括责任意识、安全意识、团队意识、敬业精神、遵章守纪意识和服务意识等。

3.1.5 情 绪

情绪是多种感觉、思想和行为综合产生的心理、生理状态。情绪可分为基本情绪和复杂情绪。基本情绪有喜、怒、哀、惊、恐、爱等。飞行学员压力事件较一般大学生多。因此，学会控制并以合适的方式表达宣泄情绪，是个体心理健康程度的重要指标。

3.1.6　个　性

个性是指个人的精神面貌或心理面貌。心理学中，个性与人格都有广义和狭义之分。广义的个性与人格是同义词，指个体的一些意识倾向和各种稳定而独特的心理特征的总和。狭义的个性通常指个体心理面貌中与共性相对的个别性，即个体独具的心理特征。狭义的人格通常指个体的一些与意识倾向相联系的心理特征的综合表现，有时甚至仅指个人的品德、操行。

3.1.7　心理健康

1948 年，世界卫生组织（World Health Organization，WHO）在成立宪章中指出："人的健康乃是生理、心理和适应能力日臻完满的状态，而不仅仅是没有疾病和虚弱的状态。"WHO 在 1978 年国际初级卫生保健大会上所发表的《阿拉木图宣言》中重申："健康不仅是没有疾病或不虚弱，且是身体的、精神的健康和社会适应良好的总称。"该宣言指出：健康是基本人权，达到健康水平是世界范围内一项重要的社会性目标。1986 年的第三届国际心理卫生大会又一次深化了健康的概念，认为健康包括：① 躯体健康（Physical Health）；② 心理健康（Psychological Health）；③ 社会适应良好（Good Social Adaptation）；④ 道德健康（Ethical Health）。

迄今为止，学术界对"心理健康"的定义尚无统一定论，现在常用的是第三届国际心理卫生大会所下的定义。这种新的健康观念使医学模式从单一的生物医学模式演变为生物 – 心理 – 社会医学模式。

需要指出的是，心理健康水平与个体的身心发展状态及外界变化有很大关系，因此，作为一种状态，心理健康具有相对性、连续性、可逆性、动态性等，不是一成不变的，偶尔的不适不能作为心理障碍的检出标准，必须综合考察。个体通过网上问卷测验得到的结果仅具有参考性，网上问卷鱼目混珠，大量的心理问卷没有科学的考察，信度效度都很低，甚至没有任何价值。飞行学员自觉存在一定问题时，一定要寻求专业人士的指导和帮助，而不要被问卷蒙蔽。

3.1.8　心理咨询

心理咨询是指运用心理学的方法，对心理适应方面出现问题并寻求解决问题的求助者提供心理帮助的过程。需要解决问题并前来寻求帮助者称为来访者，提供帮助的咨询专家称为咨询师。来访者就自身存在的心理不适或心理障碍，通过语言文字等交流媒介，向咨询师进行述说、询问与商讨，在其支持和帮助下，通过讨论找出引起心理问题的原因，分析问题的症结，进而寻求摆脱困境解决问题的条件和对策，以便恢复心理平衡、提高对环境的适应能力、增进身心健康。

3.2 心理问题的界定

3.2.1 心理问题的含义

心理问题也称心理失衡，是正常心理活动中的局部异常状态。不存在心理状态的病理性变化，具有明显的偶发性和暂时性，常与一定的情境相联系，由一定的情景诱发，脱离该情景个体的心理活动则完全正常。心理问题有时也是指人们心理上出现的问题，如情绪消沉、心情不好、焦虑、恐惧、人格障碍、变态心理等消极的、不良的心理。严格来说，心理问题无褒贬之意，既包括积极的，也包括消极的。

3.2.2 心理问题的类别

根据对心理健康的定义，按照程度的不同，可以将个体心理问题的类型划分为3类：发展性心理问题、适应性心理问题与障碍性心理问题。

1）发展性心理问题

发展性心理问题，主要是指个体自身不能树立正确的自我认知，特别是对自我能力、自我素质方面的认知，其心理素质及心理潜能没有得到有效、全面的发展。其主要体现在自负或缺乏自信、志向愿望过高或偏低、责任目标缺失等几个方面。

2）适应性心理问题

适应是个体通过不断做出身心调整，在现实生活环境中维持一种良好、有效的生存状态的过程。而适应性心理问题则是个人与环境不能取得协调一致所带来的心理困扰。

3）障碍性心理问题

障碍性心理问题又被称为心理障碍、心理疾病。其特征：一是个体持久地感受到痛苦（一般以6个月为界）；二是社会功能受损，表现为人际关系糟糕，容易产生对抗甚至敌对行为；三是表现出非当地文化类型的特殊行为。

当个体遭遇人际关系的严重冲突、重大挫折、重大创始或面临重大抉择时，一般都会表现出情绪焦虑、恐惧或者抑郁，有的表现出沮丧、退缩、自暴自弃，或者异常愤怒甚至冲动报复。有的往往是过度应用防卫机制来自我保护，且表现出一系列适应不良的行为。如果长期持续的心理障碍得不到适当的调适或解脱，则容易导致严重的精神疾病，甚至产生比较严重的后果。

个体障碍性心理问题是多种多样的，常见的有以下几种类型：

（1）焦虑性障碍。焦虑是一种不明原因的害怕，是不能达到目标和不能克服障碍时表现的紧张不安，心烦意乱，忧心忡忡；经常怨天尤人，自忧自怜，毫无缘由地悲叹不已；碰上一点小事，便坐立不安；遇到一点紧张的心理压力，便会慌张，不知所措，难以集中注意力，难以完成工作任务，并伴有身体不适感，如出汗、口干、心悸、嗓子有堵塞感、失眠等。

焦虑和焦虑症是不同的概念。有的人把自己的紧张或者焦虑称为神经衰弱。焦虑是面对未来，紧张是面对现实。广泛性的焦虑症一般指持续性时间超过 6 个月（短时间的一般只是一种焦虑现象），总是有对可能性不高的无理由的担忧，明明不可能也要过分担忧。其特征主要如下：

① 思绪狭窄、紊乱。

② 长时间过分担忧。

③ 情绪急切、过于激动紧张（有时候歇斯底里）；

④ 往往伴随失眠、反复恶梦等。广泛性的焦虑症几乎是一切精神心理障碍问题的一般特征。恐怖症也是一种以焦虑为基础的心理障碍。如"创伤和应急障碍"，亲临事故或事故征候、车祸、凶杀、战争、地震等都容易产生这样类似的后遗症。

当今学术界还认为焦虑性障碍可以包括典型的病态"完美主义"人格心理障碍。其主要表现如下：

① 过度的自我批评、过多的体念失败、自我强加的过高标准或者过高的目标追求。

② 恐惧失败。

③ 不顾后果地追求成功。

④ 饱受应该得到目标的折磨。

⑤ 一般都很难有幸福的家庭生活感受。

⑥ 喜欢把意志强加给别人。

（2）抑郁性障碍。抑郁的主要表现是情绪持续低落，郁郁寡欢，悲观厌世，心理功能下降，自我评价降低，不愿与人交往，情绪呆板，总以"灰色"的心情看待一切，对什么都不感兴趣，自罪自责，内心体验多不幸、苦闷、无助、无望，总感到活着没有意思。其主要表现如下：

① 心境恶劣。

② 对事物没有兴趣。

③ 人际关系紧张，好像看任何人都不顺眼，缺乏亲情感。

④ 自我评价降低，无自我价值感。

（3）恐怖性障碍。患有恐怖性障碍的个体，所害怕的对象在一般人看来并没有什么可怕的，但仍出现强制性的回避意愿和紧张、焦虑、眩晕等心理反应。如恐高症、利器恐怖、动物恐怖、广场恐怖及社交恐怖等。其中，社交恐怖较为常见，主要表现就是赤面恐怖，也就是在众人面前脸红，面部表情惊恐失措，不敢正视对方，害怕别人看透自己的心思而难堪，出现紧张不安、心慌、胸闷等症状。

（4）强迫性障碍。做事反复思考，犹豫不决，自知不必想的事仍反复想，不该做的事仍反复做，因而感到紧张、痛苦。其主要表现如下：

① 强迫观念，如强迫回忆、强迫怀疑等。

② 强迫意向或强迫冲动等。

③ 强迫动作，如反复检查门锁等。

几乎每个人都曾出现过强迫症状，但只要不成为他们的精神负担，不妨碍正常的工作、生活，就不应算作强迫性障碍。

（5）疑病性障碍。疑病性障碍主要表现为对自己健康状态过分关注，深信自己患了某种疾病，经常诉述不适，顽固地怀疑、担心自己有病，经实验室检查和医生的多次解释后仍不能接受，反复就医，甚至影响其社会功能。这种对自身健康过度担忧的心理倾向就是疑病性障碍的表现。

几乎人人都可能产生心理障碍，较长时间内不良心境的持续积累，就可能造成兴趣减退、生活规律紊乱，甚至行为异常、性格偏离怪异等，这些都需要寻求心理咨询的帮助。心理咨询也适用于神经症，包括强迫症、焦虑症、恐怖症、疑病症等，还适用于生理心理障碍（即身心疾病）、神经系统器质性疾病引起的心理障碍、各种智力发育异常等。

3.2.3 心理问题的等级

心理问题的等级划分从健康状态到心理疾病状态一般可分为 4 个等级：健康状态、不良状态、心理障碍、心理疾病。从严重程度来分，可分为一般心理问题、严重心理问题、心理疾病。

1）健康状态

健康状态主要从本人评价、他人评价和社会功能状况 3 个方面进行分析。

（1）本人不觉得痛苦：在一个时间段中（如一周、一月、一季或一年）快乐的感觉大于痛苦的感觉。

（2）他人不感觉到异常：心理活动与周围环境相协调，不出现与周围环境格格不入的现象。

（3）社会功能良好：能胜任家庭和社会角色，能在一般社会环境下充分发挥自身能力，利用现有条件（或创造条件）实现自我价值。

2）不良状态

不良状态又称第三状态，它是介于健康状态与疾病状态之间的状态。它是正常人群组中常见的一种亚健康状态，是由个人心理素质（如过于好胜、孤僻、敏感等）、生活事件（如工作压力大、晋升失败、被上司批评、婚恋挫折等）、身体不良状况（如长时间飞行劳累、身体疾病）等因素所引起的。它的特点如下：

（1）时间短暂：此状态持续时间较短，一般能在一周以内得到缓解。

（2）损害轻微：此状态对其社会功能影响比较小。处于此类状态的人一般都能完成日常工作学习和生活，只是感觉到的愉快感小于痛苦感，"很累""没劲""不高兴""应付"是他们常说的词汇。

（3）能自己调整：此状态者大部分通过自我调整如休息、聊天、运动、唱歌、旅游、娱乐等放松方式使自己的心理状态得到改善。小部分人若长时间得不到缓解可能形成一种相对固定的状态。这小部分人应该寻求心理医生的帮助，以尽快得到调整。

3）心理障碍

心理障碍是因为个人及外界因素造成心理状态的某一方面（或几方面）发展的超前、停滞、延迟、退缩或偏离。它的特点如下：

（1）不协调性：其心理活动的外在表现与其生理年龄不相称或反应方式与常人不同。如：成人表现出幼稚状态（停滞、延迟、退缩）；少年老成行为（不均衡的超前发展）；对外界刺激的反应方式异常（偏离）等。

（2）针对性：处于此类状态的人往往对障碍对象（如敏感的事、物及环境等）有强烈的心理反应（包括思维和行为），而对非障碍对象可能表现得很正常。

（3）损害较大：此状态对其社会功能影响较大。它可能使当事人不能按常人的标准完成其某项（或某几项）社会功能。如：社交焦虑者（又名社交恐惧）不能完成社交活动，锐器恐怖者不敢使用刀、剪，性心理障碍者难以与异性正常交往。

（4）需求助于心理医生：此状态者大部分不能通过自我调整和非专业人员的帮助而解决根本问题。因此，心理医生的指导是必需的。

4）心理疾病

心理疾病是由于个人及外界因素引起的个体强烈的心理反应（思维、情感、动作行为、意志）并伴有明显的躯体不适感，是大脑功能失调的外在表现。其特点如下：

（1）强烈的心理反应：可出现思维判断上的失误，思维敏捷性下降，记忆力下降，头脑黏滞感、空白感，强烈自卑感及痛苦感，缺乏精力，情绪低落或忧郁，紧张焦虑，行为失常（如重复动作、动作减少、退缩行为等），意志减退，等等。

（2）明显的躯体不适感：由于中枢控制系统功能失调可引起人体各个系统功能失调，如消化系统失调则可能出现食欲不振、腹部胀满、便秘或腹泻（或便秘-腹泻交替）等症状；心血管系统失调则能出现心慌、胸闷、头晕等症状；内分泌系统失调可能出现性功能障碍等。

（3）损害大：处于此状态下的患者不能或只能勉强完成其社会功能，缺乏轻松、愉快的体验，痛苦感极为强烈，"哪里都不舒服""活着不如死了的好"是他们真实的内心体验。

（4）需心理医生的治疗：处于此状态下的患者一般不能通过自身调整和非心理科专业医生的治疗而康复。心理医生对此类患者的治疗一般采用心理治疗和药物治疗相结合的综合治疗手段。在治疗早期通过情绪调节、药物快速调整情绪，中后期结合心理治疗解除心理障碍并通过心理训练恢复社会功能，提高其心理健康水平。

3.2.4　心理问题的判断标准

有关学者和临床治疗医生在长期实践的基础上总结出如表 1-2 所示的心理问题判断标准。

表 1-2　如何判断一般心理问题和严重心理问题

判断指标	一般心理问题	严重心理问题
情绪反应强度	由现实生活、工作压力等因素而产生内心冲突，引起的不良情绪反应，有现实意义且带有明显的道德色彩	由较强烈的、对个体威胁较大的现实刺激引起心理障碍，体验着痛苦情绪
情绪体验持续时间	求助者的情绪体验时间不间断地持续1个月或者间断地持续2个月	情绪体验超过2个月，未超过半年，不能自行化解
行为受理智控制程度	不良情绪反应在理智控制下，不失常态，基本维持正常生活、社会交往，但效率下降，没有对社会功能造成影响	遭受的刺激越大，反应越强烈。多数情况下，会短暂失去理智控制，难以解脱，对生活、工作和社会交往有一定程度的影响
泛化程度	情绪反应的内容对象没有泛化	情绪反应的内容对象被泛化

在心理学界与精神病学界有普遍公认的判断病与非病的原则：第一，是否出现了幻觉（如幻听、幻视等）或妄想；第二，自我认知是否出现问题，能否或是否愿意接受心理或精神治疗；第三，情感与认知是否倒错混乱，知、情、意是否是统一，此社会功能是否受到严重损害（即行为情绪是否已经严重脱离理智控制）。重点在于对幻觉妄想与情感是否倒错混乱 2个方面，对于是否有自我认知的判断应是在这 2 个重要判断基础之上的。若是属于精神病范畴，需要由具有处方权的心理医生或精神病医生提供专门的治疗，特别是药物治疗。

3.2.5　10 种易于被误解的正常的心理现象

精神正常并不意味着没有一点问题，关键是这些症状的产生背景、持续时间、严重程度以及对个体和环境的不良影响如何。正常人也可能出现短暂的异常现象，时间短、程度轻，尚不能被贴上精神病的标签。

（1）疲劳感：通常有相应的原因，持续时间较短，不伴有明显的睡眠和情绪改变，经过良好的休息和适当的娱乐即可消除。这种现象在飞行员群体中比较常见，尤其是飞行任务繁忙的暑运和春运期间，飞行员往往感到非常疲倦，但经过一段时间的调整后很快会恢复。

（2）焦虑反应：焦虑反应是人们适应某种特定环境的一种反应方式。但正常的焦虑反应常有其现实原因（现实性焦虑），如面临飞行前检查，飞行学员会感到压力大、很焦虑、睡不着觉，随着事件结束很快会得到缓解。

（3）类似歇斯底里现象：多见于妇女和儿童。有些女性和丈夫吵架时尽情发泄、大喊大叫、撕衣毁物、痛打小孩，甚至威胁自杀。儿童可能会有白日梦、幻想性谎言等表现，把自己幻想的内容当成现实。这是由于中枢神经系统发育不充分、不成熟所致。

（4）强迫现象：有些脑力劳动者（飞行工作以消耗脑力为主），特别是办事认真的人会反复思考一些自己都意识到没有必要的事，如是不是得罪了某个人、反复检查门是否锁好了等。但这一现象持续时间不长，不会影响生活、工作。

（5）恐怖和对立：我们站在很高但很安全的地方时仍会出现恐怖感，有时也想到会不会往下跳，甚至想到跳下去是什么情景。这种想法如果很快得到纠正不再继续思考，属正常现象。

（6）疑病现象：很多人都将轻微的不适现象看成严重疾病，反复多次检查，特别是当亲友、邻居、同事因某种疾病英年早逝或意外死亡后容易出现。但检查如排除相关疾病后能接受医生的劝告，属正常现象。

（7）偏执和自我牵连：任何人都有自我牵连倾向，即假设外界事物对自己影射着某种意义，特别是对自己有不利影响时。如走进办公室时，人们马上停止谈话，这时往往会怀疑人们在议论自己。这种现象通常是一时的，而且经过片刻的疑虑之后就会醒悟过来，其性质和内容与当时的处境联系紧密。

（8）错觉：人在光线暗淡、恐惧紧张及期待等心理状态下可能会出现错觉，但经重复验证后可迅速纠正。成语"草木皆兵""杯弓蛇影"等均是典型的例子。

（9）幻觉：人在迫切期待的情况下，可听到"叩门声""呼唤声"。经过确认后，自己意识到这只是幻觉现象，医学上称之为心因性幻觉。人们在睡前和醒前偶尔会有幻觉体验，不能被视为病态。

（10）自笑、自言自语：有些人在独处时自言自语甚至边说边笑，但有客观原因，能选择场合，能自我控制的，属正常现象。

4 心理健康的主要理论

4.1 心理健康的积极心理学与消极心理学理论

在心理健康理论的发展过程中存在着 2 种截然不同或者完全相对的理论类别，即积极心理学和消极心理学。它们都对人类心理健康的维护和促进以及心理问题的识别与矫治做出了贡献。其主要区别如表 1-3 所示。

表 1-3 积极心理学与消极心理学的主要区别

积极心理学	消极心理学
目的是提高心理生活质量	目的是防治心理疾病
以促进幸福为中心	以缓解痛苦为中心
研究对象：积极的主观体验、生理机制以及获得的途径；积极的个人特质；群体层面的公民美德	研究心理症状和心理障碍的心理学
相关用语：幸福、快乐、乐观、爱、道德、勇敢、坚强、无畏……	相关用语：心理病态、心理变态、心理疾病、心理问题、心理缺陷、抑郁、焦虑、恐惧、紧张、离婚、死亡、虐待
文学用语：幸福的生活、甜蜜的爱情、永恒的友谊、无私的奉献	文学用语：破碎的心、伤痛的心、流血的心
新近出现的理论，是国际心理学界正在兴起的一个新的理论流派，以 Seligman 2000 年 1 月《积极心理学导论》为标志，愈来愈多的心理学家开始涉足此领域的研究，矛头直指向过去近一个世纪中占主导地位的消极心理学模式，逐渐形成一场积极心理学运动	历史久远，占大多数：在对人类情绪的研究中，就有约 95% 的研究是关于抑郁、焦虑、偏见等负性情绪的

积极心理学（Positive Psychology）是心理学研究史上一个重要思潮，它强调从人类的力量和美德等积极方面出发对心理学进行研究，从全新的视角对心理学的任务进行了诠释。积极心理学的研究方向主要体现在积极的社会组织系统、积极情感体验和积极人格3个方面。3种主要的积极人格特质主要包括：① 主观满意感（SWB），与期望目标、人际关系和宗教信仰等方面有关；② 自我决定性（Self-determination），涉及交往、胜任等方面，对自我决定有着显著影响；③ 乐观（Optimism），这里值得关注的是，不要过分强调乐观的积极方面，我们知道并不是所有乐观特性的行为都对人的发展有利。积极心理学的主要代表人物及其主要观点如表1-4所示。

表1-4　积极心理学理论的主要代表人物及其主要观点

理论名称	主要观点
马斯洛的"自我实现"理论	马斯洛（A. H. Maslow）的心理健康14条标准是在"自我实现"理论的基础上总结提炼的：现实知觉良好；全面接受自然、他人与自己；自觉、坦率、真实；以工作、事业为中心；独处和自立的需要；功能发挥自主；有持续的欣赏力；有神秘的高峰体验；社会兴趣强烈；人际关系深刻；具有民主的性格结构；处事幽默、风趣；富于创造精神；反对盲目遵从。马斯洛认为心理健康的另一个理论基础是动机需要论，他将人的基本需要分为5个层次，即生理的需要、安全的需要、社交的需要、尊重的需要和自我实现的需要。查阅文献可知，在许多心理学研究方面，马斯洛的动机需要理论都起到了基础理论的支撑作用
罗杰斯的"机能充分发挥者"理论	罗杰斯（C. R. Rogers）认为，一个自身机能充分发挥者应具有以下5个特征：乐于接受一切经验；充分地相信自己；时刻保持生活充实；无条件的自我关注；无条件地关注他人。其进一步指出，由于人们生活在自己的主观世界中，个体的主观世界只为自己知晓的现象的实在，而非物质的实在，所以在知觉上即使面对同一事物也会产生不同的知觉，而针对不同的知觉其反应也不尽相同。从这一观点来看，人们对现象世界与客观物质世界的认知是否一致要因人而异
奥尔波特的"成熟者"理论	奥尔波特（G. W. Allport）认为，心理健康者不受无意识力量、童年心灵创伤或冲突的控制，功能发挥是在理性和意识水平上进行的。奥尔波特将"成熟者"健康心理特征具体描绘为：个体的兴趣广泛（能主动地把自己推延到自身以外的兴趣和活动中），自我情绪上有安全感，具有良好的人际关系，具有各种技能，并且具备现实主义的认知并专注于工作，能够实现完成自我形象塑造，从而达到人生观的统一。"成熟者"的心理健康表现为一种自我实现与需求的扩张。"成熟者"对很多事都很满意，他们不仅能够突破少数老套活动的局限，而且能够积极地参加各种各样的活动，并且还能够从中感到愉快
弗洛姆"创发者"理论	弗洛姆（E. From）的心理健康观认为，病态的心理源于社会现存的种种弊端，之所以未能使更多的人达到健康人格的状态是由于社会的不合理，每个人在这样病态的社会中在利用自己潜能成长和发展的固有倾向的束缚下，产生了病态人格。他强调社会变革是产生大量生产性人格或"创发者"的途径。创发是指一种既包含智力方面的成分，也包括人格和情绪等方面的人生各个方面新思想、新态度的总体倾向。他把人分为两大类型：生产性倾向和非生产性倾向。认为非生产性倾向的人具有不健康、病态的人格表现，相反生产性倾向是人格健康的表现。弗洛姆从4个方面界定了"创发者"健康个性特征：接受爱的能力、思维能力、幸福和良心
弗兰克尔的"自我超脱者"理论	弗兰克尔（V. E. Frankl）认为，对理想、人生意义或目的的自觉探求是心理健康的人应该具备的基本特征，然而如果这种探求要完成，心理健康者就应该把自己同其他人、某种理想或者某项工作紧密联系起来，通过摆脱束缚自我牵绊从而找到人生的真正价值。弗兰克尔要完成这种探索单纯地仅仅靠心理健康者自我实现是远远不够的。这一思想便是其"自我超脱者"理论模式

心理健康的消极心理学理论包括与焦虑有关的理论和与应激有关的理论。表 1-5 描述了心理健康焦虑理论及其主要观点。

表 1–5　心理健康理论中的焦虑理论

理论名称	主要观点
精神分析的理论	弗洛伊德（S. Freud）于 1894 年提出精神分析理论，这项理论被认为是现代心理学的奠基石。他主张把焦虑问题放在由"本我、自我、超我" 3 部分组成的人格结构中进行研究，他认为潜意识与现实的矛盾冲突是导致焦虑产生的主要原因，并强调从神经衰弱里分出一个特殊的综合症——焦虑神经症
行为主义的理论	20 世纪 50 年代中后期，由于焦虑变量的研究受学习理论的影响，心理学界的研究方向开始转为关注学习过程及其效果的影响，并逐步形成了衣阿华学派和耶鲁学派两大对立的阵营，其代表人物分别是泰勒、斯彭斯和萨拉。 泰勒、斯彭斯提出的以一般性焦虑为特征的驱力理论，是以行为主义的立场为基础的。该理论认为，一般性焦虑是一种习得性的内驱力，其对于个体具有一种激活的效能。而以萨拉森为代表的耶鲁学派认为该理论在考试的标准化测验情境中，通常会表现出 2 种不同的焦虑反应，耶鲁学派的这种理论观点与驱力理论针锋相对
人格研究趋向	1960 年，卡特尔以因素分析的方法进行个性研究，这开启了对焦虑的心理学研究的第三种研究趋向——人格研究。大量研究证明，在高强度的焦虑状态条件下的个体，其注意过程将受到分散和阻断，从而对记忆和思维的效果进行干扰，使人的意识范围变得狭窄，导致过于敏感心理反应，以致影响学习、工作的效率与质量，甚至可能损害社会适应、人际关系和躯体健康

4.2　心理健康的应激理论

针对应激的相关研究距今已有 70 多年的历史，汉斯·赛利（Hans Selye）最早对应激进行了系统的研究，他将应激定义为：能引起机体应激状态的外界刺激，它是机体对外界刺激的反应。许多研究者在此之后，基于不同的研究目的、不同的研究方法和不同的研究对象，在对应激进行了更为深入的研究基础上形成了许多应激概念和应激理论，归纳起来，可以总结为刺激理论模型、反应理论模型、刺激-反应互动模型 3 个模式，具体如表 1-6 所示。

表 1–6　心理健康的应激理论

理论名称	主要观点
应激的刺激理论模型	该模型把应激定义为能引起人体相应生理心理反应的外界刺激，这种刺激被看作是被外部强加的负担或要求，影响个体并对个体存在潜在的危害性
应激的反应理论模型	该模型强调应激是紧张或唤醒的一种内部心理状态，是人体内部出现的解释性的、情感性的、防御性的应对过程。根据该模型的观点，将应激定义为人体对外界刺激的反应状态，强调机体或心理对刺激反应的心理生理状态
应激的刺激-反应互动模型	该模型将刺激模型和反应模型进了有效整合，指出应激是个体对刺激认知评价后的身心反应状态，强调认知评价在应激过程中的中介作用。由于个体对环境刺激的知觉和解释方式不同，所以决定了该刺激能否以及在多大程度上引起应激

4.3 中国传统文化中有关心理健康的知识与方法

中国文化历史悠久，内容丰富，沉淀着丰厚的心理健康方面的知识和方法。《礼记·大学》谈道：自天子以至于庶人，壹是皆以修身为本。这里的修身，包含着包括心理调节在内的自我完善诸多方面。中国传统文化以儒、释、道为主，因此，中国传统文化中有关心理修养的知识与方法也主要包含在儒、释、道、法四种思想流派中。

1）儒家从我做起、循序渐进的身心修养模式

作为在中国传统思想上长期占主导地位的儒家学派，自创立之初，即注重对当事人"修身"的强调，要求"反求诸己"。曾子的"日三省乎吾身"，都是对自己的追问。而且，除了"知"，更强调"行"。因此，在历史上经历了一个不断调整的过程，孔子强调"仁"，孟子看中"义"，董仲舒发展出"天人合一"，宋儒将儒学发展为理学，王阳明在龙场悟道后，心学大盛。虽然在不同时代，儒家思想有所变化，但从我做起，循序渐进的身心修养模式是其主流方法。这一方法，造就了无数的仁人志士舍生取义，完善人格。文天祥兵败被俘，写下了"孔曰成仁，孟曰取义，唯其义尽，所以仁至。读圣贤书，所为何事？而今而后，庶几无愧"的千古绝唱。

这一修身模式要求个体充分吸收优秀传统文化，并结合实际加以创造性转化，成为自觉自愿的选择和价值追求。

2）道家顺其自然、淡泊名利的身心修养模式

《道德经》是道家的经典著作，强调"道法自然"。道家的"自然""无为"和"责任心"的概念及其内涵，蕴含了丰富的心理学价值。道家的清静无为，顺其自然，强调洞明世事并认识顺从规律；道家的利而不害，为而不争，强调人与自然和谐相处，人际交往要心存敬畏，与人为善；道家的少私寡欲，知足知止，强调节制物欲，调整期望值，有助于个体通过降低欲望的方式实现身心平衡；道家的以柔胜刚通过虚静恬淡，调整心态本身就是一种有效的心理咨询方式。

3）释家自戒自悟、超越自我的身心修养模式

佛教虽源于古印度，但已成为中国传统文化的重要组成部分。通过对人生诸苦的分析，倡导自戒自悟、用超越自我离苦得乐，具有心理调适作用。

4）法家外部制约、自审自律的身心修养模式

法家主张以"法"治国，加强君主的集权统治。他们的心理学思想集中表现为把人心、人情、人性等心理学问题，看成是"正法之本"，即实行法治的依据，其主要代表作和代表人物是《管子》和韩非。其主张通过外部制约的方式实现自审自律与行为主义的心理治疗有相近之处。

需要指出的是，中国传统文化内容庞杂，对其选择需去粗取精，去芜存菁，取其精华，弃其糟粕的盘爬梳理，过滤后吸收。

4.4 西方主要心理咨询理论与方法

1）精神分析理论及心理治疗方法

该理论认为人的精神活动，包括欲望、冲动、思维、幻想、判断、决定、情感等，会在意识、前意识和潜意识（无意识）等不同的意识层次里发生和进行。人的心理活动中有一些本能冲动、被压抑的欲望或生命力在被感知体验的潜在境界里发生，因不符合社会道德和本人的理智，无法进入意识从而被个体所觉察。这种潜伏着的无法被觉察的思想、观念或痛苦的感觉、意念、回忆常被压存，一般情况下不会被个体所觉察，但当个体的控制能力松懈时如醉酒、催眠状态或梦境中，偶尔会暂时出现在意识层次里，让个体觉察到。

精神分析理论认为，心理防御机制是自我的一种防卫功能。很多时候，超我与本我之间，本我与自我之间，经常会有矛盾和冲突，这时人就会感到痛苦和焦虑，自我可以在不知不觉之中，以某种方式调整冲突双方的关系，使超我的监察可以接受，同时又使本我的欲望得到某种形式的满足，从而缓和焦虑，消除痛苦，这就是心理防御机制。它包括压抑、否认、投射、退化、隔离、抵消、转化、合理化、补偿、升华、幽默、反向形成等各种形式。人类在正常和病态情况下都在不自觉地运用，如运用得当，可减轻痛苦，帮助渡过心理难关，防止精神崩溃；运用过度则会表现出焦虑抑郁等病态心理症状。

从产生条件看，精神分析不是传统的学院心理学内容，而是在精神病治疗实践中产生的。从研究对象来看，精神分析不是研究正常的人，而是治疗失常的人，如变态行为、人格失常等问题。从研究内容来看，精神分析不是侧重研究传统心理学如感知、思维等显意识心理问题，而是注重探讨潜意识、情欲、动机及人格等更深层次的内容，故又把它称为深度心理学。从研究方法来看，精神分析不是采取有控制的实验室实验法，而是运用临床观察法。

从精神分析的特点可知，该理论与心理咨询有密切的关系，它既是心理咨询的一个重要理论，又给心理咨询与治疗提供了具体的指导和实施的方法。

2）行为主义的心理学理论及心理治疗方法

行为主义的心理咨询是以学习理论和行为疗法理论为依据的心理咨询，认为人的问题行为、症状是由错误的认知与学习所导致的，主张把心理咨询的着眼点放在来访者当前的行为问题上，注重当前某一特殊行为问题的学习和解决，以促进问题行为的改变、消失或新的行为的获得。行为主义的创始人是华生，但对心理咨询产生较大影响的却是巴甫洛夫的经典条件反射、斯金纳的操作条件反射和班杜拉的社会学习理论。

巴甫洛夫用狗做实验，当狗吃食物时会引起唾液分泌，这是无条件反射。如果给狗以铃声不会引起唾液分泌，但是如果给狗以铃声时即喂食，这样结合多次后，单独听到铃声狗也会分泌唾液。原来与唾液分泌无关的刺激物——铃声，变成了引起唾液分泌这种无条件反射的无条件刺激物——食物信号，转化为信号刺激物，引起唾液分泌。如果形成的条件反射不予强化和保持，则会产生条件反射的消退。对于在无意识中的条件反射所形成的不良习惯、心理问题、心身障碍等，在咨询时可以使用反条件刺激予以清除和击退。

斯金纳的操作条件反射是指强化动物的自发活动而形成的条件反射。斯金纳在实验箱中放一只饥饿的老鼠。老鼠在箱中乱窜时，偶尔按压了一下能掀动食物的横杆获得食物。强化几次后，条件作用就迅速形成了。在咨询中，只要咨询者对期望的某种行为予以奖励，这种行为就会获得强化，反之就会消退，若予以惩罚，则会加快消退的速度。

班杜拉的社会学习理论强调榜样的示范作用，认为人的大量行为是通过对榜样的学习而获得的。和建立条件反射一样，榜样学习也是人类的一种社会学习的基本方法。

3）人本主义心理学理论及心理治疗方法

人本主义心理学是 20 世纪五六十年代兴起的心理学的"第三势力"。该理论较为分散，缺乏相对集中的论述和思路。但从整体上来看，该理论主张尊重当事人，尊重人性，尊重个体内在的改变动力。"来访者中心心理咨询"是由罗杰斯所倡导的一个心理治疗取向。其基本假设是个体有了解自己的问题的能力，也有解决问题的资源。因此，咨询师必须注重来访者自身的建设性以及健康的一面。把来访者所直接面临的现实场面作为咨询的重点，重视来访者对自身的感觉。咨询的目标是使来访者通过观察自身来求得成长和完善，不需要咨询师过多地干预和指导就可以产生变化，而是需要咨询师给出理解、真诚、支持、接受、关系和积极的评价。

5　心理健康的维护与促进

5.1　参照飞行员和飞行学员心理健康标准检查和反省自己

在后续的专题 2 中，本手册详细介绍了人类心理健康标准、大学生心理健康保障、飞行员心理健康标准化以及飞行学员心理健康标准。这些标准是前人经验和科学研究的结果。飞行学员应该对照这些标准经常性地检查和反省自己的所思所想以及行为的正确性，不断发现问题，接受负面的自我的同时不断完善自我。

5.2　对压力进行合理管理

压力亦可称之为心理性应激，在本手册"情绪管理"专题中有详细的论述。飞行员压力水平过高或者压力长期持续，有可能影响生理机能和心理健康，导致心理和生理上的疲惫，如失眠、肠胃失调、血压升高、工作能力下降、工作热情丧失甚至对飞行工作产生倦怠。压力管理是指在压力产生前或产生后，个体主动采用合理的应对方式，以缓解或消除压力的消极影响。压力管理的目的并非是彻底消除压力，而是通过一套有效的压力管理方法来缓解、调节和分散压力。表 1-7 是中国民航飞行学院与东方航空集团联合课题组经过广泛调研和测试得到的飞行员的主要压力源及其排序。

表 1-7　飞行员主要压力源及其排序

一级指标	重要度排序
飞行安全	1
职业前景	2
公司人际	3
家庭需要	4
工作变动	4
工作环境	5
生活事件	6
职业落差	7
工作负荷	8

　　应对压力的方式主要有宣泄、咨询、引导、放松练习以及听舒缓的音乐。宣泄作为一种对压力的释放方式，效果很好。宣泄可采取各种办法，有研究表明体育运动、休闲活动、与家人游玩等对减轻压力是非常有益的。咨询就是向专业心理人员或亲朋好友倾诉自己心中的郁闷紧张情绪。向自己的好友或父母倾诉几乎是每个人都有过的经历。不论被倾诉对象能否为自己排忧解难，倾诉本身就是一种很好的调整压力的方法。这里效果较好的当属和专业人员进行沟通的心理咨询。心理咨询是专业心理咨询人员通过语言、文字等媒介物与咨询者进行信息沟通，以调整咨询者心理或情绪的过程。通过心理咨询可以帮助飞行员在对待压力的看法、感觉、情绪等方面有所变化，解决其出现的心理问题，从而调整心态，能够正确面对和处理压力，保持身心健康，提高工作效率和生活质量。引导指教育工作者（如学生队干部和教师）帮助飞行员改变其心态和行为方式，使飞行员能正确对待压力。诸如重新确定发展目标、培养飞行员多种业余兴趣爱好等都是很好的引导方法。飞行员确立正确适当的目标，通过自身努力可以达到此目标，相关压力自然也就消失了。而飞行员如果有丰富的兴趣爱好活动，就可以很好地转移注意力，并通过兴趣爱好，陶冶情操、保护身心健康，从而使心态平和，压力自然会减轻直至消失。放松练习在应激管理一章中有较为详细的阐述，书后附录已列出了放松指导语，这里不再赘述。其他一些行之有效的方法如下：

　　（1）健康的开怀大笑可消除压力。

　　（2）轻松、舒缓的音乐有助于缓解压力，如果会弹吉他或其他乐器，不妨以此来缓解心绪不宁。

　　（3）阅读书报是最简单、消费最低的轻松消遣方式，不仅有助于缓解压力，还可以增加知识与乐趣。

　　（4）做错了事，不要过于自责，人都可能会犯错误。

　　（5）与人为善，千万别怀恨在心。

　　（6）正确看待社会的不完美和不公正：自己努力了就好，不要过于看重结果。

（7）学会一定程度的放松，统筹安排工作，劳逸结合，自在生活。

（8）学会躲避一些不必要、纷繁复杂的活动，从一些人为制造的杂乱和疲劳中摆脱出来。

（9）不要害怕承认自己的能力有限，学会在适当的时候对别人说"不"。

（10）超然洒脱面对人生。想得开才没有精神负担，放得下才没有心理压力，淡泊为怀，知足常乐。

（11）不去计较非原则问题，不去纠缠细小问题，对不便回答的问题佯作不懂，对危害自身的问题假装不知，以聪明的"糊涂"舒缓压力。

（12）遇事是否沉着，是一个人是否成熟的标志之一。沉着冷静地处理各种复杂问题，有助于舒缓紧张压力。

（13）当无力改变现状时，应学会换一个角度看待问题。请独自对困扰自己的问题进行分析，然后找出一个最适合的解决方法。

5.3 对负性情绪进行合理管理

情绪是人们对客观事物的态度体验及相应的行为反应，包括喜、怒、忧、思、悲、恐、惊 7 种。情绪管理就是要善于把握自我，善于合理调节情绪，对生活中的矛盾和事件引起的反应能适可而止的排解，能以乐观的态度、幽默的情趣及时地缓解紧张的心理状态。

第一，体察自己的情绪，这是情绪管理的第一步。

第二，适当表达自己的情绪。要在适当的场合、适当的时机把自己的情绪表达出来。

第三，以合宜的方式缓解不当情绪。缓解情绪的方法有很多，有些人会痛哭一场，有些人会找好友诉苦一番，还有一些人会逛街、听音乐、散步或强迫自己做别的事情以免老想起不愉快。能有效缓解情绪的方式主要有以下几种：

（1）通过一些陶冶性情的艺术类兴趣爱好，如琴棋书画、唱歌等缓解情绪。很多艺术类的活动都能帮助人发泄感情，不在乎做得多好，关键是既能培养兴趣，又能抒发情感。

（2）锻炼身体方面的活动，如健身、打球、舞蹈、深层放松、做按摩。想象着坏情绪像球一样被打出去，或者随着汗水挥洒出去，会给人一种痛快的感觉。

（3）身边一定要有两三个知心人，心情不好时随时都能够打电话或当面向他们倾诉自己的烦恼。一般在心理咨询中，辅导员也会让当事人列出几个名字，并讨论当事人对名单中亲友的信任度。因为"分享的快乐是加倍的快乐，分担的痛苦是减半的痛苦"。

（4）通过写日记来理清思绪。一个必然规律是，写在纸上的越多，积压在心里的越少。在写日记的过程中，可以对自己过去发生的事情进行总结，能更加客观地对待情绪。当事人也可收集一些警句和座右铭，在关键的时候自我激励。

（5）给自己创造一个愉快的生活环境，如放音乐、熏香、柔和的灯光等，或者将自己置身于一个令人心旷神怡的自然环境中，从生理上来舒缓紧张的神经。

5.4 良好的职业生涯规划

有的飞行员对职业期望关注度很高,往往把职业期望作为工作满意度评价最主要的指标。

飞行员应了解自己职业的特殊性：成为一个成熟的飞行员需要一个相当漫长的过程，需要经过严格的选拔和长达数年的培养，以及终身不断地培训和磨炼；需要经历新雇员、第二副驾驶、第一副驾驶、新机长、成熟机长、机长教员/飞行干部的漫长过程。所以，飞行员对自己的职业要有一个清醒的认识，这对自己的职业生涯发展至关重要。以下是良好职业生涯规划应具备的条件：

（1）良好的自我认知：一个好的职业生涯设计必须是在充分、正确认识自身条件与相关环境的基础上进行的。要审视自己、认识自己、了解自己，做好自我评价，了解自己的兴趣、特长、性格、学识、技能、智商、情商、思维方式等。评价自我时要客观、冷静，不能以点带面，既要看到自己的优点，又要面对自己的缺点。只有这样，才能避免设计中的盲目性，达到规划高度适宜。还要清晰地知道我能干什么、我现在在干什么、我应该干什么、我将来要干什么等问题。

（2）设立好恰当的目标，做好本职工作：飞行员个人需要了解和掌握航空公司各方面的信息，如公司的发展战略、人力资源的需求状况、职位的空缺与晋升等。仔细制定自己的短期目标、中期目标、长期目标和人生目标等。千里之行始于足下，在确定了职业生涯目标后，行动便成了关键的环节。没有达成目标的行动，就难以实现目标，也就谈不上事业的成功。例如，为达成目标，在工作方面应计划采取什么措施，提高自己的工作效率？在业务素质方面，应计划学习哪些知识，掌握哪些技能，提高自己的业务能力？在潜能开发方面，采取什么措施开发自己的潜能等？对这些问题，要有具体的计划与明确的措施，以便于定时检查。

（3）不断提高自身能力，以适应职业发展的需要：随着社会与科学技术的发展，民航工作在内容、方式、管理、运营等方面，也在不断发展变化。飞行员必须通过不断的学习、培训来提高自己的业务能力以适应客观的需要。另外，职业生涯管理是一种动态管理，始终贯穿于职业生涯发展的全过程，但又不会一成不变。每个飞行员在职业生涯的不同发展阶段，其发展特征、发展任务、发展重点以及应注意的问题都不相同。每一个阶段都有各自的特点、目标和发展重点，要学会及时调整自己，适应外界变化。

5.5　良好的人际关系

人际关系是指社会人群中因交往而构成的相互联系的社会关系，包括亲属关系、朋友关系、同学关系、同事关系、雇佣关系、同事关系、领导与被领导的关系等。人际关系对每个人的情绪、生活、工作都有很大影响。每个人均有其独特的思想、背景、态度、个性、行为模式及价值观等，所以往往会导致其在人际交往中对事物的意见、看法、处理问题的方式不同，从而产生矛盾。

5.6　处理好家庭关系

家庭关系的核心是亲情关系，具体来说涉及以下 6 个方面。它们中的每一个关系处理起来都非常复杂，而且也会因时间、地点、环境、个体差异有很大变化，没有固定的和唯一正确的处理方式。

（1）正确对待和处理婚恋关系。
（2）正确对待和处理夫妻关系。
（3）正确对待和处理与子女的关系。
（4）正确对待和处理与父母的关系。
（5）正确对待和处理与岳父、岳母的关系。
（6）正确对待和处理与亲戚的关系。

5.7 掌握和领会积极心理学知识与技能

积极心理学是致力于研究普通人的活力与美德的科学。积极心理学主张研究人类积极的品质，充分挖掘人固有的、潜在的具有建设性的力量，促进个人和社会的发展。如果人生就是为了追求幸福，那么这个人生事实上是不太幸福的。因为幸福应该是一个过程，而不是一个终点。幸福的程度不是由掌握多少信息决定的，而是我们对信息的理解、我们关注的重点，以及我们自己的心灵容器的形状来决定我们幸福与否。学习积极心理学有一个重点，那就是强调关注自我的改变。永远不要用一种置身事外的角度去看待那些观点和建议，学习和研究的最终归宿应该是自我。

1）关注生活的积极面

人们越是关注什么，它就越有可能变成现实。如果我们总是关注负面的东西，个人的潜能则很难真正被开发出来。

快乐不等于没有不快乐，所以负面情绪的体验是一种自然而正常的生命现象。在这个世界上，没有人能够带你到达幸福的彼岸，只有自己才能够对自己的幸福、快乐承担责任。若是身处逆境，遭遇各种困难，却以积极的态度和想法来对待，便容易逆转处境，同时收获智慧与结果；若以怨天尤人的态度抱怨，则会丧失更多的逆转机会。

2）从正确的角度提出问题

当我们看到一个人非常成功的时候，就会问"为什么我不能做到"，于是我们便会关注自己的弱点。但是若变成问"为什么他会有今天的成就？他是怎样做到的？为什么有的人尽管处境恶劣却依然能够获得成功和幸福"，关注的重点就大不相同。

3）改变认知是关键

心理学领域的一项研究成果是：如果你是一个太看重结果的人，那么你达到目标后得到的幸福只能维持短暂的一段时间，然后又会回到原有的幸福感水平上；同样，如果你因为一件事情而感到挫败，一段时间后，你也会回到原来的幸福感水平上。这项结果表明，外在的种种指标并不会影响幸福感，而内在的认知则决定幸福与否。

通常，我们只看到一场巨大的改变需要的时间和带来的影响，而不去看让这个巨大的质变产生的一些基础性的量变。而人改变认知的历程是漫长的，需要持之以恒，一个人若真的希望能够改变自己的生活，那么他一定会主动、认真地思考什么样的认知是健康有益的，需要他学习并付诸行动。

4）不需把自己变成完人

这个世界是一个相对的世界，万事万物的好与坏都是相对的，因为好坏是人定义的。很多负面情绪也是人性的一部分，需要我们接受它。如果我们能够接受负面情绪，则可以从这些负面情绪中得到一些东西。现实中很多人为了追求完美，只愿肯定自己正面的部分，否定甚至想遗弃负面的部分，所以才会导致那么多不如意甚至悲剧的发生。我们的幸福感，很大部分就是在这种"比你更好"的比较中流失的。

对美好东西的向往和对坏东西的厌恶是我们自己的本能，对熟悉的事物的厌倦、对新鲜事物的好奇心，也是我们人性中的一部分。我们要改变自己，就先要允许自己是一个普通的人，以及有各种各样的情感体验。对于负面情绪，我们需要做的就是疏导它、体验它、接受它。

5）相信自己，不要愧疚

如果你相信自己能更幸福，就一定能更幸福，这是一种必要的、积极的人生态度。如果一个人对自己失去了信心，满怀愧疚，就会长期处于压力和不愉快的体验之中，那么他也不可能生活得很幸福。因此，应该对自己抱有信心，不应过分地责备自己，看到自己优点的同时，也要接纳负面的自己。

5.8 保持良好的自我意识

为保持心理健康水平，必须做到自知、自尊和自爱。让自己始终处于积极进取、不卑不亢、充满信心的良好状态，以积极心态面对现实。能正确认识自己，知道自己的长处和短处，知道自己的优势和劣势，充分发挥自己的长处和优势，在工作、学习与生活中获得满意感。

5.9 保持理性平和的心态

党的十九大报告指出，要加强社会心理服务体系建设，培育自尊自信、理性平和、积极向上的社会心态。这对飞行学员至关重要。人的心理特征与心理健康有密切的关系。积极良好的心理特征能促进心理健康，情绪稳定、乐观、坚强、勤劳、与人为善、助人为乐等良好的心理品质，有利于心理健康；暴躁、任性、贪图安逸、心胸狭窄、虚荣心、嫉妒心等不良心理品质，有害于心理健康。心理特征具有一定的惰性，即一经形成要改变则比较困难，但并不意味着不可改变。飞行学员要学会做情绪的主人，遇事不急不怒，学会摆脱消极情绪的纠缠，保持积极乐观、愉快和悦的心境，能自我控制情绪，充分体验生活的乐趣。飞行学员由于职业的特殊性，因而要学会自我调节，保持理性平和的心态，这是必要的。

5.10　培养良好的适应能力

要顺应社会和环境的变化，提高自己的生活适应能力，做到对社会适应自如，能改造环境以适应个体需要，同时也能改造自身以适应环境的要求。这需要飞行学员加强锻炼，保持身体健康，保持良好的人际关系，学会团队合作，同时养成健康的生活方式。

身体健康是心理健康的基础。坚持锻炼身体，保持身体健康是维持和增强心理健康的重要前提，也是心理健康的基本原则之一。多与社会接触，保持良好的人际关系，在人际交往中，消除孤独感和封闭心理，从中获得安全感和友谊感，并使自己的生活充满情趣。另外，未来的职业生涯中，飞行员是作为机组成员或机组领导存在的，在驾驶舱资源管理中，作为团队中成员或团队领导而存在，因而要保持良好的人际关系，这在关键时刻会发挥至关重要的作用。飞行员的职业需要承担更大的心理负荷，因而飞行学员必须尽早适应职业特点，主动改变慢节奏、低效率的生活方式，逐步建立快节奏、高效率的健康生活方式；根据生活、学习的实际情况，制定切实可行的时间表，把工作和休息安排好；有规律地生活，在学习和工作的时候埋头苦干，休息的时候，愉快地休息。

5.11　正视和直面挫折

挫折是飞行学员学习中的常态。因而飞行学员要学会防止与克服因挫折产生的心理冲突，并需要意识到，心想事成只是一种主观的美好愿望。主观想象与客观限制之间的差距可引起强烈或持续的心理冲突，飞行学员要控制其强度不让它过于猛烈，持续的时间也不要过长，有了心理冲突要设法解决，不能消极对待。

5.12　积极参加社会实践

要保持与现实的联系，争取多做一些自己力所能及的事，以促进个体的全面发展和充分显示自我存在的社会价值。经常参加有益的集体活动，可使人消除忧愁，心胸宽畅，心情振奋，精神愉快。

（本专题由张炯理、罗晓利撰稿，罗晓利、杨明提供案例）

参考文献

[1] 中国民用航空局. 飞行员心理健康指南[S]. FS -2012015-01.

[2] 曾先林. 民航飞行员心理健康量表编制[D]. 广汉：中国民用航空飞行学院，2014.

[3] 王建平，等. 变态心理学[M]. 2 版. 北京：中国人民大学出版社，2013.

[4] 萨伦伯格，札斯洛. 最高职责[M]. 沈阳：万卷出版公司，2011.

[5] 黄希庭. 心理学导论[M]. 北京：人民教育出版社，2015.

[6] 罗渝川，韩新营，罗晓利. 2006—2015 年间中国民航事故及事故征候的统计分析[J].
中国民航飞行学院学报，2018，29（3）.

[7] 马莹，顾瑜琦. 心理咨询技术与方法[M]. 北京：人民卫生出版社，2009.

[8] 唐迎曦. 民航飞行学员心理健康量表编制[D]. 广汉：中国民用航空飞行学院，2020.

[9] 罗晓利，孟豫. 飞行中人的因素[M]. 成都：西南交通大学出版社，2017.

专题 2　你的心理健康达标了吗?

【引　子】

> 我们常听人说某某人心理不健康,因为他/她经常……某某人非常阳光,心理非常健康……或者我们自己也对自己做的事情感到疑惑:"我这样做是不是心理不健康的表现……。"实际上,心理健康与否的评价是建立在以某种心理健康标准为基础之上的。人们一般有自己的心理健康标准,特定的人群也有特定的心理健康标准。本章主要介绍人类、大学生、飞行员以及飞行学员应该遵循的心理健康标准,这些标准也是我们评判心理是否健康的尺度和依据。
>
> 下文的案例是一个真实的故事,机长、副驾驶以及搭乘班机的机长教员等机组成员与地面空管人员一起,凭借良好的飞行职业道德和职业素养、良好的情绪管控能力和意志品质以及机组的协调配合,在液压系统失效的情况下依靠发动机推力差,成功地将飞机迫降在一片玉米地上,将人员伤亡降到最低,堪称世界奇迹,体现了机组良好的心理健康状态,可以说他们的心理健康是符合标准的。

1　案例分析

案例 1:他们要尝试的,是一次不可能完成的降落——联合航空 232 班机事故

一具引擎爆炸,所有液压系统全毁。

在所有飞行控制都失效的情况下,他们只剩 2 个引擎的推力可以调节。

他们 4 个人的决策,决定着 296 个生命的未来。

他们即将面临的,将是生死离别。

在美国衣阿华州的玉米地上空,1989 年 7 月 19 日,美国联合航空 232 号班机正在稳稳地巡航。

这架航班是从丹佛飞往芝加哥的一次航班,机长艾尔·海因斯,副驾驶比尔·罗克德,他们都是退役的军队飞行员。

机上还有第三名组员,他是这架班机上的航空工程师。

这是一架 DC10 客机,生产商是麦克唐纳·道格拉斯公司。

这架客机正载着 285 名乘客,在 37 000 英尺的高度巡航。

这天是联合航空的儿童日，儿童机票当天几乎免费，所有乘客中，有 52 名儿童。

在客舱里，除了儿童，还有一位 DC-10 的机长教员，丹尼·菲奇。他就任于联合航空，这次是去芝加哥开会。

天气晴朗，午餐也送完了，很正常，是一次很愉快的飞行。

机上还有一位篮球经纪人，杰瑞·香农。他要去芝加哥大学，进行篮球运动员的选拔。

没什么值得注意的，直到目前，飞行一直都很顺利。

空乘人员挨个为乘客服务，给他们咖啡、饼干，陪着孩子们玩耍。一切都其乐融融。

然而，机上的乘客和机组人员不知道的是，他们很快就要面临生死抉择了。

这架 DC10 客机的二号引擎，也就是装在客机尾部的引擎，已经有了致命的缺陷。

就在平稳的飞行途中：

"轰——"

伴随着巨大的轰鸣声，整个客机向右倾斜。

机组成员被吓到了。正在平稳飞行的客机一头向右边倾斜，向下俯冲而去。

剧烈的震动，猛烈的爆炸声，客机疯狂地下坠。

"犹如龙卷风一般"，副驾驶这样回忆道。

机舱里的乘客认为是一枚炸弹在货舱里爆炸，正在给乘客们倒咖啡的空姐，一时间重重地摔在了地上。

咖啡杯里不再有咖啡。物品滚的满地都是。所有人都向右倾斜。

香农觉得他死定了。"一般，炸弹爆炸，一定是全机遇难。我想写遗嘱，但可能已经没有时间。"

驾驶舱里，副驾驶比尔立刻转为手动控制。

一切都极其突然，机长对这一幕还记得："什么警示都没有，他直接就发生了，猝不及防。"

机组人员很难控制客机，一切都在闪动，连最基本的飞行仪表都难以看清。

机长趴着身子往仪表看去，报出来了他们的损伤："二号引擎失效！"

在客舱里，刚刚正在休息的机长教员丹尼正在细致地观察着机身的每一个动作。

凭经验和观察，他很快就判断出来是二号引擎失效了，但他很疑惑：二号引擎的失效肯定不会直接影响客机的飞行状态，机身上肯定还有其他损伤。

"我感觉整个客机的飞行状态都不正常。位于二号引擎爆炸，影响的却是左右平衡。"

在驾驶舱里，机长艾尔·海因斯关闭了二号引擎。

他不知道二号引擎的损坏程度。如果继续运行，二号引擎则有可能会解体。

但即使二号引擎已被关闭，客机还是不受副驾驶的控制，越来越向右倾斜。

"当时很苦恼，我已经把操纵杆使劲往左转到了底，客机还是继续倾斜。"

如果机组成员不尽快找到让客机摆正的方法，不久客机就会翻转。

而在飞行工程师检查仪表后，说出来了一个惊人的结论：三套液压系统，全部失效！

一架 DC-10 型客机上一共有 3 套液压系统，分别由客机的 3 个引擎驱动。其中 2 套系统是备用的，当一套系统失效时，另外 2 套液压系统则开始工作。

这些液压系统控制着飞机的副翼、升降舵、方向舵、起落架、襟翼等重要的操作系统。

同时，液压系统将飞行员或者自动驾驶的控制传导到飞行控制系统上。

失去液压系统，意味着这些飞行控制系统都没有办法被控制。

客机无法转向，无法上升，无法下降。

3 年前，最致命的单机空难——日本航空 123 号就是由液压系统失效而导致的。由于维修瑕疵所产生的金属疲劳，导致整个尾部解体，垂直安定面大部分脱落，液压系统全毁。

机组人员努力控制这架客机，然而由于液压系统损毁，机组成员无法控制客机的航向，也只能粗略地控制客机的俯仰。最后这架波音 747 坠毁在了群马县的山上，524 人中，仅 4 人生还。

在 1974 年，也有一架麦道 DC-10 就因为失去液压而坠毁。这架土耳其航空的班机，在执飞法国巴黎—英国伦敦的航线，在升到 10 000 英尺时，由于货舱门设计问题爆炸，导致机舱爆炸性减压。由于当时客舱与货舱之间还没有设计压力平衡系统，机舱内压力冲垮了客舱地板，压坏了其中重要的液压系统，导致升降舵失灵，客机俯冲坠毁，机上 300 余人全部罹难。这是当时航空业史上最严重的空中事故。

所以此班机机组成员们了解事故的严重性。

"也就是说，我们手里的操纵杆，此时就是无用废物。我们完全可以把它们丢出窗外。"

"这基本意味着死亡。"

机组人员翻阅紧急处理手册，里面根本没有这种情况的解决方法。

这种空难的机会太渺小，以至于根本没有人料到，也没有做准备。

机组不想坐以待毙，他们还有一根最后的救命稻草：引擎。

在 1972 年，一架美国航空的麦道 DC-10（美航 96 号班机）在加拿大温莎上空货舱门爆炸，摧毁了尾部的液压系统，方向舵卡死，升降舵无法控制，机长用可以控制的副翼，用引擎推力控制升降，将客机成功降落，机上全员生还。

联航 232 班机的机组也可以用这种方法来降落，但是他们只有引擎推力可以控制。

尽管位于机尾的二号引擎被彻底摧毁，然而在左右两翼上的 1 号和 3 号引擎还完好无损。

由于这 2 个引擎的引擎间距非常大，他们通过调整引擎的推力，便可调节两边机翼的倾斜角差（Delta BA），增加一边机翼的升力，进而让客机旋转。

这架 DC-10 正在严重向右倾斜，这时机组成员只能尝试一下这个从来没有任何人尝试过的惊险方法。

"好吧，慢慢来。"

"你把右引擎推力减少 10%，我把左引擎推力增加 10%，慢慢来，小心点。"

副驾驶对这一幕记得依然清晰。

当时就只能非常小心，希望这能有用。幸运的是，这确实有用。

副驾驶和机长将手缓缓地放在引擎节流阀的控制上，缓缓地移动，内心祈祷着这可以有用，能把他们的客机从向右疯狂的服从中拉起来。

他们的尝试成功了。

30 度，20 度，10 度。这架 DC-10 缓缓改平，拉起机头，向上飞去，进入爬升的状态。

然而，机组成员面临的是更加棘手的问题。

客机的油量足以支撑 DC-10 飞到芝加哥，但是他们很难降落。他们需要频繁地调节引擎推力，不知道到正确的航向上还需要多久。

他们必须立刻在最近的地方紧急降落。

"这里是联航 232，宣布紧急情况（Declaring Emergency），请求在最近的机场降落。"

"联航 232，苏城是在你航线上最近的机场，你们要在那里降落吗？"

"联航 232，确认降落在苏城机场。"

飞机此刻控制在飞行员手中，但飞行员控制得非常困难。客机先是俯冲，接着爬升，高度掉了 1 000 英尺。

机长减小了节流阀，让客机的引擎推力下降，减缓俯冲。

客机趋于稳定，但所有人还是非常紧张。

一位神情慌张的空乘人员走进了驾驶舱："机长，我们的飞机发生了什么事？"

"二号引擎失效，全部的液压系统损毁。"

空乘人员沉默了。

此刻，机舱里的气氛和驾驶舱中一样压抑。

客机先是俯冲，再爬升，又一次俯冲。

所有人都注意到了飞机的异常，包括篮球经纪人杰瑞·香农。

客机开始俯冲。我们都知道大事不妙。

而休假的机长教员丹尼·菲奇，他希望能安抚刚从驾驶舱回来的空乘人员的情绪。"没事的，这种客机靠 2 个引擎一样能飞行。"

"不单单是这样的。我刚刚问了机长，他说我们的液压系统失效了。全部的液压系统。"

丹尼脸上为了安抚空乘而做的微笑僵化了，消失了。

"完了。"

"我当时想，丹尼，你今天就要死在这里了。"

他沉默了一秒钟，对那位空乘人员说道：

"麻烦您告诉机长，在客舱里有一位 DC-10 的机长教员，如果需要的话，他随时愿意提供帮助。"

此时在地面上，苏城机场的空中交通管制员与美国联合航空 232 的机组联系。

"联航 232，你确定要在苏城机场紧急降落吗？"

"确认，我们没有液压系统，请求直飞机场降落（Vector to the Airport）。"

"联航 232，雷达已经识别（Radar Contact），左转（逆时针转动）朝向 255 方向。"

但是由于液压系统损毁，被毁坏的客机只能右转。机组成员不愿意冒险左转。

我们试着按指示转弯，但我们失去了控制，当时我想："我们既然不能左转，那就右转做一个 360 度（Have a 360s）（顺时针旋转一圈）。"

"收到，联航 232，右转（顺时针转动）朝向 255。"

机组成员必须在只有引擎可以操纵的情况下完成一个精确的右转。然而在右转途中，机鼻不停地向下压。

"每次机头向下我们都很紧张，因为我们要避免这种情况。"

机组成员细致地调节客机的引擎推力，他们完成了这个右转。然而，他们的高度又跌了 1 000 英尺，而苏城还在 64 千米以外。

机长对在座的各位调侃道："老伙计们，我觉得我们什么机场都到不了了。"

就在这个有些令人绝望的时刻，机组人员得到了一个好消息。

那位刚刚和丹尼菲奇谈完话的空乘告诉机长："机长，有一位 DC10 的机长教员，他很乐意过来提供帮助。"

机长当时稍稍松了一口气。

"有一位机长教员在机上，这让我们松了一口气。有可能他能想出什么我们没有想到的新的方法。""让他进来吧"，机长回答道。

丹尼·菲奇，就这样从一名乘客，变成了一名机组成员。

"我看到所有的机组成员都在努力地控制客机，情况很不妙。"

他就这样进来了，"我希望他能帮忙操纵节流阀（引擎操纵），因为他一个人操纵会比我们两个人同时操纵方便得多"。

遇到这种情况，丹尼也没有什么更好的方法了。

"慢慢来吧。"

丹尼蹲在机组成员之间，坐在飞行工程师起飞时的位置上，身体下伏，两手紧紧握着剩下的两个油门操纵杆。

他不断地调节引擎的推力，让客机能以一个平稳的姿态飞行。

而此时的客舱里，乘务员们正在进行最后的准备。

他们开始收拾机舱，尽一切可能为不久之后的迫降做准备。

而客舱中的乘客，现在有些恐惧和慌乱。

"我看到他们正在收拾机舱，没有人告诉我们他们在干什么，也没有人告诉我们会发生什么。不过看上去情况很不妙。"

而在驾驶舱中，机长和副驾驶努力监视着人工地平仪，给丹尼指导飞行的方向。

丹尼紧紧盯着操控杆，准确地操控飞机下降，右转，三人紧张地控制着客机。他把两个引擎节流阀错开，努力让客机保持平飞。

"我凭直觉感受到飞机的动作，似乎我和客机融为了一体。"

每个人身上都有汗水，眼神都很迷茫。四个人在驾驶舱内打趣，也算是互相加油打气。

"一切都结束后我一定要去喝一杯。"

"呵，我不喝酒，但我肯定也要去陪陪你。"

开玩笑并没有让驾驶舱内的紧张气氛减少多少，他们的客机严重受损，很难对准跑道，而且即使对准了跑道，由于缺少襟翼和方向舵的控制，他们必须要让客机以极高的速度落地。

我们每个人都直接面临着死亡。驾驶舱里的每一个人和客舱里的每一个人。

转弯，转弯，再转弯。此时离降落还有10分钟，客机终于对准了跑道。

此时在地面上，急救人员在为最坏的情况做准备。消防员们和急救人员陆陆续续进驻机场，准备时刻进行救援。

塔台依旧在引导客机，而此时在驾驶舱里，机长艾尔·海因斯打算把最坏的情况告诉乘客。

"各位，这里是你们的机长，艾尔·海因斯。你们现在可能注意到了客机的控制系统出现了问题。我们将要在苏城进行紧急降落。飞机大约会在8分钟后降落。我们已经尽力来控制客机，但是我想让大家明白，这很有可能是一次坠机着陆。请大家练习一下紧急动作，这很有可能是你们遇到的最坏的情况，请你们一定做好准备。我们会尽力让客机安全着陆，但我们需要你的合作。"

机上的乘客，前往芝加哥的篮球经纪人杰瑞·香浓也对当时的广播感受颇深。

"我想海因斯机长想如实禀报，他并不想粉饰太平，他想让我们知道情况非常危急，我认为我不可能生还，我认为那一天就是我的大限之日了。"

他们准备开始降落了。一般的降落速度是 120~140 节，而他们的速度远远大于 200 节。这是为了能控制客机，但后果就是降落的时候撞击的力度会大很多。

机长放下起落架，做好了最后降落的准备。

机上的乘客们开始写遗书，几乎每一个人的最后一句话都是"我爱你"。

对于篮球经纪人香农来说，他的最后一句话也是"我爱你"。对于他来说，一切都处理好了，也开始做准备动作。

"我当时在想万一我最后几分钟活了下来怎么办。飞机撞到地面，然后我死了，或者重伤，到这个时候我也帮不了别人。但如果没有事，那我跑出客机后一定要回去尝试帮助别人。"

客机的襟翼用不了，只有空速能让客机维持飞行。而在降落的时候，飞行员们不得不让客机引擎全速运转以控制客机。

客机正在以 400 米每分钟的速度下降，而他们的速度比航天飞机着陆的速度还要快。

丹尼仔细地控制着客机。由于控制系统的问题，客机只能右转。他们必须努力让客机保持在航向上。否则他们必须在此绕一个 360°来重返航线。

"跑道在右边，在右边。"

现在空中速度非常快，但飞行员在最后还要让客机加速，这是因为飞行员要让客机在最后降落的时候拉起机头，这样才能让客机正常降落。

驾驶舱里的所有人都万分紧张。跑道就在眼前，但能否安全落地仍然是一个未知数。飞行控制全部失效，用来控制客机基本操控面的副翼、方向舵、升降舵全都无法使用。只能用引擎的推力粗略地调节。这种办法之前没有人试过是否有效，更没有人尝试用这种方式控制客机着陆。他们的三具引擎只有两具可以用，这意味着他们没有足够的推力复飞，也只有 2/3 的反推力来减速。而其他用来减速的刹车，扰流板都不可用。最致命的是，没有人曾经以这样的速度降落一架 DC-10，何况他们并没有飞行控制。

"还有两分钟降落！"

机舱里的人在祷告。

而临时接替任务的飞行员丹尼·菲奇只允许自己安全着陆。

"我当时的态度是，我能办到，我绝对不可以接受失败。我只接受最好的结果。即使安全落地了，我死了，那么我也会接受这个事情。"

塔台的控制者向联合航空 232 发出了最后一条信息：

"联合航空 232，你被允许在任意跑道降落。"

"收到，联航 232。"

机长打趣地说道："呵，还指定我们必须在跑道上降落。"

驾驶舱里传来了阵阵的笑声。

机长的打趣并没有让驾驶舱的紧张气氛缓解多少。谁也不知道在液压系统完全失效的情况下，以这样的速度强行降落会发生什么事情。

机组成员必须抓住这一次降落的机会，他们并没有机会浪费。

机舱里是一片恐怖和不安。

"你可以听到周边的人都在哭泣，有人在祷告，我最后想既然我什么都做不了了，只能听天由命了。"

乘客们并不能决定他们自己的命运，他们也没有办法。他们都在这架客机上，一切都只能听天由命。

几乎失控的 DC-10 离降落还有 30 秒，在最后时刻，丹尼只能继续加大引擎推力来拉起机头，以让机腹形成阻力，减速让客机滑行。

机组成员都在努力地控制，丹尼仔细地控制着引擎操纵杆。

机务人员正在让乘客们为最后可能的撞击做准备。

"防撞姿势，防撞姿势！"

空管人员不忍心看最后可能的悲剧，他坐回了椅子上，祈祷希望最坏的事情不要发生。

乘客们都做出防撞姿势，脸朝着下面。每个人心中都很紧张。

临时加入驾驶舱的机长教员丹尼·菲奇紧张地操控着客机，努力控制客机让客机不失控。他的眼睛聚焦在人工地平仪和引擎控制杆上。他记得他的目标：一定要让客机安全降落。

机长艾尔和副驾驶比尔一直盯着跑道，为正在用引擎操控的丹尼·菲奇提供指导。所有人的脸上都有着硕大的汗珠。

但谁都没有预料到的是，客机突然向左下方俯冲而去。

由于液压系统的失效，客机的控制系统失灵后使客机向左下方俯冲。机头向下压去，原本已经够高的空速越来越高。

机长希望能收回油门减少空速。

"快，收起油门杆！"

"不可以，那样会失控。"

机长和副驾驶也只能这样了。在这种情况下，机组之间必须有足够的信任，他也没有更好的办法。

"往左，往左，往左！"

"快往左！快！"

然而客机的控制系统已经失灵，两个引擎都在全速运转的时候，高度不到 100 英尺，不管是怎样的驾驶员都控制不好。

"客机在翻转，客机在翻转！"

轰……

客机不受控制地在跑道上翻转，机翼在一瞬间被折断，大部分的机身被强大的力道甩出了跑道，并被强大的力量撕裂解体，一块一块地向前燃烧着滚动而去。

"我们都被撞得很惨。我没有想过飞机降落时会怎么样，但对于猛烈的撞击我做好了准备。我可以感受到客机在上下翻滚着，我们好像一直在不停地滚来滚去。我记得我花了几秒来确定我是不是还活着。然后我意识到发生了什么。我发现我们翻了过来，我倒扣在座椅上，我没有选择只能后退，烟从前面蔓延了过来。然后我从机身尾部的裂缝爬了出去。走出之后，我发现我在一片玉米田中，然后又过了一会我才安心下来，因为我发现我没有大碍，我在空难中活了下来。我走出客机，听到后面的残骸中有婴儿的哭泣声，我没多想，就走了过去，接着我记得我走到了残骸里面。我看到了那个婴儿。"（杰瑞·香农）

杰瑞·香农找到了那个婴儿，最后帮助他和他的父母重逢。

很多人没有杰瑞这么幸运。

急救人员很快地赶到了现场，对着每一个冒着火焰的残骸喷出一道道水柱。机场的急救人员和工作人员都加入帮助重伤乘客撤离中，抬着担架将重伤的人们运进救护车。

飞机的残骸散落在跑道和玉米田上，最开始时搜救人员并没有找到驾驶舱。在坠毁 45 分钟后，搜救人员在旁边的 180 米外的玉米地里发现了驾驶舱。

"着陆并不是那么顺利。我们重重地摔在了跑道上面。我的头撞到了前面的无线电通信控制面板上。就像有一只大手在后面一下子把我的头按了下去。我还记得我望向驾驶舱外窗外，蓝色、棕色、黑色、绿色和火焰的红色。那种情况我无法用形容词来描述。我被挤在残骸里，背部非常疼。我的肋骨刺穿了肺，但我没有失去知觉。我还记得整件事情的经过。"（丹尼·菲奇）他回忆这件事情的时候哽咽了，他觉得他并没有让全部的乘客安全着陆，在回忆这件事情时，他非常自责。

"我完全失去了知觉。幸运的是我在撞击的时候晕了过去，我一点都不记得坠毁的时候发生了什么。我只记得外面有人问"里面有人吗？我记得我听到了不只一声的回答。"（艾尔·海因斯）

在此次空难中，111 名乘客和机组成员遇难，其中 11 名是儿童。但还有 185 人在迫降中生还。而当时的搜救人员并没有想到会有哪怕是一名生还者，然而出乎他们意料的，有大半数人都生还了。

驾驶舱里的机长艾尔·海因斯，副驾驶比尔·洛克德，飞行工程师和临时加入驾驶舱的机长教员丹尼·菲奇全部生还，尽管他们都受了非常严重的伤。

在空难后的几个小时里，机组成员还在急救室抢救的时候，美国国家运输安全委员会（National Transportation Safety Board，NTSB）的调查人员也赶到了现场。他们的任务是要查明这起空难发生的原因。

他们检视的时候，发现尾翼的情况确实如同飞行员所说的一样，位于机身尾部的二号引擎在飞行中爆炸了，而上面最明显的一个重要零件风扇盘失踪了。

风扇盘是引擎前的一个重要部位，位于引擎的最前端，从正前方看客机引擎中保护罩内的东西就是风扇盘。它负责把空气压缩到引擎内部，直径有 32 英寸，是客机上很大的物件。而在这次空难中，位于客机尾部的二号引擎的风险盘完全不见了。

调查人员希望能找到风扇盘的掉落地点。几天后，一位农场工作的女士在她自己的农场里找到了风扇盘的部件。风扇盘完全断裂了，从中央延伸到两边。后来经过 NTSB 的冶金专家的鉴定，这样整体断裂的原因是金属疲劳。

制造风扇盘所使用的金属是钛合金，钛合金是非常坚固而富有韧性的金属。金属疲劳指的是一个金属受到反复的应力而达到强度极限，使金属断裂。就像我们一直在来回掰一片金属片，最后金属片就会从来回掰的地方断裂，这就是金属疲劳的体现。但使用一体铸造的钛合金坚固而有韧性，很难会有金属疲劳所需的受力点。调查人员追查到源头，发现在坚固的钛合金中，混入了不该混入的杂质——氮和氧。这些物质混合在钛合金里会在钛合金中造成空洞，如果在这里持续受力，金属就非常容易断裂。由于用来制造风扇盘的钛合金有瑕疵，经过 17 年的使用后，裂缝慢慢变长，最后风扇盘断裂解体。

而全部三套液压系统失效，调查人员发现虽然三套系统互相备份，但他们都交在一处——机尾。三处液压管线在这里聚集，而由于引擎的解体，三套液压系统管线都被切断，液压油从这里泄露，三套液压系统相继失效。

查明原因后，NTSB 发布了几条具有建设性的安全建议，其中包括对所有的风扇盘进行深入检查和对液压系统进行改进。

如今全部的航空用钛合金都要在真空环境下熔炼 3 遍来提高纯净度，混在材料中的氧气和氮气的残留概率大大降低。

而 DC-10 客机的液压系统也进行了改进，设计者在液压管线上设计了很多液压阀，在管线破洞的时候液压阀自动关闭，防止一处液压管线失效而影响全机的液压系统。如今，波音、空客使用液压传动的客机都增加了这些装置，让飞行更加安全。

即使客机最后并没有完美的安全着陆，机长艾尔、副驾驶比尔、飞行工程师和临时加入驾驶舱的丹尼·菲奇也因为他们在这种从来没有遇到的紧急情况下努力保住了近一大半的乘客的性命的英勇举动，而获得了国际航空业最高的安全奖项——北极星奖。

世界上之前没有人在遇到这种窘迫而突然的情况下还能尽可能让这么多人幸免于难。而且这种情况下的紧急事故并没有别人告诉机组成员该如何应对，他们处在未知当中，没有检查清单可以参考，甚至没有任何办法可以操控。机组成员依靠自己的智慧和经验用引擎努力地操控，而且最后能挽救大部分乘客被看作是基本不可能完成的英雄行为。

而在危机的时候机长艾尔·海因斯能接受一个完全陌生的人的帮助的决定也被认为是拯救 185 人生命的重要原因。

"我们把飞机带到跑道上，那不只是我们，也是所有其他人期待的事情。说我们是英雄，嘉奖我们，不是这样的。我们只是幸运地办到了而已，而且我们最终也没有完全成功。"（艾尔·海因斯）

"我不会放弃，因为这是我作为一名机组成员的职责。别人都相信我，我也不能辜负他们的信任。"（丹尼·菲奇）

遇袭的 DHL 货机

在 2003 年的一场研讨会上，联合航空 232 号航班的机长艾尔·海因斯到比利时的布鲁塞尔参加一次航空安全研讨会，会上他讲述了他们是如何用引擎操控客机的。而与会者中，有一位 DHL 货机的机长，艾瑞克·甘诺特。而就在几个月以后，在伊拉克的巴格达上空，伊拉克民兵用 SA-14 型地空导弹击中了他的空客 A300B4 型货机，致使液压系统完全失效。艾瑞克与其他两名机组成员一起，借着从航空安全研讨会上的经验，安全地用两具引擎降落在巴格达国际机场，以 300 节的速度降落，三名机组成员都没有受伤。他们在 2004 年获得了飞行安全的专家奖。

NASA 在这次空难后也测试了可以用引擎控制客机的自动系统 PCA，在测试中他安全地让一架 MD-11 型客机着陆。但 FAA 因为液压系统完全失效的可能性过低、设备昂贵为由并没有强制所有客机安装。

资料来源：https://baijiahao.baidu.com/s?id=1646268930527094962&wfr=spider&for=pc。

2　何为心理健康标准

心理健康标准是心理健康定义的具体化，是评判一个人心理健康与否的准则，也是自我完善和自我发展过程中需要达到的心理健康目标。迄今为止，国内外尚无统一的心理健康标准，文献可查的心理健康标准超过 30 个以上。这些关于标准的研究主要沿着 3 条路线开展：一是遵循"众数原则"的适应标准；二是遵循"精英原则"的发展标准；三是兼容标准。"众数原则"通过个体心理健康状况比照社会中的大多数人的心理特点来判断；"精英思路"则把人的心理健康程度以个人内在天性发展程度来确定；"兼容原则"则是将"众数原则"和"精英原则"加以综合来制定心理健康标准。2014 年，有学者提出了应该制定具体化、针对具体人群的心理健康标准，大学生、军人、教师、飞行员心理健康标准的研究近年来也逐渐增多。

也有学者将心理健康标准及其制定的依据归纳为 7 种：一是众数原则，即以统计学上的常态分布作为标准；二是社会规范，符合公认的行为规范为正常，反社会规范为异常；三是生活适应，善于生活适应者为正常，生活适应困难者为异常；四是主观感受，自觉幸福、满足为健康，反之为不健康；五是医学标准，有临床症状或病因者为异常；六是以心理成熟与发展水平为标准，身心两方面成熟和发展相当者为正常；七是心理机能，以心理机能充分发挥为健康。

3　心理健康标准制定的理论基础

3.1　精神分析学派健康人格模式

精神分析学派强调人格健康，其代表人物弗洛伊德认为，人的心理是由本我、自我和超我三层结构组成的。本我追求快乐，自我追求现实，超我追求完美。当本我、自我、超我三者相互协调时，人的心理将会处于健康状态；当三者处于失衡状态时，心理健康会受到影响，可能会出现心理疾病。弗洛姆作为新精神分析学派的代表人物，他把人的性格倾向分为两大类：生产性倾向和非生产性倾向。他认为人是社会文化的产物，人的任何行为都是特定历史文化的结果，注重对现存社会的变革。

3.2　人本主义心理学的自我实现模式

人本主义学派的心理健康观强调自我实现。其代表人物马斯洛沿"精英思路"提出心理健康的发展标准，他与密特尔曼认为心理健康的人应具有适度的安全感；具有适度的自我评价；具有适度的自发性与感应性；能与现实环境保持良好的接触；适度地接受个人的需要；

有自知之明；能保持人格的完整与和谐；有切合实际的生活目的；具有从经验中学习的能力；在团队中能与他人建立和谐的关系；在不违背团体的原则下能保持自己的个性。另一代表人物罗杰斯认为，每个人的潜能都是无限的，都有一种与生俱来的指向完成、实现、维持和增长的趋势，在这种自我实现倾向的驱使下，人们变得更加独立自主、更加独特、更富社会责任感，成为技能全面的人。他提出，心理健康的人具有自身体验的意愿，自我信任，自我依赖，有作为人而继续成长的意愿。几乎每一位人本主义心理学家都看重人性中的积极面，认为人的人格有无限发展的可能，每个人都有实现自我的潜力和能力。

3.3 人格特质论的健康人格模式

人格特质理论学派代表人物奥尔波特认为健康的人格有以下特征：力争自我的成长；能客观地看待自己；统一的人生观；有与别人建立亲睦关系的能力；具备并发展人生所需的能力、知识和技能；具有同情心和对一切生命的爱。另一代表人物美国学者坎布斯认为一个心理健康、人格健全的人应有以下特质：积极的自我观念；恰当地认同他人；能面对和接受现实；能对自己、周围的事及环境有较清楚的认知；主观经验丰富可供随时提取使用。

3.4 认知心理学的认知合理模式

认知心理学流派的心理健康观强调认知合理，认为压力、消极生活事件并不直接导致一个人的心理问题或心理障碍，而是通过认知加工，在歪曲和错误的思维下促成的，并且错误的认知方式常以"自动思维"的形式出现。即这些错误的思想常在不知不觉中进行，不被人所察觉。

4 人类心理健康标准

4.1 国内外常见心理健康标准

人类心理健康标准是全人类应具有的心理健康准则，适用于全人类。当代公认的心理健康标准包括如下几类：

世界卫生组织（WHO）成立宪章（1948）中明确声明"健康不仅是指躯体上没有残缺或疾病，而是指人的肉体、精神和社会适应各方面的正常状态"。1989 年，WHO 在宣言里把健康的内容扩展为 4 个方面：躯体健康、心理健康、社会适应良好和道德健康。心理健康是指个人能够充分发挥自己的最大潜能，以及妥善地处理和适应人与人之间、人与社会环境之间的相互关系。具体来说，心理健康至少应包括两层含义：一是没有心理疾病；二是有一种积极发展的心理状态。没有心理疾病是心理健康最基本的条件，心理疾病包括各种心理及行为异常。具有"积极发展的心理状态"，则是从积极的、预防的角度对人们提出要求，目的是要保持和促进心理健康，消除一切不健康的心理倾向，使心理处于最佳状态。

《简明不列颠百科全书》提出了心理健康 6 条标准：① 认知过程正常，智力正常。② 情绪稳定乐观，心情舒畅。③ 意志坚强，做事有目的。④ 人格健全，性格、能力、价值观等均正常。⑤ 养成健康习惯和行为，尤不良行为。⑥ 精力充沛地适应社会，人际关系良好。

美国心理学家马斯洛人在自我实现理论基础上提出了 10 条标准：① 充分的安全感。② 充分了解自己，并对自己的能力做适当的估价。③ 生活的目标能切合实际。④ 与现实环境能保持接触。⑤ 能保持人格的完整与和谐。⑥ 具有从经验中学习的能力。⑦ 能保持良好的人际关系。⑧ 适度的情绪表达及控制。⑨ 不违背团体要求的情况下，能做有限的个性发挥。⑩ 不违背社会规范的前提下，能适当满足个人的基本需求。

美国心理学家杰霍塔综合各家共同点概括出 6 条心理健康的标准：① 自我认知的态度，有意识地对自身进行适当的探索；接受自我，能现实地评价自己的长处和短处；心理认同感具有明确性和稳定性。② 成长、发展和自我实现，具有发展自己各种能力的潜力，并充分展示自己的才干，强调自我价值。③ 整合的人格，表现为人格的内在统一性，各种心理成分能够协调地进行活动，能够及时调整自己的内心矛盾和冲突。④ 自主性或独立性，具有强烈的自我意识，不过分依赖别人，敢于表露自己，但不逾矩。⑤ 对现实的感知能力，对现实生活中的现象能够正确地感知和领悟。⑥ 对环境的适应能力，能够适应或改变环境的要求，具有适应和调节自身的能力。

我国学者郑日昌在制定心理健康标准时，既注重适应性标准，又坚持发展性标准，尤其强调个人在适应现实的条件下获得发展。他在此基础上提出了 10 条心理健康标准：① 认知功能良好。认知就是人们看待事物的方式，它包括一个人的思想观点、阐释事物的思维模式，评价是非的标准，对人对事的基本信念等。正确合理地认识客观世界，并根据自己的实际能力去分析问题、解决问题。② 情绪、情感反应适度。情绪、情感是人对客观事物是否符合主观需要而产生的心理体验，是伴随特定生理反应与外部表现的一种心理过程。善于调节情绪，丰富情感，不大喜大悲或乐极生悲。③ 意志品质健全。一个人的意志是否健全主要表现在意志品质上，其中行动自觉性、果断性和顽强性是意志健全的主要标志。④ 自我意识正确，不仅了解自己的长处、优势，也了解自己的短处、弱点，既能客观地评价别人，也能正确地评价与对待自己。⑤ 人格结构完整。人格是指具有一定倾向的各种心理特征不是孤立存在的，而是错综复杂、交互联系的，有机结合成一个整体，对人的行为进行调节和控制。⑥ 人际关系协调。对人际关系有很好的适应能力，尊重自己和他人的需要与情感，因而既能保持自己的立场与见解，又不会将之强加于人，更加不会己所不欲而施于人。⑦ 社会适应良好。社会适合应良好指个体通过不断做出身心调整，在现实生活环境中维持一种良好、有效的生存状态。个体与所处的环境相互影响，相互作用，不仅要适应环境，而且使自己在适应现实的条件下有所发展。⑧ 行为规范化。角色定位准确，认真履行角色义务和职责，行为符合职业要求。⑨ 人生态度积极。有明确的奋斗目标，敢于迎接挑战，正确面对困难与挫折，胜不骄，败不馁。⑩ 活动与年龄相符。个人的活动与行为要符合其年龄特征。

李建明教授根据中国心理卫生协会专家组讨论修订意见提出了中国人心理健康 6 条标准及其评价要素：① 情绪稳定，有安全感。评价要素有情绪稳定、情绪控制、情绪积极、安全感。② 认识自我，接纳自我。评价要素有自我认识、自我接纳。③ 自我学习，独立生活。评价要素有生活能力、学习能力、解决问题能力。④ 人际关系和谐良好。评价要素有人际交往能力、人际满足、接纳他人。⑤ 角色功能协调统一。评价要素有角色功能、行为符合年龄、行为符合环境、实现个人满足。⑥ 适应环境，应对挫折。评价要素有接触现实、接受现实、挫折应对。

透过国内外学者对心理健康标准的各种看法，可以发现其共同之处多于分歧。这些共同之处是：① 了解自我与自我接纳。② 保持情绪的平衡与稳定。③ 社会适应性强。④ 人际关系和谐。⑤ 人格结构的稳定与协调。⑥ 完善的自我发展目标。

4.2 本课题组所做的"心理健康标准"关键词词频统计

以"心理健康标准"为主题在知网、万方、维普数据库搜索，析出国内外 40 余条心理健康标准，对这些心理健康标准进行分析、提炼，从中筛选出 38 条心理健康标准，对其进行关键词词频统计，剔除掉一些无效词后，选取前 10 位高频词汇，结果如表 2-1 所示。

表 2-1 心理健康关键词词频统计

词汇	词频
能力	28
适应	26
自我	25
社会	20
行为	18
人际关系	17
人格	16
环境	14
发展	13
情绪	11

由表 2-1 可知，前几位高频词汇为能力、适应、自我、社会、行为等。"能力"是影响活

动效率，使活动顺利完成的个性心理特征，这个词出现次数较多的原因是心理健康标准中有较多如"建立/维持亲密关系的能力""从经验中学习的能力""交流的能力""给予他人的能力""爱与被爱的能力""控制情感的能力""工作的能力""追求适应自己天赋工作的能力""幸福和满足的能力""社会交往能力"等相关词语；"适应"这个词出现次数较多的原因是心理健康标准中有较多"适应能力""社会适应""环境适应""内外适应"等相关词语；"自我"这个词出现次数较多的原因是心理健康标准中出现了较多"自我认知""自我接纳""自我信任""自我依赖""自我评价""自我实现""自我调控""自我成长""自我统整""悦纳自我""体验自我存在的价值"等词语。

此外，人际关系、人格、情绪等词出现次数也较多，说明它们也是衡量普通人群心理健康的重要方面。

4.3 根据心理健康标准评价心理健康

根据以上心理健康标准，在具体评估一个人的心理健康状况时，应从以下 4 个方面来考虑。

第一，心理健康包括内外 2 个方面。从内部状况来说，心理健康的人的各项心理机能健全，人格结构完整，能用正当手段满足自己的基本需要。从对外关系来说，心理健康的人的行为符合规范，人际关系和谐，能积极主动地适应和改变环境。

第二，心理健康从性质上说，有积极和消极之分，从层次上说有高层次和低层次之分。通常把平衡、适应作为心理健康者的特征。如果把平衡看作是一个人仅仅满足于现状，没有追求，不思进取，无挫折、无冲突的话，那么，这种平衡充其量也不过是一种低层次、消极的；如果把适应理解成对周围环境顺从的话，那么，这种适应却与动物的本能相差无几。其实，这都不是我们所说的积极心理健康状况。马斯洛认为人的生活不仅是为了追求内部平衡，更重要的是追求不断成长与自我实现。如果我们把消除过度的紧张不安而达到内部暂时平衡状态称作消极的或低层次的心理健康的话，那么，积极的或高层次的心理健康却意味着有高尚的目标追求，有良好的人际关系，渴望挑战，寻求生活的充实与人生意义的实现。

第三，心理健康是一种状态更是一个过程。作为一种状态，心理健康不是一种静态的心理持平，而是一种对情感、意志的有效的自我调整。作为一个过程，心理健康并不是一个无压力、无冲突的过程，而是一种平衡—不平衡—平衡的矛盾运动。正是在这个矛盾运动中，人与现实环境保持动态的协调，进而追求成长与发展。

第四，心理健康说到底是一种人生态度。心理健康首先反映出一个人健康的人生态度。心理健康的人对现实抱开放态度，乐于吸取新经验；心理健康的人富有奉献精神，能在对社会、他人做出贡献的过程中增强自我价值；心理健康的人追求高尚的生活目标，但他能放弃做"完人""超人"的念头。总之，心理健康的人在现实中多持有一种积极的、开放的、务实的、通达的人生态度。

5 大学生心理健康标准

5.1 国内影响较大的大学生心理健康标准

大学生心理健康标准适用于大学生群体，但大学生作为人类的重要组成部分，也需满足人类的心理健康标准。目前在我国影响较大的大学生心理健康标准主要如下：

北京大学王登峰教授提出的大学生心理健康8条标准：① 了解自我，悦纳自我；② 接受他人，善与人处；③ 正视现实，接受现实；④ 热爱生活，乐于工作；⑤ 能协调与控制情绪，心境良好；⑥ 人格完整和谐；⑦ 智力正常；⑧ 心理行为符合年龄特征。

清华大学樊富珉教授提出的大学生心理健康7条标准：① 能保持对学习较浓厚的兴趣和求知欲望；② 能保持正确的自我意识，接纳自我；③ 能协调与控制情绪，保持良好的心境；④ 能保持和谐的人际关系；⑤ 能保持完整统一的人格品质；⑥ 能保持良好的环境适应能力；⑦ 心理行为符合年龄特征。

5.2 本课题组所做的"大学生心理健康"关键词词频统计

本课题组在广泛查阅相关文献的基础上，将已有的大学生的心理健康标准进行分析、提炼，整理成文本进行关键词词频统计，删除一些无效词，选取前 10 位高频词汇，结果如表 2-2 所示。

表 2-2 大学生心理健康关键词词频统计

词汇	词频
自我	19
人际关系	16
情绪	12
人格	10
环境	9
学习	8
接纳	8
能力	8
控制情绪	7
适应	7

由表 2-2 可知，出现次数较多的前几位词汇为自我、人际关系、情绪、人格等。大学生心理健康标准中特别强调"自我"，说明"自我"是评价大学生心理健康非常重要的方面。另外，人际关系、情绪、人格也是评价大学生心理健康的重要方面。

6 飞行员心理健康标准

2010—2013 年，中国民航飞行学院罗晓利、罗渝川等与某航空集团合作，完成了民航局课题"飞行员心理特征及应对方式"，构建了运输航空飞行员心理健康的定义、标准、测试指标以及测试量表，先后访谈运输航空机长、管理干部、飞行员家属及航空心理学专家 50 余人，在查阅大量文献基础上，形成了民航飞行员心理健康的定义和标准。

6.1 民航飞行员心理健康的定义

民航飞行员是一个特殊的群体，对其心理健康与否的评价首先应该考察其是否满足中国成人的心理健康标准，这是作为健康人最基本的要求；其次由于民航飞行员的职业特殊性，因此民航飞行员的心理健康标准还要满足飞行职业特点所要求的心理健康标准。两者是普遍性与特殊性的关系，缺一不可。

民航飞行员的心理健康定义：飞行员具有良好的心理调适能力和心理效能体验、内部协调与外部适应相统一的良好状态，即飞行员在机组、公司、家庭和社会环境中均能保持一种良好的心理效能状态，并在与不断变化的外界环境的相互作用中，不断调整自己的内部心理结构，基本心理活动的过程内容完整、协调一致，认知、情感、意志、行为、人格完整和协调，达到与环境的平稳与协调。

一个心理健康的民航飞行员，能够在有稳定的情绪的基础上合理地表达与控制自己的情绪；对自己的情况充分了解的基础上接纳自己，并能做出切合实际的目标与计划；能够与机组、公司其他同事和上下级、家人以及社会中的其他人保持正常且良好的社会关系，并能给予他人以帮助，承担良好的家庭与社会功能，适应飞行环境，并能对环境产生积极的影响；在充分考虑机组、航空公司以及社会规范的前提下，满足个人的需求并发挥自己的特长；热爱飞行职业，能从飞行职业中获得满足感并愿意为了将飞行工作做好而继续努力；个性倾向、心理过程和个性心理特征必须和谐而统一，没有矛盾与不协调的情况；具有良好的意志品质，愿意为了既定的目标而付出努力。

6.2 民航飞行员心理健康标准

6.2.1 能够合理地表达与控制自己的情绪

在日常工作中由于各种因素的存在，飞行员正向与负向的情绪均有可能出现。因此，合理地表达以及调控情绪的能力就显得尤为重要，积极正向的情绪可以提高飞行员的工作生活质量，而负向的情绪则会产生负面的影响。

（1）情绪状态。即使一个心理健康的飞行员，当面对不同的应激事件时，也可能出现不同的情绪状态，但若飞行员长期表现出负面情绪则有可能是心理健康失衡的一个重要标志。

民航飞行员中常见的情绪状态有：幸福、满足、愉悦、欢乐、愤怒、恐惧、哀伤、焦虑、孤独、沮丧。

（2）情绪调控方式。一个心理健康的民航飞行员应该主动选取积极正向的调控方式来调节自己的情绪，以使自己保持一个良好的情绪状态。

民航飞行员中常见的情绪调控方式：倾诉、压抑、逃避、转移、评价、求助、遗忘、解决问题。

（3）情绪稳定性。情绪稳定性是指民航飞行员应对日常飞行与生活中的应激事件的能力。从民航飞行员的职业特点看，一个情绪稳定的飞行员能够把自己的情绪控制到适合飞行的状态，而不是带着极端化的情绪去飞行。情绪稳定从某种程度上能够起到保障飞行安全的作用。同时，一个情绪稳定的飞行员在保持机组良好工作氛围以及良好交流方面也将起到积极的作用。

6.2.2　具有良好的认知与学习能力

一个心理健康的飞行员应该认清自己的能力与局限以及优势与劣势，不会过分高估与低估自己，能够接受完整的自我，不会出现同一性危机；能够为自己拟定恰当的目标与计划，并能从同事与朋友的经验中进行总结与学习，以提高自己。

（1）自我认识与接纳。就飞行员这一职业自身的特点而言，对自己以及机组成员有清醒的认识就非常重要；在清楚认识自己的基础上接纳自己，更是成人心理健康与否的一个重要参考指标，因此自我认识清楚并能接纳当前的自己对于飞行员来说也是非常必要的。

（2）对自己的目标设定恰当。在给自己拟定目标时，应该是自己做出适当的努力就能达到，不会出现过高或过低的目标，以保障恰当的自我激励水平。

（3）具有从经验中学习，并不断调整自己的能力。飞行这一职业本身即具有与时俱进的特征，需要飞行员不断总结，并不断更新自己的知识体系以适应机型的改进、安全要求等变化。因此，能够从经验中学习对于飞行员来说就非常必要。

6.2.3　具有良好的适应能力

良好的适应能力是指飞行员能够根据客观环境的需要和变化，通过不断调整自己的心理、行为和身心功能，达到与周围环境保持协调的状态。它主要表现在以下几个方面：

（1）自我适应。自我适应是指飞行员对自己始终能保持积极的态度，对自己充分肯定，满意自己现在的状态，对自己的发展充满信心。

（2）人际适应。飞行员在工作中能与机组成员和公司里的其他同事建立良好的人际关系，相互关爱帮助，给予其必要的支持，可表现为亲社会倾向和社会流离。在家庭中能适应家庭里的氛围与人际关系，给予家人关爱与支持。

（3）行为适应。行为适应是指飞行员在航空公司工作和社会生活中遵守社会规则，高效率地行为处事并取得相应成就的程度，分为行事效率和违规行为。

（4）环境适应。环境适应指飞行员对飞行这一职业的特殊工作环境和工作方式的适应程度。若不能很好地适应周围环境，则可能影响飞行员的工作安全与认同。

6.2.4 良好的飞行职业道德

《中国民用航空运输机长的职责》对飞行员提出了8项素质要求，即良好的职业道德品质、高度的负责精神、强烈的安全意识、牢固的章法观念、熟练的操作技能、精细的工作作风、严谨的组织纪律、健康的体魄。其中，负责精神、安全意识、章法观念、工作作风和组织纪律是构成飞行员良好职业道德品质的重要内容。

（1）负责精神：一是完成好飞行员本职及所执行航班特殊职责范围内应该做好的事，如履行职责、尽到责任、完成任务等；二是如果因为本人原因没有做好本职工作，应承担不利后果或强制性义务，如担负责任、承担后果等。

（2）安全意识：飞行员头脑中建立起来的"生产必须安全"的观念。飞行员树立安全意识，最主要的一点就是要严格遵循安全规章和执行标准操作程序，让每一步操作精细到位，做到"有没有人管都一个样，有没有监控都一个样"。飞行员有了安全意识，才能决定其在工作中的行为，才能用良好的安全意识来掌控命运。

（3）章法观念：飞行员在长期的飞行活动和在航空运输生产实践当中形成的对规章的综合认识。飞行员在实际飞行过程中，必须将其思维和行为限定在航空安全规章所划定的范围内。

（4）工作作风：在工作时所表现出来的比较稳定的态度或行为风格。因为飞行具有不可逆性，而且处于高空高速运动状态，飞行员在前一时间发生的飞行差错或遗留的隐患，在后一时段没有更多的精力和时间来纠正、弥补，所以，飞行中特别强调"第一手工作质量"。飞行员要将飞行中的每一个动作、每一个程序分得非常细致，将每一个流程及其操作，都做到非常"严"，而不是非常"松"；做到非常"细"，而不是非常"粗"；做到非常"实"，而不是非常"虚"。

（5）组织纪律：严谨性。之所以要严谨，是因为航空运输活动是一个系统工程，只有按章做事、协同办事，才能保证整个运行体系安全、可靠和高效。航空公司运行要符合运行规范，这是公司对行业管理者的书面承诺；而飞行员实施飞行生产则要遵循飞行手册，这是具体落实规章、组织纪律性强的最好行为。现代航空运输企业必须强化"手册法人""手册公司""手册领导""手册员工"和"手册飞行员"。作为规章手册的遵循者和执行者，飞行员应该将规章手册的标准、程序、规则融入自己的飞行中和血液里。

6.2.5 有满足感的工作

工作与职业对于飞行员的心理健康也是非常重要的，飞行员在工作中获得满足感与成就感，体现飞行员的存在价值，同时在工作中拓展人际关系，获得别人的认同与赞许，进而产生积极正向的情感。

（1）飞行职业期望：飞行员对当前职业存在期许与愿望，认为职业充满挑战与乐趣，愿意为了该职业而付出。

（2）飞行职业经济价值：飞行员对职业经济价值的判断，认为该职业具有良好的经济价值与效益。

（3）飞行职业社会地位：飞行员对职业社会地位的判断，认为该职业能够被他人所认同和尊重，对于社会的发展与安定具有较大的作用。

（4）飞行职业效能感：飞行员对自己能否胜任当前职业的判断。一个心理健康的飞行员应该认为自己能够完全胜任当前的职业。

（5）飞行职业物化环境：飞行员对物理环境是否适合工作的判断。

（6）飞行职业工作方式：飞行员对工作方式是否适合工作的判断。

6.2.6　完整而和谐的个性

个性完整而和谐的飞行员能够将需要、思想、目标、行动统一协调起来，做到思想言行一致，能够很好地胜任当前的工作任务，并承担良好的社会与家庭责任。

（1）可靠性：严谨性、开放性/诚实性。

（2）个人价值：成就动机、可塑性/冒险性、攻击性、自信心/挫折容忍力。

（3）机组协作：团队协作、控制欲/组织协调、乐群性/外倾性、共情性/乐群性。

6.2.7　良好的意志品质

良好的意志品质对于飞行员这一职业尤其重要，具有明确的行动目标；能够合理地做出决策，并予以执行而不是优柔寡断；对自己的行为能够进行监控以保证任务的顺利完成；克服困难，始终坚持，对于飞行员完成任务来说都是非常重要的。

（1）自觉性。即飞行员对自己的行动的目的和意义有明确认识，并能主动地支配和调节自己的行动，使之符合自己行动的目的。自觉性强的人既能独立自主地按照客观规律支配和调节自己的行为，又能不屈从周围的压力和影响，坚定地去完成任务。与自觉性相反的意志品质是懒惰、盲从和独断。

（2）果断性。心理健康的飞行员善于迅速地明辨是非，坚决地做出决定和执行决定，而不是优柔寡断。相反，心理不健康的飞行员做出决定时犹豫不决，三心二意；做出决定后又畏缩不前，左顾右盼，迟迟不付诸行动，甚至行动开始后还犹犹豫豫。

（3）自制、自控性。心理健康的飞行员善于控制自己的行为，对自己的行为后果负责，较好地抑制激动和愤怒、暴怒等激情的爆发，既不任性也不怯懦。

（4）坚韧性/坚持性/挫折容忍力。心理健康的飞行员在实现目标的过程中会坚持不懈地克服困难，同时也能在失败时适时地改变或放弃原先的决定并重新做出调整。他们能正确面对挫折，不断加强自己的耐受能力。

6.3 飞行员心理健康测试指标

为了获得飞行员心理健康的各个维度/结构性指标和制定飞行员心理健康标准,"课题组"通过对国内某航空公司 600 余名飞行员/机长教员、飞行干部、飞行教员、地面教员、政工干部、心理学工作者、飞行员家属进行调研、访谈和函询,在进行层次分析数据处理后得到了如表 2-3 ~ 2-10 所示的飞行员心理健康维度/结构性指标体系。

表 2-3 飞行员心理健康的维度/结构性指标

一级指标	重要度排序	二级指标	重要度排序	三级指标	重要度排序
理性判断与认知	1	自我认知与接纳	1		
		目标设定	2		
		经验学习	3		
意志品质	2	挫折容忍力	1		
		自觉性	2		
		自控力	3		
		果断性	4		
工作满意度	3	职业期望	1		
		社会地位	2		
		职业效能	3		
		经济价值	4		
飞行职业道德	4	严谨性/责任心	1		
		安全意识	2		
		组织纪律/章法观念	3		
适应能力	5	行为适应	1		
		自我适应	2		
		人际适应	3		
情绪	6	情绪稳定性	1		
		幸福感	2	愉悦	1
				满足	2
		情绪应对方式	3	解决问题	1
				求助	2
				倾诉	3
				压抑	4
		负面情绪	4	愤怒	1
				焦虑	2
				孤独	3
				哀伤	4

一级指标	重要度排序	二级指标	重要度排序	三级指标	重要度排序
个性	7	自信心	1		
		团队协作	2		
		坦诚性/开放性	3		
		乐群性	4		
		可塑性	5		
		成就动机	6		
		共情	7		

表2-4　能够合理地表达与控制自己的情绪

维度名	操作性定义	表现
情绪状态	飞行员情绪存在的性质、强度和持续时间等状态特征	幸福、满足、愉悦、欢乐、愤怒、恐惧、哀伤、焦虑、孤独、沮丧
情绪调控方式	飞行员情绪调节方向、方法和时机	倾诉、压抑、逃避、转移、评价、求助、遗忘、解决问题
情绪稳定性	飞行员应对工作应激与生活应激事件的能力	采用正确方法努力调控情绪，使自己的情绪保持稳定，不至于进入失控状态和巨大起伏状态

表2-5　具有良好的认知与学习能力

维度名	操作性定义	表现
自我认识与接纳	清晰、完整地认识和接纳自己	没有出现分裂人格、排斥自我的现象
对自己的目标设定恰当	能够为自己拟定恰当的目标与计划	拟定的目标应该是通过适当的努力就能达到的，不会出现过高或过低的目标，能够保持恰当的自我激励水平，不至于因达不到目标而沮丧
从经验中学习并不断调整自己	能从自己、同事与朋友的经验中进行总结与学习以提高自己	具有内省提炼、吸取别人经验的意识和能力，方法得当，与时俱进，有上进心

表2-6　具有良好的适应能力

维度名	操作性定义	表现
自我适应	表现出自我肯定，充满自信，满意现状，积极乐观的态度和行为	对自己始终能保持积极的态度，对自己充分肯定，满意自己的现状，对自己的发展充满信心
人际适应	具有适应工作关系、社会关系和家庭关系的意识、能力	工作中能与其他同事建立积极的人际关系，相互关爱帮助；在家庭中能适应家庭氛围与关系，给予家人关爱与支持
行为适应	能够适应规则约束和自觉遵守相关规则	在工作和社会生活中遵守相关规则，高效率地处事并取得相应成就的程度
环境适应	对飞行职业的特殊工作环境和工作方式的适应程度	能够适应驾驶舱的物理环境和人际环境以及工作强度与轮换班制度

表 2-7　良好的飞行职业道德

维度名	操作性定义	表现
负责精神	履行职责的意识和行为以及效果	能够做好职责范围内的事情，不马虎、不推卸责任
安全意识	牢固树立了安全第一的思想，并体现在行为中	时刻想到安全、思考安全，并有保障安全的行为措施，如设置安全底线等
章法观念	遵守飞行相关法规和条例、规则的意识和行为	具有牢固的法规意识，并从行为上遵守空管的相关法规和规则、条例
工作作风	工作中表现出来的比较稳定的态度和行为风格	有的人粗心，有的人细致；有的人自我要求严格，有的人懈怠；有的人务实，有的人务虚
组织纪律	处理机组成员之间以及组织与个体飞行员关系的规范	守时遵章、正确处理公司内部和外部单位人员（如管制员、机场人员）的关系，无突破职业规范的行为

表 2-8　有满足感的工作

维度名	操作性定义	表现
职业期望	对当前职业的期许与愿望	认为飞行职业充满挑战与乐趣，愿意为该职业而付出，职业生涯发展前途良好
职业经济价值	对职业经济价值的判断	认为飞行职业具有良好的经济价值与效益
职业社会地位	对职业社会地位的判断	认为飞行职业能够被他人所认同和尊重，对于社会的发展与安定具有较大的作用
职业效能感	对自己能否胜任当前职业的判断	心理健康的飞行员应该认为自己能够完全胜任飞行职业
职业物化环境	对物理环境是否适合工作的判断	对自己工作的环境具有积极正向的评价
职业工作方式	对工作方式是否适合工作的判断	对飞行员的工作方式持积极正面的评价

表 2-9　完整而和谐的个性

维度名	操作性定义	表现
可靠性	严谨、诚实的行为风格	做事细致、严谨，对人对事都能坦诚相待，不隐瞒事实
成就动机	对工作和事业的愿望、热情以及追求	近期目标与远期目标相结合，有适宜的职业生涯规划
攻击性	意识和言行上的对抗、侵犯	超越伦理、规范的攻击言行，给他人带来困扰和不适，难以与之相处
可塑性	心理和行为上的适应变化的能力	能够与不同性格和行为风格的人相处，能够适应环境的变化
自信心/挫折容忍力	对自己相信的程度和抗挫折与压力的能力	没有自卑心理，能够正确面对挫折和压力，并有积极的应对措施
团队协作意识	机组成员之间、空地之间的协作意识与适宜的协作行为	对机组工作的团队工作性质有充分的认识，有适宜的沟通、质询和劝告行为
乐群性	乐于与他人相互交往，不喜欢独处	喜欢参加集体活动，有一定的人际交往
共情	体验他人内心世界的能力	能够换位思考和体验他人感受

表 2-10　良好的意志品质

维度名	操作性定义	表现
自觉性	对自己的行动的目的和意义有明确认识，并能主动地支配和调节自己的行动，使之符合自己行动的目的	自觉性强的人既能独立自主地按照客观规律支配和调节自己的行为，又能不屈从周围的压力和影响，坚定地去完成任务；与自觉性相反的意志品质是懒惰、盲从和独断
果断性	善于迅速地明辨是非，坚决地采取决定和执行决定，而不是优柔寡断	能够在深思熟虑的基础上及时做出决定，做出决定后能够立即付诸行动
自制、自控性	善于控制自己的行为，对自己的行为后果负责	能较好地抑制激动和愤怒、暴怒等激情的爆发，既不任性也不怯懦
坚韧性/坚持性	达成目标的坚定性和坚持性	实现目标的过程中坚持不懈地克服困难，也能在失败时适时改变或放弃原先的决定，并能重新做出调整

7　飞行学员心理健康标准概述

飞行学员是大学生中的特殊群体，与普通大学生相比，其心理特征具有普遍性，也表现出特殊性。普遍性表现在与大学生群体有共同、普遍的心理发展规律可循；其特殊性在于他们必须接受严格的体检和心理选拔程序、严格的准军事化管理，适应理论与实践的高度结合、高速度与精确性的认知与技能要求，必须通过双语化的各种执照等级考试，承受高负荷飞行任务和训练安全压力等。这些特殊场景和要求既会使他们在成功时获得愉悦的成就感，也会使其在失败时体验到受挫感，如不能进行合理的管理与培养就会演变为心理异常，导致心理健康水平下降，甚至心理疾病。这对他们的学习、训练是否成功和未来的职业生涯发展将造成巨大影响。"基于大数据的民航飞行学生心理健康维护/疾病风险管理体系研究"课题组在已有研究基础上，采用文献、词频分析以、半结构化专家访谈以及问卷调查方法，以"二因素"模型、"适应-发展"和积极心理学理论为指导，对飞行学员心理健康进行了定义，提出了心理健康标准及其测试指标体系。这些研究成果对于飞行学员自我评价和自我完善心理健康大有裨益。

7.1　飞行学员心理健康的定义

飞行学员心理健康的定义：能适应飞行学员角色要求的特定人-机-环-组织以及社会变革，自我认知良好，能正确应对压力、努力完善自我，学习和训练富有成效，人格完整、社会与职业道德良好。

该定义具有六层含义：一是应该具有适应能力。飞行学员作为"自然人"和"社会人"，需要不断适应学习、生活以及未来工作中的人-人关系、人-机关系、人-环境关系、人-组织关系，需要有良好的自我认知和自我接纳能力，需要不断地适应自己。二是应该具有良好的情绪管理能力，尤其是应该正确认识和应对压力。这是衡量心理是否健康的重要标志之一。三是应该具有发展的意识和潜力。飞行学员应该具有不断挖掘潜能，完善自我的意识和能力。四是对未来职业具有满意度。飞行学员在学校、家庭和社会环境中均能保持一种良好的心理效能状态，有积极的心理效能体验。五是人格应该完整和健全。飞行学员应该具有外向稳定或者内向稳定的性格倾向与情绪稳定性特点，人心向善并且善恶分明的性格品质，以及表里如一、心态阳光、思维开放的性格取向。六是应该具有良好的职业道德与美德。飞行学员应具有能够适应飞行学院特殊的训练环境和训练方式，具有克服各种困难的意志力、高度的责任感和安全意识，与飞行职业相吻合的飞行作风、职业操守、飞行纪律等职业道德和职业素养。与此同时，飞行学员作为社会作为公民，还应具备公民道德和社会美德。

7.2 飞行学员心理健康标准

本课题组提出 7 条飞行学员心理健康标准：① 情绪健康，以积极情绪为主体、心态阳光；情绪稳定，能合理表达和控制情绪；情绪波动时，采用积极的应对方式。② 良好的自我认知与自我完善能力，包括：自我认知、自我接纳、自我完善 3 个方面。③ 良好的意志品质，包括：目的性与计划性、果断性与自制力、坚持性与挫折耐受力。④ 积极且与飞行职业要求相符的个性，包括：成就动机、活力、开放性、严谨性、敢为性、谨慎性、乐群性、协作精神以及良好的领导艺术。⑤ 适应能力良好，包括学习适应性、训练适应性、人际适应性和生活适应性 4 个方面。⑥ 良好的飞行职业道德和美德，包括：敬业精神、责任心、遵章守纪和安全意识、时间管理倾向、诚实守信、创新意识和能力、热爱学习、洞察力、社会智能、公平正义、谦虚和宽容、理想信念、追求美好和卓越、乐善好施、正确的恋爱观。在一些研究中，有学者将社会与职业道德视为人格的重要组成部分，这对飞行学员而言非常重要。⑦ 对未来飞行职业的满意度高，包括：职业期望、效能感、物化环境、职业经济价值、职业社会地位、职业工作方式等要素。

7.2.1 良好的自我认知与自我完善

每个人都有自我实现的需要，在一个不完善的、充满矛盾与冲突的自我层面，建立一个趋于完善、满意的自我，必须要经过 3 个环节：自我认知、自我接纳、自我完善。一个心理健康的飞行学员应该能细心观察和客观评价自己的外在形态、身体状况、学业、情绪、社会关系和性格等方面的优缺点；确认和悦纳自己身体、能力和性格等方面的正面价值，欣然正视和接受自己现实的一切，不因自己存在的某种缺点、失误而自卑，也不会盲目骄傲、狂妄自大；充分发挥自己的各种才能和潜能，不断进行自我优化和调节，努力实现自己的理想和抱负。

（1）自我认知。自我认知是对自我的了解和评价，自我认知程度高的飞行学员，表现得更加自信、更容易自控、更有安全感，对自己的人生有更好的规划，更容易接纳自己的不完美和不足。

（2）自我悦纳。自我悦纳是大学生心理健康与否的一个重要参考指标，是大学生塑造健全人格的重要条件之一。一个人的缺点不是能轻易克服的，排斥只能使其被不同程度、不同深度地压抑下来。只有真正接纳和正视它，才能更好地认识自己，使自己不断趋于完善。

（3）自我完善。飞行学员处于自我意识快速发展的阶段，应在此阶段进行自我完善，使其拥有更好的心理素质和理想人格，对于其知识和技能体系建构、自我人格塑造、飞行职业生涯规划等都是非常重要的。

7.2.2 情绪健康

飞行学员在应对日常学习、训练与生活中的应激事件时，均可能出现积极与消极的情绪，积极情绪能扩展认知的范围，提高认知的灵活性，提升应对能力，对于飞行学员尤为重要。此外，在应对挫折和打击时，具备一定的情绪稳定性和情绪控制能力，能主动选取积极正向的调控方式来调节自己的情绪，使自己能保持一个良好的情绪状态也是非常必要的。

（1）情绪状态。即使一个心理健康的飞行学员，面对不同的应激事件，也可能出现不同的情绪状态，但若飞行学员长期表现出负面情绪则有可能是心理健康失衡的一个重要标志。

飞行学员中常见的情绪状态有：快乐、兴趣、自豪、满足、感恩、爱、自信心、抑郁、焦虑、强迫、恐惧、孤独、沮丧、愤怒等。

（2）情绪稳定性。情绪稳定性是指飞行学员具有调节控制自己的情绪以保持与周围环境动态平衡的能力。一个情绪稳定的飞行学员能够把自己的情绪控制在适合学习或训练的状态，判断力、行为决策更成熟，从某种程度上能起到保证飞行安全的作用，在维持社会关系上也能起到积极作用。

（3）情绪应对方式。一个心理健康的飞行学员，应该主动选取积极正向的调控方式来调节自己的情绪，以使自己保持良好的情绪。

飞行学员常见的应对方式有：宣泄、压抑、逃避、转移、幻想、认知评价、求助、遗忘、解决问题等。

7.2.3 良好的意志品质

飞行学员的意志是以顺利完成学习和训练任务为导向的，对自身意识和行为具有积极调节作用，是自觉克服困难的心理过程。意志品质水平对飞行学员知识和技能的养成、未来职业发展具有重要影响。

（1）自觉性。低年级的飞行学员能够合理安排学习时间，制订学习计划，以目的来调节意识和组织自身行为，坚定不移地完成学习任务；高年级的学生既能不屈从于周围的压力和影响，也不独断专行，能够主动做出行动安排与计划，以目的来调节意识和组织自身的行为，坚定不移地完成训练任务。

（2）果断性。低年级的飞行学员在日常学习、生活和训练（如转轮训练）中能当机立断，毫不犹豫地做出行为决策；在飞行训练中，高年级的学生能够克服决断过程中的犹豫，合理地采取决定和执行决定，特别是在危急或冲突情境下能保持从容冷静。

（3）自制性/自律性。心理健康的飞行学员善于控制和支配自己的情绪，能抑制学习和训练带来的消极情绪、不良心情，对自己的行为能进行监控以保证学习和训练任务的顺利完成。

（4）坚韧性/坚持性。心理健康的飞行学员在面对困难和重要的学习和飞行训练时，能够不屈不挠、坚持不懈地克服内在困难和外部阻力，将最初的决定贯彻始终。

（5）挫折容忍力/耐受力。飞行学员在日常生活、学习和飞行训练过程中遭受挫折时，能承受精神上的打击，不会出现心理或行为失常。

7.2.4　适应能力

适应能力指飞行学员能够根据客观环境的需要和变化，通过不断调整自己的心理、行为和身心功能，达到与周围环境保持协调的状态。它主要表现在以下几个方面：

（1）学习适应。学习适应指飞行学员能积极主动地调节自身的行为和心理状态，科学安排学习时间，以适应飞行学习的要求。

（2）训练适应。高年级的飞行学员能认同飞行学院的训练任务、训练环境和训练方式、训练安全、飞行教员以及飞行训练运行的组织管理等，并能够获得良好的效能感。

（3）人际适应。低年级的飞行学员能与同学、辅导员以及教师建立和谐的人际关系，给予他人关爱帮助，在家庭中关心父母，给予家人关爱与支持；高年级的学生能与同学和飞行教员建立积极互助的人际关系，给予他人关爱帮助，在家庭中关心父母，给予家人关爱与支持。

（4）生活适应。飞行学员能克服气候、饮食、作息制度、准军事化管理、文化氛围、生活习惯、同学成分变化以及远离家乡父母带来的困难和不适，并逐渐适应这些变化。

7.2.5　完整和谐地与飞行职业要求相吻合的个性

完整和谐地与飞行职业要求相吻合的个性主要表现在以下3个方面：

（1）可靠性：严谨性、敢为性。

（2）个人价值：成就动机、谨慎与冒险倾向、有活力。

（3）机组协作：乐群性/外倾性、协作与配合意识、控制欲/领导力、攻击性、开放性、共情。

将上述3个个性特征分为以下11种品质加以详细分析：

（1）成就动机：从事飞行职业的心理驱力或愿望的强烈程度。飞行成就动机高的人学习和训练都会非常自觉、努力。许多研究表明：一个成功的飞行员首先要热爱飞行，并对未来的飞行技术和安全水平有较高的职业目标。

（2）严谨性：从事某项活动的严谨程度与冒失和粗糙以及错误率相对立；有责任心的人责任意识明确、有责任感并勇于承担责任。

（3）乐群性/外倾性：乐于与他人相处和交往，不喜欢独处，有社交能力；研究表明外向且情绪稳定的人最适合从事飞行职业；与此相背离的个性特征是内向、沉默寡言，保守和独居。

（4）敢为性：面临危险和紧急事件时能够临危不乱，果断决策并付诸行动。

（5）谨慎与冒险倾向：在选择和执行决定时以事实为根据，做事有序，按飞行程序和条例操作，不冒不当的风险。

（6）协作与配合意识：有团队协作和配合意识并具备相应的技能，能够有效地进行沟通，飞行中能交互检查、相互提醒，能相互协作和配合与机组成员共同完成飞行任务。

（7）控制欲/领导力：影响他人、领导他人的欲望和对他人的影响力。控制欲高的人总是具有很强的决断欲望，乐意发挥领导作用，需要被人注意和影响他人。对于飞行人员而言，视角色不同而应具有适当的控制欲和领导力。但如果控制欲的强度与角色不相吻合就有可能产生冲突，影响机组关系和协作与配合，不听取他人建议。

（8）攻击性：个体的性格急躁程度和攻击性倾向。攻击性强的人，没有耐心、好批评、率直、生硬。作为民航飞行员来说，过弱和过强的攻击性都对安全飞行具有负面影响。攻击性过强的机组人员可能常常批评、攻击别人，不利于搞好机组团结和机组协调；而过弱的攻击性则可能导致机组的监视、提醒功能丧失。因此，该项个性品质应该取均值或稍高于均值的分数。

（9）开放性：与人分享信息和情感的个性特征。开放性强的人乐意陈述自己的观点和看法，坦白、诚实，表里如一；与此相背离的则是封闭，表现为不愿意陈述自己的观点和看法，表里不一。作为民航飞行职业来说，开放性是交流和沟通的基础，也是机组协调与配合的基础。

（10）共情：能够换位思考，理解他人感受，并容易被他人的处境所感染，并热心帮助他人。与此相背离的是硬心肠、严肃和冷漠。该项个性品质对于机组人员也是必需的，但不能极端。

（11）有活力：富有朝气和热情、精力旺盛、健康乐观，经常参加体育运动，身体强壮，使生活、学习与训练都充满正能量。

7.2.6 良好的飞行职业道德与美德

民航局在咨询通告《进入副驾驶训练人员的资格要求》中明确指出，拟进入副驾驶训练人员应接受飞行训练机构或航空公司提供的职业素养教育，且该教育可贯穿于飞行执照训练和机型改装期间。根据相关文件精神，结合飞行作风、飞行职业操守，笔者认为飞行学员应遵守各项规章制度，具备高度的敬业精神和责任心，高度的安全意识和良好的时间管理能力。

当前，我国正处于从传统向现代转型的关键时期，国民也从传统"私民"向"公民"转变，因此，培养当代大学生的公民美德尤为重要。

（1）敬业精神。一是了解飞行技术专业，了解自己所学专业在未来社会中的角色，初步明确自己的职业生涯规划，为将来所要承担的社会角色做各方面准备；二是热爱飞行技术专业，具备每天以学习新的知识为乐的精神，以积极的心态克服学业上的困难；三是坚持不懈、积极主动地学习飞行理论知识和技能，勇于承担责任；四是熟练掌握理论知识和飞行技能，具有较强的创新意识。

（2）责任心。要求具有遵守规范、承担责任和履行义务的自觉态度。飞行学员要充分意识到自己所肩负的责任和安全飞行的重要意义，在平时的学习和训练中，自觉完成学习任务，认真准备和执行每次训练任务，严格遵守和执行公布的法规、飞行行为标准及操作规范。

（3）遵章守纪。遵守与飞行训练相关的法规和条例、规则，遵守学校相关规章和管理规定。许多民航法规和条例建立的背后都是以血的教训为代价的，飞行学员要意识到规章的重要性、违法违规的危害性和严重性，养成令行禁止、雷厉风行的飞行作风，不折不扣、原原本本地执行规章制度，进行标准化、规范化、程序化操作；谨慎、细致、认真落实飞行训练；严格执行学校相关规章和管理规定，遵守日常行为规范和训练规范。

（4）安全意识。飞行学员应树立安全意识，一是要学好飞行理论和各机型相关的操纵手册知识，结合运行规章搞清楚各方面的规定标准和安全余量；二是客观地看待自己的飞行技术水平，了解自身存在的安全隐患，通过日常飞行训练，提高自身飞行技术以及特情处置能力，保证飞行安全；三是在飞行训练中时刻保持戒备和警觉心理状态。

（5）时间管理倾向。飞行学员要科学管理时间，通过计划安排、目标设置、时间分配、结果检查等一系列活动充分利用时间，对时间管理有信心，有良好的时间管理能力。

（6）诚实守信。飞行学员诚实守信的美德体现在有良好的学风，杜绝学习和训练中的作弊、欺骗行为；诚恳待人，人际交往中以信用取信于人，并且对他人予以信任、帮助，真诚待人。

（7）乐善好施。在平时的学习和训练中，飞行学员需要与老师、同学互动，与教员、空管人员等合作完成训练任务，以和善的态度处理人际关系，积极与人交往，给予他人关爱帮助。

（8）创新意识和能力。飞行学员应善于发现问题和解决问题，能将自己在学习和训练中遇到的问题及其解决过程加以总结和提炼，能指出训练科目、飞行程序或飞机制造商改进设备存在的问题，并提出改进意见。

（9）热爱学习。飞行学员要自觉养成学习习惯，对民航新知识和新技术有强烈的求知欲，为学到新知识和新技能感到开心，能够顺应时代的发展，与时俱进。

（10）洞察力。洞察力指飞行学员要具有明辨是非的能力，即便是在复杂的场景中或者问题情境下仍然能够判断正误，迅速做出自己正确的判断，对人对事的误判率较低。

（11）社会智能。飞行学员了解他人及与他人相处的能力，是其良好人际关系的基础。

（12）正确的恋爱观。飞行学员正确的恋爱观主要表现在以下方面：① 恋爱态度认真，不把恋爱视为一种时尚和过程体验，对恋爱对象负责，不随意更换恋爱对象；② 恋爱动机高尚，注重感情上的共鸣和心灵上的沟通，把缔结婚姻关系、追求和谐精神生活作为恋爱的最终目的；③恋爱行为客观理性，在大学期间有恋爱底线，在公共场合无过度亲密行为。

（13）谦虚和宽容。飞行学员不应该盲目高傲，明白所学专业没有高低贵贱之分；对别人宽宏大量，不记仇，能够发现别人的优点，不过多地去注意别人的缺点。

（14）理想信念。飞行学员要树立理想信念，明确职业生涯规划，用发展的眼光，审视社会发展与自身发展的关系，明确自身发展层次，科学规划自身发展目标。

（15）追求美好和卓越。飞行学员要欣赏美好并在行为上追求美好，包括对自然、艺术、人性等美好的欣赏和向往，心态积极向上，努力将自身的优势、能力，以及所能使用的资源发挥到极致。

7.2.7 对未来职业的满意度

飞行学员是未来翱翔蓝天的飞行员，对未来职业的满意度很大程度上决定了他们在学习和训练中投入的精力，决定了他们是否能从学习和训练中获得满足感，是否愿意为了成为一名优秀的飞行员而不断努力。

（1）飞行职业期望。一个心理健康的飞行学员要对未来职业存在期许与愿望，认为飞行职业充满挑战与乐趣，对飞行职业感到自豪，并愿意为了该职业而努力。

（2）飞行职业经济价值。飞行学员对飞行职业经济价值的判断，认为该职业具有良好的经济价值与效益。

（3）飞行职业社会地位。飞行学员对飞行职业社会地位的判断，认为该职业能够被他人所认同和尊重，对于社会的发展与安定具有较大的作用。

（4）飞行职业物化环境。飞行学员对未来职业物理环境是否适合工作的判断，认为驾驶舱工作环境适合工作，认同并接受这样的工作环境。

（5）飞行职业效能。飞行学员对自己能否胜任当前职业的判断，一个心理健康的飞行学员应该认为自己能够完全胜任自己未来的职业。

（6）飞行职业工作方式。飞行学员认同和接受未来的工作方式并在情感上热爱未来的飞行活动。

7.3　飞行学员心理健康评价指标

在已有相关研究基础上，本课题组以"二因素模型"为理论指导，将提炼出的飞行学员7项心理健康标准作为一级指标，进一步采用质性研究方法离析出包括"适应-发展"的二级评价指标。由于所提炼出的7个一级指标中有些既包含适应性指标，也包含发展性指标（如情绪健康和自我认知与完善），为便于理解和测量工具的编制，本书将适应性一级指标及其所属的二级指标（学习适应性、训练适应性、人际适应性、生活适应性）归类为适应性指标，将其他指标归类为发展性指标（见表2-11）。

表2-11　飞行学员心理健康指标体系

一级指标	二级指标
自我认知和自我完善	自我认知、自我悦纳、自我完善
情绪健康	情绪状态、情绪稳定性、情绪应对方式
意志品质	自觉性、果断性、自制性/自律性、坚韧性、挫折容忍力
适应能力	人际适应性、学习适应性、训练适应性、生活适应性
个性	成就动机、严谨性、乐群性、敢为性、谨慎与冒险倾向、协作与配合意识、活力、开放性、共情、控制欲/领导力、攻击性
飞行职业道德和美德	敬业精神、责任心、遵章守纪、安全意识、时间管理倾向、诚实守信、创新意识和能力、热爱学习、洞察力、社会智能、公平正义、谦虚和宽容、理想信念、追求美好和卓越、乐善好施、正确的恋爱观
对未来职业的满意度	飞行职业期望、训练效能、训练物化环境、飞行职业经济价值、飞行职业社会地位、飞行职业工作方式

本书采用 Delphi 法，事先确定咨询专家。筛选预评价指标的专家入选条件：① 熟悉飞行学员/心理健康理论；② 平均飞行/工作年限 10 年以上；③ 硕士及以上学历。成立专家组

A：运输航空公司机长教员 7 名、高校一级飞行教员 3 名、副高以上航空心理学专家 12 名、学管干部 2 名，共计 24 名咨询对象。

确定评价指标权重分布的专家入选条件：① 熟悉民航飞行学员/心理健康理论；② 平均飞行/工作年限 10 年以上。成立专家组 B：运输航空公司机长教员以上飞行专家 6 名、高校一级飞行教员 3 名、副高以上航空心理学专家 15 名，共计 24 名咨询对象。

根据飞行学员心理健康标准和表 2-11 所列各项指标，编制"飞行学员心埋健康评价指标重要度问卷"，通过问卷星发送至各类专家征求意见。第一轮咨询结束后，根据专家意见编制第二轮专家咨询问卷，并请参加第一轮咨询的专家重新对这些指标进行评定，同时向专家反馈第一轮专家咨询分析结果，直至专家意见趋于一致。

经问卷调查结果的数据进行统计与分析，得到如表 2-12 所示的飞行学员心理健康评价指标及其权重。

表 2-12　飞行学员心理健康指标权重及排名

一级指标	权重	二级指标	单层权重	综合权重	综合排名
自我认知和自我完善（A）	0.176 9	自我认识（A1）	0.365 7	0.064 7	1
		自我悦纳（A2）	0.304 1	0.053 8	3
		自我完善（A3）	0.330 2	0.058 4	2
情绪（B）	0.134 3	情绪状态（B1）	0.321 4	0.043 2	7
		情绪稳定性（B2）	0.353 3	0.047 5	5
		情绪应对方式（B3）	0.325 3	0.043 7	6
意志品质（C）	0.186 9	自觉性（C1）	0.172 4	0.032 2	13
		果断性（C2）	0.173 4	0.032 4	12
		自制性/自律性（C3）	0.256 3	0.047 9	4
		坚韧性（C4）	0.198 4	0.037 1	10
		挫折容忍力/耐受性（C5）	0.199 5	0.037 3	9
适应能力（D）	0.143 4	学习适应性（D1）	0.258 4	0.037 1	10
		生活适应性（D2）	0.210 1	0.030 1	14
		训练适应性（D3）	0.254 6	0.036 5	11
		人际适应性（D4）	0.276 9	0.039 7	8
个性（E）	0.100 5	成就动机（E1）	0.171 1	0.017 2	20
		严谨性（E2）	0.173 3	0.017 4	19
		乐群性/外倾性（E3）	0.080 0	0.008 0	32
		敢为性（E4）	0.092 9	0.009 3	30

一级指标	权重	二级指标	单层权重	综合权重	综合排名
个性（E）	0.100 5	谨慎与冒险倾向（E5）	0.114 9	0.011 5	26
		协作与配合意识（E6）	0.156 9	0.015 8	21
		活力（E7）	0.078 5	0.007 9	33
		开放性（E8）	0.070 6	0.007 1	34
		共情（E9）	0.061 8	0.006 2	35
飞行职业道德和美德（F）	0.182 9	敬业精神（F1）	0.158 2	0.028 9	15
		责任心（F2）	0.137 0	0.025 1	16
		遵章守纪（F3）	0.126 5	0.023 0	18
		安全意识（F4）	0.130 1	0.023 8	17
		时间管理倾向（F5）	0.043 6	0.008 0	32
		诚实守信（F6）	0.066 8	0.012 2	24
		创新意识和能力（F7）	0.032 7	0.006 0	36
		热爱学习（F8）	0.051 9	0.009 5	29
		洞察力（F9）	0.038 8	0.007 1	34
		社会智能（F10）	0.031 6	0.005 8	37
		公平正义（F11）	0.028 5	0.005 2	38
		谦虚和宽容（F12）	0.026 6	0.004 9	39
		理想信念（F13）	0.047 4	0.008 7	31
		追求美好和卓越（F14）	0.055 5	0.010 2	28
		乐善好施（F15）	0.024 8	0.004 5	40
对未来职业的满意度（G）	0.075 1	飞行职业期望（G1）	0.204 6	0.015 4	22
		飞行职业经济价值（G2）	0.155 9	0.011 7	25
		飞行职业社会地位（G3）	0.163 0	0.012 2	24
		飞行职业物化环境（G4）	0.146 2	0.011 0	27
		飞行职业效能（G5）	0.174 2	0.013 1	23
		飞行职业工作方式（G6）	0.156 1	0.011 7	26

已有研究表明，自我、情绪、人格是大学生心理健康评价排名前三的指标。本书研究结果显示，意志品质、飞行职业道德和美德，以及自我认知和自我完善则是飞行学员心理健康

评价排名前三的指标。其中，意志品质、飞行职业道德和美德两项指标是本书研究发现的两项相对特异的指标。我们认为，产生特异性要求的原因主要在于飞行职业的特殊要求和飞行学院特殊的训练环境、训练方式。

在本书中，意志品质在心理健康评价指标中排名第一，原因有以下几个方面：一是飞行学院对飞行学员实行严格的"准军事化"管理，飞行学员必须通过意志努力克服各种不良习惯，满足学校管理和纪律要求；二是飞行学员除要完成工科院校大学生所学课程任务之外，还必须通过各类飞行执照考试和国际民航组织英语等级考试，学习任务重、难度大并且时间紧，需要飞行学员有良好的意志品质克服各种困难；三是飞行训练任务要求飞行学员具备较强的目的性、计划性、果断性与自制力以及挫折耐受力。如果不具备这些品质，他们的飞行训练就不可能获得成功，其职业生涯也不可能有很好的发展，飞行安全和效益也就无法得到保障。

飞行职业是一份需要高度责任感和使命感的职业，飞行学员只有深刻感受到自己所要担负的社会责任，认识到违章飞行的危害性和安全飞行的重要性，树立牢固的章法观念，严格遵守各项规章制度和纪律，与机组成员和管制人员良好协作，才能保证飞行安全。"飞行职业道德和美德"是飞行职业的必然要求，中国民航局在 2018 年专门印发了《飞行运行作风》（AC-121-FS-2018-130）咨询通告，许多学者将道德视为人格或者适应性品质的重要组成部分，对于飞行学员心理健康的保持和改善具有重要作用，这也是专家们在将其重要度排在第二的原因。

综上，飞行学员的心理健康评价指标体系与普通大学生的评价指标体系有较大差异，主要表现在构成成分和重要度排序两个方面。意志品质、飞行职业道德和美德是本研究发现的排序前两位的两项特异性指标。

（本专题由罗晓利撰稿）

参考文献

[1] 陈春萍. 国内关于心理健康标准的研究[J]. 宁波大学学报（教育科学版），2008（5）：53-56.

[2] 江光荣、柳珺珺、黎少游，等. 国内外心理健康素质研究综述[J]. 心理与行为研究，2004，2（4）：586-591.

[3] 邓云龙、戴吉. 心理健康标准的中国文化解读尝试[J]. 中国临床心理学杂志，2010，18（1）：125-126+124.

[4] 吴智育. 心理健康标准的研究现状综述[J]. 学理论，2009（14）：58-61.

[5] 李欢. 浅析大学生的心理健康问题与应对策略[J]. 科教新报：教育科研，2011（6）：203.

[6] 罗晓利，唐迎曦. 飞行学员心理健康标准及维度研究报告[R]. 广汉：中国民用航空飞行学院，2019.

[7] 胡际东，罗晓利，钱峰，等. 飞行员心理特征及行为引导方式研究课题技术报告[R]. 广汉：中国民用航空飞行学院，2013.

[8] 曾先林. 民航飞行员心理健康量表编制[D]. 广汉：中国民用航空飞行学院，2014.

[9] 李建明. 中国人的心理健康标准与评价要素[J]. 中国健康心理学杂志，2012，20（2）：169.

[10] 唐迎曦. 民航飞行学员心理健康量表编制[D]. 广汉：中国民用航空飞行学院，2020.

[11] 罗晓利，唐迎曦，等. 飞行学员心理健康编制及评价指标体系研究[J]. 航天医学与医学工程，2020（8）.

[12] 张海钟. 评心理健康标准的"社会适应论"[J]. 教育研究与实验，1995（4）：44-47.

[13] 辛宪军. 基于标准的心理健康与社会适应学习评价指标体系及其评价方案的研究[D]. 上海：华东师范大学，2010.

[14] 刘华山. 心理健康概念与标准的再认识[J]. 心理科学，2001（4）：481-480.

[15] 叶一舵. 心理健康标准及其研究的再认识[J]. 东南学术，2001（6）：169-175.

[16] 胡际东，钱峰，王泉川，罗晓利. 基于专家访谈的民航飞行员心理健康特征指标体系研究[J]. 中国民用航空，2013（8）：62-63.

专题 3 摆脱迷茫，了解自我、完善自我

【引　子】

"认识你自己"据说是一句刻在古希腊德尔菲神庙入口上的箴言。富兰克林说："世界上有三样东西极其坚硬：钢铁、钻石，以及认识自己。"我是谁？我是什么样的人？我是否适合学这个专业？我有什么技能？对自我的追问是一个永久的课题。自我意识是人对自身及自己同客观世界的关系的认识，并非与生俱来。正确了解自己，有助于更好地了解别人和这个世界。对自己认识不清晰、不全面，自知力不强，则容易导致误判，形成自负或自卑心理，严重的甚至造成心理问题或人格障碍。因此，个体应从自我认知出发，通过自我悦纳和不断努力，追求自我完善，实现心理健康。正确的自我认知和自我完善，对飞行学员来说，是非常必要的。

首先，正确的自我认识与积极接纳，就飞行学员这一职业自身的特点而言，对自己以及机组成员有清醒的认识非常重要。在清楚认识自己的基础上接纳自己，是成人心理健康的一个重要参考指标。自我认识清楚并能接纳当前的自己对飞行学员来说是非常必要的。

其次，为自己设定恰当的目标。在给自己拟定目标时，飞行学员拟定的目标应该是飞行学员做出适当的努力就能达到的，不会出现过高或过低的目标，从而保障了恰当的自我激励水平。特别是飞行学员从理论到实践，有一套完整的经过实践检验的体系化流程，每一阶段的目标完成都为下一阶段的顺利进行提供了必要的基础性准备。对飞行学员而言，脚踏实地、按部就班基本上就能水到渠成。

最后，有助于飞行学员提高有从经验中学习，并不断调整自己的能力。飞行这一职业本身即具有与时俱进的特征，需要飞行员不断地去进行总结，并不断地更新自己的知识体系以适应机型的改进、安全要求的变化等。因此，能够从经验中学习对飞行学员来说非常必要。

1　案例分析

第一次见到小宇时，他给人的感觉是阳光、帅气，充满青春活力。但当我们在咨询室面对面交谈时，又发现他总是有些心不在焉，目光游离。这是怎么回事呢？

小宇是一个人来到咨询室的，那天晚上正好是我值班。眼前的这位飞行专业大一新生会是一位有故事的小伙子吗？我们的交谈就这样开始了。

　　从小就有蓝天梦的他，面试体检都顺利通过，而在决定命运的高考中，他也以超出二本线近20分的成绩考入中国民用航空飞行学院。刚刚进校，他遵守纪律，认真学习，下定决心要争取顺利毕业。这个时候的他，觉得学校的一切都是那么新奇，让他充满希望。而就在这个时候，他却隐隐地感觉到自己在高中时期的老毛病有可能又要犯了。原来在他上高二时，有一次，他和同学们在一起休息聊天，大家谈到一个话题都十分兴奋和投入。突然，这个时候他有一种感觉，就是自己有些落寞，感到自己在同学们中似乎不太受关注，对于同学们谈的话题，好像自己也不能跟上节奏了。后来，又出现了多次这样的情景。他回到家里，就在思考这个问题，是不是大家在有意孤立他，认为自己做人太失败了。就这样，他有时候就会刻意避免与大家在一起聊天和交往。

　　最开始成为飞行学员的兴奋感逐渐淡去。而此时在人际交往中的困惑又开始反复地出现，加上从北方来到南方，环境的改变也让他有些受不了，尤其是南方的潮湿天气，更是让他觉得浑身不自在。而此时，更大的打击接踵而至，在入校的飞行体检中，他又被查出一些身体问题，这意味着他必须结束飞行专业学习转入其他专业，儿时的飞行梦想从此会渐行渐远。

　　从未有的烦躁和焦虑，让他走进了心理咨询室。他明确地告诉我，他实在受不了了，只想尽快回到家里，回到妈妈身边。看来，这个大男孩还真是没有"断奶"啊！他在家中排行老小，父母尤其是妈妈更是把他视为"掌上明珠"，而这，也让他在遇到困难的时候，总是想到家中的妈妈。那就只能先休学一年再说，他很快就办完了所有的休学手续。他回到了老家，回到了父母身边。我和他约好即便回到家中也要随时保持联系。在这一年中，他把更多的兴趣爱好放在舞蹈方面，似乎通过跳舞，他更能够释放出自己，更能够忘却一切烦恼。在这一年中，他母亲也带他去找了心理咨询师做辅导和调适。时间过得很快，休学期满后，他母亲陪他回到学校办复学手续，我们又见面了。在不经意中，我又看到了小宇那种略带忧郁的眼神，心中"咯噔"一下，难道这一年的休学还是没有解决他的心理问题吗？果然，就在我们长聊后，他对我说，看来我还得再休学一次，不然，真的难以继续学业。他的母亲一直在学校陪着他，看得出来，妈妈也十分担心。怎么办？刚刚复学，又要休学。但也只能如此，好在他确实还有一次休学机会。很快，他又办了第二次休学手续。国庆刚过，他就跟妈妈再次回到老家，开始了第二次休学。离开学校之前，我去送他和他母亲，我跟他讲这是你最后一次休学，希望通过这次休学调整好自己的心态，争取复学后能够顺利完成学业。

　　或许这次真的是破釜沉舟了，小宇在第二次休学期间有了很大的改变。他告诉我他要提前复学，我再次提醒他已经没有再次休学的机会了，而且我希望他能自己一个人回学校。

　　终于，再一次见到小宇时，那个阳光、帅气和充满青春活力的小伙子似乎又回来了。

　　资料来源：中国民用航空飞行学院大学生心理咨询中心某咨询师手记。

2 自我认知

自我认知是指对自己的洞察和理解，包括自我观察和自我评价。自我观察是指对自己的感知、思维和意向等方面的觉察；自我评价是指对自己的想法、期望、行为及人格特征的判断与评估，这是自我调节的重要条件。自我认知包含对自我气质、性格等个性特征和自身优势、劣势的评价，以及兴趣、爱好、能力、特长、价值观、人生观等的认识。

2.1 认识自己

在自我认识的测验中，较经典的是用 20 个"我是谁"进行造句，通过对"我是谁"的内容进行分析，可以看出个体自我关注的重点。从对自我认识的内涵来看，多数关注于个体的气质和性格。

1）气 质

古希腊医生希波克拉底把人的气质分为 4 种类型，即胆汁质、多血质、黏液质和抑郁质。气质类型没有好坏之分，有兴趣的同学可以自测一下。

2）性 格

心理学家荣格把人的性格分为 2 种类型：内向与外向。外向性格的人心直口快，活泼开朗，善于交际，待人热诚，与人交往时不拘小节，适应能力较强。由于比较率直，这类人往往缺乏自我反省与自我批评的精神。内向性格的人感情深沉，待人接物小心谨慎，喜欢单独工作。这类人爱思考，常因过分担心而缺乏决断力，对新环境的适应不够灵活，但有反省与自我批评的精神。大多数人都属于中间型，我们可以尽量改正或避免自己性格中的不利因素，发扬优点。

每一种类型的人的性格都有长有短，有优有劣，很难说哪种类型更好。关键是要根据具体的情境和人物，在适当的时候表现出与之相适应的性格特点。否则，即使是好的品质也会带来不好的结果。比如，过于直率而不顾场合和对象，可能会伤害对方，让人反感。

2.2 飞行学员常见的自我认识问题

1）大学生自我认识共性问题

飞行学员也是大学生，一般大学生普遍的自我认识问题，飞行学员也不同程度的存在。如自我感觉的意识明显增强，但矛盾突出；自我分析的广度明显拓宽，但深度不够；自我评价能力增强，评价途径多样，但欠客观。存在自我认识的矛盾，主要包括主观我与客观我的矛盾、理想我与现实我的冲突、独立与依附的冲突、渴望交往与心灵闭锁的冲突等。也有自我认识的障碍，如过度的自我接受与过度的自我拒绝，过强的自尊心与过重的自卑感，自我中心和从众心理，过分的独立与过分的逆反等。

2）飞行学员独特的自我认识问题

飞行学员是大学生，但由于其强烈的职业性，会产生一些独特的自我认识问题。一些学生不认可自己的大学生身份，认为自己只是读了个"驾校"；一些学生羡慕于其他大学生的花前月下，思想碰撞，不满足"准军事化管理"的束缚；一些学生对学校根据飞行学员职业特点而有针对性制定的规章制度强烈不认可，不时有违纪行为；还有一些学生受社会负面因素的影响，过度社会化，将社会上权钱交易的规则带入学校，显得过于世故。另外，由于多方面的原因，外界容易对飞行学员产生过高的心理期待，而对其过程的漫长和辛苦了解甚少，甚至认为像普通大学一样，顺利如期毕业是理所应当的，而对面临的问题和可能的风险考虑不足，使飞行学员常常感到孤独和不被理解。当与其他学校的同学交流时，常常感觉无话可说。这也会使有些飞行学员陷入自我怀疑，进而选择自动放弃专业学习。

由此可见，形成良好的自我认识，对飞行学员尤其重要。

2.3　如何形成良好的自我认识

1）学会内省体察自己的情绪和想法，并进行反思和总结

一些飞行学员报考飞行专业作为自己的志愿，并非是自己的主动选择，而是父母或其他关心自己的人考虑到这个专业好，日后待遇可观，推荐甚至要求其报考。由于青春期的逆反心理，虽然考上了，但自己并不特别当回事，甚至主动或被动地制造挫折等待停飞。等到日后意识到自己的心态和决定莽撞后，又后悔莫及。建议飞行学员有这方面的考虑时，一定要学会内省体察自己的情绪和想法，探究明确是因为不喜欢而不去学，或是因为畏难而不去学。当有了明晰的态度后，如果是因为不喜欢，可做好积极的心理建设，能把不喜欢的学好，绝不容易；如果是因为畏难或逆反而放弃，那就意味是不愿意承受学习的苦，很可能以后要承受生活的苦。

2）通过他人，了解自己

"以人为镜，可以明得失"，强调的是以他人为参考的重要价值。同时，个体可通过重要的人，如好朋友、老师、辅导员、家长等多方面、多维度地评价和了解自己，以便更全面地认识自己。同时，可进行专业的气质、性格、能力、价值观等方面的心理测试，如有困惑，可向心理咨询中心的老师咨询，积极由自我认识走向自我悦纳，最终实现自我完善。

3　悦纳自我，提升自信

3.1　悦纳自我

悦纳自我就是欣然接受自己，包括客观地评价自己，能欣赏自己的优点，但不孤芳自赏，接受自己的不足，不至自惭形秽。简言之，改变能改变的，接受不能改变的。自我悦

纳是对自己持正面、积极、肯定的态度。一个人只有欣然接受自我，才能有信心去面对真实的自我，自尊、自爱，珍惜自己的人格和名誉，注重自我修养。个体真正悦纳自我，要做到以下方面：

（1）接受自己的相貌和性格，并喜欢自己。

每个人的相貌都不相同，并不是美丽帅气就一定可以获得更好的待遇，所以应该接纳自己的不完美，并做到真正喜欢现在的自己。这样才能更好地去喜欢他人。

（2）了解自己内心的渴望。

每个人的内心都会有所渴望，当自己清楚地了解到自己真正想要什么时，才会努力去为此奋斗，并树立自己的自信心，真正认识自我。

（3）融合自己的世界。

想在社会中生存，就要融入集体中去，学会为他人服务，更好地接纳自己，接纳他人。

（4）珍惜时间。

时间匆匆而过，珍惜时间，就是在珍惜生命，努力完善和提高自己。用所有可以利用的时间去做自己喜欢做的事情，惜时惜自己，努力提高自己。

（5）培养一些自己喜欢的业余爱好。

当自己有一定的爱好时，会觉得世界如此美好，自己可以做一些开心的事。经常唱歌旅游，更好地悦纳自己。一些资深飞行员由于没有发展出合适的健康的兴趣爱好，休闲的方式过于单一，且某些内容对身体有害，这是不可取的。

（6）克服完美主义。

虽然飞行的职业特点决定了必须一丝不苟，但那是对职业和行业的要求。对飞行学员来说，专业的学习和训练绝对不允许有丝毫马虎大意，毕竟人命关天。但这并不意味着要成为一个完美主义者。完美的愿望会削弱个体的自我满意度。

对于完美主义，首先，要将追求完美的态度转变为健康的追求，意识到完美只是一个幻想，不是现实。其次，要挑战那些自我挫败的想法和行为。立足于自己的需要和愿望并设置连续的目标，同时留意自己对失败的态度。关注事情的过程，而不仅仅是结果。确定目标时，避免使用全或无的思维方式，将最重要的与相对不重要的事情区分开。对于不那么重要的，只需要付出较少的努力，同时也不必为此感到内疚。

3.2　提升自信

一些飞行学员进入大学后，面对众多的训练和学习内容，失去了往日的优越感，感到自己处处不如人，越来越没有自信。自信表现为：适应能力较差，遇事往往自愧无能、不相信自己的能力和经验、形成消极自我评价；形成比较狭隘的比较观，只看到别人的优点和自己的短处，或只看到自己的优点和别人的短处，情绪上莫名恐慌或自恋情结，行动上消极避世或我行我素。自信的人则表现为：充分地肯定自己，清楚地意识到自己的优点，欣赏自己；行为上积极进取，主动交往，敢于通过自己的行动实现目标，体现自己的价值；勇于接受挑战，遇到挫折不气馁等。

1）自信过低的表现

（1）无法应对赞扬。

自信过低的人在面对赞扬时往往手足无措且很难接受。他们通常会绕开话题，将自己放在很低的位置。

（2）抬高自己或看低别人。

任何时候，如果某人看低或试图贬低别人，其实揭露了他内心的不安。充分自信的人尊重所有人，而不论对方的背景、现状或自身条件。他们更倾向于取笑自己而不是他人。

（3）控制与授权。

当个体试图通过赋予别人权利来控制他时，这说明他感觉受到了威胁，觉得对自己形成了挑战，往往显示出自信不足。心理学家认为这一切源于害怕因为自己不够好而担心失去。

（4）不会说"不"。

当别人请求他做某事时，他总是很难说"不"。可能是想做好人，想对别人给予帮助，但更主要的原因是想要取悦他人，希望别人喜欢自己。因为他把自我价值建立在他人对自己的看法上，这显然是缺乏自信的表现。如果想建立自信，要学会说"不"。

（5）优柔寡断。

导致个体无法做决定的原因通常有：不想因自己做了错误决定而承担责任，相信自己想要的不如别人的重要，或真的不知道该怎样做。除了真的不知如何是好，其他原因都是缺乏自信的表现。充分自信的人总是坚毅果断，他们深知自己的意见和别人的一样重要。

（6）责备他人。

不敢承担责任是缺乏自信过低的警报之一，常表现在某人犹豫不决及责备他人时说，"要不是……，我早就……"，"都是……，不然也不会……"，等等。自信的人则把精力花在思考如何才能达到目标上。

（7）过分愧疚。

如果毫无缘由地说"对不起"，说明个体放低自己，过分歉疚。道歉确实重要，但应在合适的时候。

2）自信心的建立和维护

（1）认识和悦纳自我。

自信是建立在对自我正确认识、正确评价基础之上的，所以首先应对自己的能力有比较准确的估计，看到自己的长处和能力，修正消极的自我评价。悦纳自我，别人能行，我也能行！大家都是人，智力都差不多。只要努力，方法得当，那么什么事都能办到。就算一次没成功，还有下一次；这方面没有成功，其他方面一样可以成功，明确对自我的态度并用语言告诉自己。

（2）设定有价值的目标。

制定符合自己的弹性目标，将目标视觉化，进行积极想象。畅想达成目标的愉快感觉，有助于个体学会坚持。

（3）目标执行中自信心的维持。

防止拖延症，学会将目标分解实施，用每一个小的进步实现自我激励；同时，勇敢地面对困难与失败。

（4）积累自己的点滴成功。

自信来自成功的经验，它会制造更多的成功，成功又会产生更多的自信，成功越多就越自信。而每表现一次自信，就等于练习一次自信。

（5）积极乐观与人相处。

良好的人际关系有助于提高大学生的自我认知和评价能力。在与人相处的过程中尽量不在公开场合指责批评人，真诚地欣赏和赞许别人，多了解，少争辩；以微笑接纳别人；心存感激，多说"谢谢"，学习宽恕，充满爱心。

（6）树立自信的外在形象。

保持整洁、得体的仪表，有利于增强个人的自信；举止自信，如行路目视前方等，刚开始可能不习惯，但过一段时间后就会有发自内心的自信；注意锻炼、保持健美的体形对增强自信也有帮助。

（7）合理比较，发现自己的长处。

与人的比较是不可避免的，关键在于比较的合理性。每个人都有自己的优势与不足，不要一味地用自己的不足与别人的优势相比，这样只会让自己备受打击。比较的时候不要只看结果，还要考虑所处的环境、之前的积累等，合理地比较能够让你更加客观地看待自己，扬长避短。

（8）运用自信心"十二"字法则，提升自信水平。

"肯定"自己，肯定自己的长处；"赞美"自己，赞美自己的优点；"欣赏"自己，欣赏自己的成功；"提高"自己，提高自己的水平；"超越"自己，超越自己的昨天；"成就"自己，实现自己的理想！

自信是一种习得的品质，改变需要时间，而真诚希望改变的决心是最重要的因素。用每一个自信的表情、自信的手势、自信的言语来塑造我们心中积极的自我形象。慢慢地，就可以发现自己的改变。

3.3　完善自我，止于至善

人生实现理想的过程就像在建房子，20～30岁是不断建房子的过程，40～50岁是装修维护的过程。人生的定位和理想的取向，直接决定人生的价值。成功在一开始仅是一个选择。你选择什么样的目标，决定了你有什么样的成就，有什么样的人生。《大学》有言：大学之道，在明明德，在亲民，在止于至善。止于至善，是完善自我的终极目标。这就需要不断地为自己制定目标，并尽力去实现目标。

哈佛大学曾做过一个关于目标对人生影响的跟踪调查。该项调查的对象是一群智力、学历、环境等条件都差不多的年轻人。调查结果发现：27%的人没有目标；60%的人目标模糊；10%的人有比较清晰的短期目标；3%的人有十分清晰的长期目标。25年的跟踪调查发现，这四类人的生活状况和社会地位发生了很大变化。目标越长远，越明确，未来的成就就越大；目标越短，越模糊，未来的成就越小；没有目标的群体成就是最低的。

在上大学这个人生最重要的阶段，很重要的一个任务就是确立个人的人生目标和职业目标，它将在很大程度上决定个体生活和生命的质量。

3.3.1 大学阶段的目标设定

大学阶段是人生的新的发展阶段。在这个阶段，旧的人生目标已经完成（考上大学），新的人生目标（未来我要做什么，成为什么样的人）尚未建立，正是确立目标的阶段。大学阶段是人生观、世界观的形成阶段。这个阶段，各种不同的思想和观念冲突不断，很多人都会迷茫和困惑，如果有一个清晰的长远的目标作为参考，在形成正确的人生观和世界观的道路上就能走得更好。大学阶段正是酝酿和实施个体事业的阶段，有的同学产生了新的想法，有的同学甚至开始初步地实施自己的事业。这种时候，更需要一个具体的、清晰的目标作为指引。大学阶段在确立和实施人生目标的过程中，可能会成功，可能会失败，但是在这个特殊的人生阶段，成功是不可多得的体验，失败也会得到很多经验和教训。并且失败后可以重来，成功后可以放大成功，会事半功倍。

1）目标设定的方法

在设定目标的过程中，将目标由大目标逐步分解为小目标、更小的目标，从而一个目标一个目标的去完成，在完成的过程中不断获得成就感和推动力，从而完成整个目标。以飞行学员为例：人生的终极目标应该是为中华民族而奋斗，或者是为中国民航事业而奋斗，但是这个目标本身无法提供即时的行动动力，因此要将此目标分解为大目标，比如在 15 年内成为机长；再不断向下分解目标，比如在 3 年之内从学校顺利毕业，在 1 年内顺利下分院进行学习，在半年内考过执照等，直至将目标分解到月、周、日等。最小目标的时间跨度是按照自身能力来确定的。在大学阶段确定人生目标会在一定程度上决定我们生命和人生的质量。

2）目标的特点

能够实现的目标应该有以下 4 个特点：清晰界定的、合理的、有期限的、可视化的。

目标应以容易理解的方式进行表达，而不应该是模糊的，同时是在自身能力可能达到的范围之内，或者在自身的能力边缘，即不是轻易达到的，也不是很难达到的，这样才会有动力。另外，应该有一个可预期的时间。任何一个目标都应该有时间期限，没有时间限定的目标等于模糊的目标，其对行为的推动力是很有限的，甚至有的情况下，不限定时间的目标对我们是有害的。目标应该可视化，是广而告之的，将目标写在纸上比只说一说更有动力。可以说，任何加重目标的努力都有利于目标的实现。

3.3.2 大学阶段目标的执行

一般来说，我们不能选择所有的目标，选择一个目标的同时，往往意味着我们放弃了一个或者多个可能。这将带来一定的痛苦，有的人不愿意承受这种痛苦，不做选择或者难于做选择，习惯性地使用逃避的方法来面对生活，这种态度和行为是不合适的。目标设定后，只有付诸行动才可能完成目标，如果仅仅只是一种态度则无法完成目标。因此，立即开始行动有利于目标的达成，而不断拖延的后果很可能是无法完成目标或者是以很低的质量完成目标。飞行专业很重要的一个特色就是目标是具体化的、表象化的。最低限度是不挂科，体育项目要达标。但完成这个显然是不够的，还要在规定的时间内考过五证，即 ICAO4（个别公司要求是 3，但 4 是大势所趋）、PPL（私人驾驶员理论考试合格证）、CPL（商用驾驶员理论考试合格证）、IRF（仪表等级理论考试合格证）、ATPL（航线运输驾驶员执照理论考试合格证）。分院也有规定时间节点内的考核。这些都是自己不同阶段要实现的最低目标。

目标确定后，重要的是执行。大多数飞行学员在入校的第一学期，由于有较为强烈的使命感和责任心，对学习抓得比较紧。但经过一学期之后，飞行学员中出现明显的分化。某些学生感觉"学习也无非如此"，考前背一背也就考过了，再加上一些学长私下的经验之谈，会轻视私商仪考试的难度，觉得考前刷刷题很容易就通过了。既然如此，那何苦自己为难自己呢？所以，这一部分学生会逐渐得过且过，视纪律为无物，特别是侥幸通过执照考试后，更是助长了自恃聪明的心理倾向。由于现阶段飞行理论学习和飞行训练并未合一，飞行训练返回后还有 ICAO 和航线考试，长时间没有理论学习。这部分学生学习动机弱化，再加上诱惑增多，方法不当，ICAO 和航线滞迟或超过最大通过次数。最后无奈改飞或停飞，导致终身遗憾。对此，飞行学员不可不慎！必须踏踏实实、按部就班地走好每一步！

需要指出的是，完善自我是长期的过程，所有的小目标、阶段性目标都是为了实现终极目标。所以，飞行学员一开始就要树立"人民送我学飞行，我学飞行为人民"的远大目标，博学笃行，不断完善自我，止于至善。

（本专题由张炯理撰稿，杨明提供案例）

参考文献

[1] 侯玉波. 社会心理学[M]. 3 版. 北京：北京大学出版社，2013.

[2] 罗晓利. 飞行中人的因素 [M]. 3 版. 成都：西南交通大学出版社，2017.

专题 4　做一名意志品质良好的飞行学员

【引　子】

　　良好的意志品质对于飞行员和飞行学员的重要性不言而喻。自觉、果断、坚韧、自律与自制等意志品质在飞行学员成长和未来职业生涯中不可或缺，是他们职业成功和保证飞行安全的基石。本书研究表明：意志品质的重要度在飞行员心理健康测试指标中排名前二，在飞行学员心理健康测试指标中排名前三，其重要性可见一斑。

1　案例分析

案例 1：冲动是魔鬼，处理当谨慎

事情经过：

　　刘某和汪某是飞行专业的同班同学，刘某是班长，来自山东，汪某来自贵州，平时关系不错。

　　2011 年的某天下午，在上课的路上，一群同学有说有笑，打打闹闹。在这个过程中，刘某开起了汪某的玩笑，玩笑中夹杂着一些秽语。汪某刚开始没怎么说话，后来受不了了，认真地告诉刘某不要再说了。刘某没有停止，反而变本加厉，语带戏谑：信不信我敢打你？并用手拍了汪某的头。汪某要还击，被其他同学拉开了。下课后，刘某先离开教室，汪某叫住他：××，你等一下。刘某就等他。结果，汪某二话不说，一记拳头朝刘某脸上打去。因用力过猛，刘某脸上鲜血直流。刘某正要还手，就被其他同学送到了医院，并及时报告给辅导员。

　　接到学生报告后，老师首先了解了刘某的伤情，得知并无大碍，只是简单的外伤后，就让汪某过来，了解情况。汪某说他一个人说不合适，两个人都在比较适合。老师认可他的说法，就让他先回去，然后自己认真思考这个问题。

　　据老师反映，平时在跟他俩的日常接触中，对他们印象都很不错。刘某是班长，工作认真负责，跟同学关系很好；汪某沉默寡言，学习基础较差，但为人本分，学习踏实。因此在知道是他打人后，老师感觉有些吃惊。现在，摆在面前的处理方法大致有以下几种：

　　（1）严厉批评，严格套用《学生手册》，给学生以纪律处分。

（2）因为没有大问题，装作不知道，让学生自行解决。

（3）积极干预，了解原因，查找根源，消除矛盾，解决问题。

相比较而言，第一种做法是最简单的，也符合学校相关规定。但简单地给学生记处分，影响深远，更重要的是不利于同学相处和融洽关系的建立；第二种做法是不负责任的推脱，很不可取；第三种做法最适当。因此，首先要采取积极的姿态介入。

处理过程：

晚上，事情已经发生一个多小时了，两名同学铁青着脸来到办公室。老师让他们面对面坐着，先让他们讲述事情经过。讲着讲着，他们就激动起来，指责对方说的个别地方有错误，与事实有出入。老师做了安抚以后，他们的情绪得到了平复。老师确认过事情经过以后，双方在关键点上并无异议。老师要求他们不要过多追究细节，把着眼点放在对事情的不同理解上。

整个事件可以以上课前、上课后为界分为两个阶段。上课前走在路上的过程中，刘某过错是主要的。下课后，汪某挥拳打刘某，应负主要责任。在交谈中，刘某对汪某的人品进行了肯定，也认为不能通过一件事就否定一个人。

老师帮助他们分析整件事情：

老师问刘某："你和汪某关系怎么样？"

"还不错。"

"你对他了解多少？"

"他家是贵州的。可能情况不太好吧。"

"其他的呢？"

"其他没什么了吧，他人很低调，也不太说话。"

"你知道他的头曾经被玻璃撞破过吗？"

"不知道。"

事件的关键点找到了。

刘某觉得，同学们一起在路上走，他开汪某的玩笑，是觉得两个人关系不错才这样做。但在汪某看来，刘某不经意间的一些用词，可能无心，但对他来说就是有意的。当然，汪某因与刘某关系一直较好，不好当即发火，因此在接近爆发的临界点上说了一句"你不要再说了"。这对汪某来说已经是极限了，但对刘某来说可能觉得丢了面子（之后也了解到，刘某因为认为自己是班长，在那么多人面前被汪某呛住，觉得很伤面子，因此马上报复性地说要揍汪某）。刘某为了挽回面子，动手去碰了（汪某觉得是被打了）汪某的头。汪某因头部曾经受过伤，所以对痛很敏感。而且，汪某家乡风俗中，也有对头部的某些忌讳，认为刘某对其进行了极大的侮辱。于是，汪某攒着极大的怨气在下课后给了刘某一记重拳。

咨询师分析：

我们想一下为什么会这样呢？大学里，同学们来自五湖四海，生活背景和性格差异很大，所以表达和接收的信息是不一致的，对同一个行为的理解也大相径庭，这就是问题的根源。

对刘某来说，觉得开玩笑，甚至拍拍头这些，都是亲密和亲切的举动。但在汪某看来，这是一种挑衅和侮辱。因此，必须反抗，必须还击！

汪某的性格是长期生活环境下形成的。因为家庭相对比较贫困，过多地尝受了生活的艰难，在这种艰难中，也包含了别人冷眼、嘲笑甚至谩骂、械斗的经历，这种经历使他更多地注重自我保护。也就是说，外面有一层壳，是绝对不许别人碰触的。刘某就是无意中触到这一点才会引发矛盾。但并不是说这种性格就应该一成不变，因为过度的自我保护将严重制约与别人的交往，易把善意当作恶意，过分小心、计较、不大气，在学业和事业上都会受到很大的限制。因为不擅长主动跟人打交道，所以朋友较少。实际上当面对别人的善意时，由于过度敏感，也会错过一些机会。因此，虽然在上课前主要责任在刘某，他大大咧咧，不拘小节，乱开玩笑，甚至动手，这些都是不对的，但汪某之后的反应也超过了应有的限度。

刘某在上课中也有做得不妥当的地方。刘某作为班长，首先就是对同学不够了解，其次是处事不够成熟和稳重。如果刘某能在汪某警告之后有所反省，能主动、真诚地向汪某道歉，矛盾升级的可能性就不大。在该案例中，汪某由于对人际交往过程中的肢体接触和语言表述理解有偏差，造成强烈的情绪感受和痛苦体验而引起过激反应。这一情绪感受，让当事人感到痛苦。

在进行纠纷处理时，关键点并不是简单的弄清对错，而是挖掘深层的认识根源，防止类似事件的再次发生。在处理过程中，老师采用了认知疗法来进行调解。

所谓认知疗法，是根据认知过程是影响情感和行为的理论假设，通过认知和行为技术来改变患者不良认知的一类心理治疗方法的总称。

认知疗法的基本观点：认知过程及其导致的错误观念是行为和情感的中介，适应不良行为和情感与适应不良认知有关。认知疗法常采用认知重建、心理应付、问题解决等技术进行心理辅导和治疗，其中认知重建最为关键。

认知疗法中的 ABC 理论认为，人的情绪来自人对所遭遇的事情的信念、评价、解释或哲学观点，而非事情本身。情绪和行为受制于认知，认知是心理活动的外在表现，把认知这个外在表现拉正了，情绪和行为的困扰就会在很大程度上得到改善。这就是艾利斯的 ABC 理论，A 代表诱发事件（Activating Events），B 代表信念（Beliefs）是指人对诱发事件的信念、认知、评价或看法，C 代表结果即症状（Consequences），艾利斯认为并非诱发事件直接引起症状，它们之间还有中介因素在起作用，这个中介因素是人对诱发事件的信念、认知、评价或看法，即信念。艾利斯认为人极少能够纯粹客观地知觉经验，总是带着或根据大量的已有信念、期待、价值观、意愿、欲求、动机、偏好等来知觉经验。因此，对诱发的经验的认识总是主观的，因人而异，同样的诱发对于不同的人会引起不同的后果，主要是因为他们的信念有差别。换言之，刺激情境并非引起事件的直接原因。个人对刺激情境的认知、解释和评价才是引起情绪反应的直接原因。

因此，在此例纠纷处理中，老师把工作重点放在了对他们的认知重建上，也就是在根本的认识问题上找根源。特别是对飞行学员来说，尤其如此。如果只是单纯地上纲上线，进行校纪处理，不单于事无补，还会加大当事人的感情裂痕。实际上，在这一人际交往纠纷中，双方当事人都存在一种"忖度"心理，即把自己的想法想当然地强加于对方身上。因此，在处理上，让双方坦诚地讲出自己的真实想法，将认知差异表面化，然后进行深度分析和挖掘，对双方互相理解和融洽关系的建立创造了良好的条件。

资料来源：本案例由张炯理根据实际处理飞行学员纠纷情况撰写。

案例2：哈德逊迫降

2009年1月15日，泛美航空公司一架空中客车A320客机在纽约拉瓜蒂亚机场起飞后不久迫降哈德逊河中，机上155人全部获救，该事件被称为"哈德逊河迫降事件"，亦称"哈德逊河奇迹"。

2009年1月15日下午，当事客机空中客车A320编号N106US，于下午3时26分在纽约拉瓜迪亚机场起飞。但起飞一分钟左右，机长向机场塔台报告，飞机上两具引擎都遭受鸟击而失去动力，要求立即折返机场。机场方面随即指示1549号班机立即折返，但萨登伯格机长发现不能掉头折返机场，于是准备安排客机飞往新泽西的泰特伯勒机场作紧急降落。但其后机长又发现当时飞机的高度及下降速率，无法让客机安全降落于泰特伯勒机场。于是，机长决定避开人烟稠密地区，冒险让客机紧急降落在贯穿纽约市的哈德逊河上。拉瓜迪亚塔台在机长告知即将降落哈德逊河23秒后与班机失去联系。

飞机飞进哈德逊河河道上空，并以滑翔方式缓缓下降。飞机机尾首先触水，其后以机腹接触水面滑行，飞机左侧的一号引擎于水面滑行期间脱落沉入河底。最后，飞机于曼克顿附近停止滑行，机身大致保持完整。

纽约市消防部门15时31分接到首个报警电话，消防车不到5分钟便抵达事发现场。河对岸的新泽西州威霍肯市警方、消防队员和医疗救护人员也在几分钟内到达。另外，海岸警卫队等机构迅速支援。

客机入水后，纽约市和新泽西州的渡船不到1分钟便朝事发水域驶去。第一艘参与救援的"托马斯·卡坦扎罗"号渡船船长文森特·隆巴尔迪告诉美联社记者，渡船上的乘客帮船员一起向客机乘客投掷救生衣和绳索。这艘船共救起56人。事发后，共有14艘轮船参与救援。不少轮船闻讯赶来，发现救援工作早已井井有条地展开，于是选择在远处观望，以免添乱。多名警员进入机舱，确认乘客和机组人员全部获救后才离开。

17日晚，这架飞机被打捞出水面，事故调查人员在飞机中找到了"黑匣子"。事件初步确定，飞机失去动力的原因是因为飞机于爬升期间遇上一群加拿大黑雁，飞机引擎可能吸入数只这类候鸟导致飞机承受不了庞大的撞击力而停止运作。飞机于出事后两天被打捞出水面。

调查显示，机长在6分钟内做出了迫降哈德逊河的决定，避免飞机降落在人口稠密的邻近区域。撞击发生后，萨登伯格接手控制飞机，并迅速做出判断：由于飞机飞得太慢、太低，情况迅速恶化，返航或前往邻近机场都不可行。他随即向指挥塔报告说，可能必须在哈德逊河迫降。飞机在试图返回机场时坠入河中。

事发后，机长被生还者及美国民众推崇为英雄。因他于飞机出事时临危不乱，以高超技术急降飞机于河面上，飞机不但没有受损，机上所有人都生还，而且在疏散乘客时，他还两度检查机舱，确保没有乘客被困才最后离开机舱。

萨登伯格机长在1980年加入泛美航空，此前曾有在美国空军驾驶F-4战机的经验。他亦曾多次参与美国国家运输安全委员会协助调查飞机失事事故，并在加州大学柏克莱分校任教，研究灾难危机管理。因此认为，机长丰富的经验及拥有危机处理的理念，是他可以安全令客机迫降河面的原因。

资料来源：https://baike.baidu.com/item/%E5%85%A8%E7%BE%8E%E8%88%AA%E7%A9%BA1549%E5%8F%B7%E8%88%AA%E7%8F%AD%E8%BF%AB%E9%99%8D%E4%BA%8B%E4%BB%B6/8255826?fr=aladdin。

2　飞行学员常见意志品质问题

意志品质是构成意志的诸因素的总和。意志品质在不同飞行员身上的表现不同。有的飞行员比较独立，而有的飞行员则易受暗示；有的飞行员处事果断迅速，有的飞行员则优柔寡断。如果这些行为特点在一个飞行员的行动中具有明确性和稳定性，这就是飞行员特有的意志品质。

意志品质主要包括自觉性、果断性、坚韧性和自制力，这些意志品质在飞行员的意志中贯彻始终。对飞行学员来说，意志品质主要存在以下几个方面的问题：

1）目标迷失，行为盲目

在飞行学习和训练中，飞行学员的目标应清晰、明确、一致，不能自相矛盾，也不能同时指向多个与飞行训练不相关的目标，而且明确的目标计划应成为飞行学员自身能够认同、追求的目标。假如一个人没有了生活目标或者生活目标不明确，他就会感觉到迷茫、空虚和矛盾，觉得自己没有任何存在感，可有可无。如果飞行学习和训练没有目标，意志行动就会失去方向，生活也就失去了意义。

刚进校门的飞行学员一般都对未来充满期待，他们想通过自己几年的大学生活努力学习理论知识，努力进行飞行训练，希望有朝一日，能够驾驶民航飞机，驰骋在辽阔蓝天。但他们从高中到大学，对专业行业了解不多，理想大多是对未来美好生活的期待，而不是职业或事业理想。当他们发现以后的职业道路充满困难，成为飞行学员并不必然能成为民航飞行员时，当他们发现自己所学的专业并不是自己喜欢的时，当他们听到师兄师姐说，他们所学的专业知识不能一用到老，到了工作岗位还需要不断学习时，当他们的学习遇到挫折时，他们就会变得迷茫，曾经坚持的目标可能会变淡甚至丢弃。甚至有些学生会说："我现在没有目标，我对自己的未来生活不清楚。"

2）缺乏自信，优柔寡断

在飞行学员目前的现实生活中，情况往往是复杂多变的，他们在确立自己的目标之前，首先要头脑清楚地判明情况，要在多种选择中取舍，这将会在头脑中产生矛盾斗争，如双趋冲突、双避冲突、趋避冲突，有可能情况还会更加复杂。果断的学生能够审时度势，抓住时机，当机立断，做出正确选择并付诸行动；与此相反，优柔寡断的学生则瞻前顾后，难以取舍，以致白白流失大量机会。从心理咨询案例看，有些学生想得太多，做得太少，担心有些行为的后果会对自己产生不利，所以选择随大流，以保证自己的利益不受损害。有些学生说自己本来想竞选学生干部，能够有一个锻炼的机会，可到最后还是没有勇气报名竞选，因为害怕落选而丢人；有的想与教员沟通以提升飞行训练效果，但因为教员比较严格而不敢交流，以致飞行训练不能得到更快的提升。

3）没有毅力，半途而废

一个追求成功的飞行学员必须具有坚韧的意志品质，能在实现飞行梦的过程中，以坚韧的毅力、顽强的精神，百折不挠地克服各种困难，始终坚定不移，坚持到底，以完成预期的飞行训练计划。当代飞行学员有理想，有抱负，通过努力学习理论知识，加强飞行训练，勇攀高峰，会涌现出一批优秀人才。但也存在一部分意志不够坚韧的学生，他们虽然有目标，也想干一番事业，但遇到困难后选择退缩、放弃。例如，英语能力对飞行学员来说是至关重要的，一个学生本想考英语六级，他也制订了英语学习的计划，刚开始一个月坚持学习英语、背单词、练听力，不久之后就开始为不及时完成计划找理由，甚至将英语学习计划搁置一边。因此，这类大学生缺的并不是智力，而是坚持学习的意志与不放弃的精神。

4）自制力差，任意而为

自制力是指飞行学员自觉控制和协调自己的思想、感情和行为的意志品质。自制力主要表现在两个方面：一是能使自己排除干扰去执行已经采取的决定；二是能使自己抑制住与目的相悖的愿望、动机、情绪和行为。缺乏自制力，是一部分学生意志品质问题的主要表现。对于该做的事，他们"当做不做"；对于不该做的事，他们"当止不止"。一部分学生痴迷于网络游戏，他们很清楚自己的行为不对，玩过之后也空虚、自责懊悔，但就是控制不住自己的行为。常为自己做了不该做的事，没做该做的事而苦恼，更为自己无力改变现状而自责。所以，一个合格的飞行学员在平时的学习和训练中，要严格要求自己，该学习看书就学习看书，该训练就训练。当然，适度的娱乐休闲也可以，但应养成规范的一日生活作息常规，早睡早起，正常吃饭，闲暇多运动。

3 意志品质的含义与维度

3.1 意 志

"保证安全第一，改善服务工作，争取飞行正常"是周恩来同志 1958 年对民航工作的明确指示，也是民航工作始终追求的目标。民航作为典型的高风险职业领域，保证飞行安全是民航工作的首要任务。"保证安全第一"就要保证飞行员的质量。飞行员的质量是使民航事业前进的重要前提。一个合格、健康的飞行员不仅要求躯体无病，还要求具备良好的智能、健全的人格、平衡的心理以及良好的社会适应性。这就要求作为民航飞行员后备队伍的飞行学员必须具备良好的意志品质。

意志是指个体通过确定目标，并由该目标积极支配自身行动，努力克服过程中遇到的困难，从而实现目标的心理过程。它是人了解客观世界，并通过自我主观能动性地去改变现状，从而达到自我满足的心理状态。由意志支配的行动成为意志行动，意志在整个意志行动中起催化剂作用，且更具有坚持性，使人所确定的目标方向更明确。

3.2　意志的特点

1）目的性

意志行动本身是在有目的的前提下进行的。个体在做一件事情之前，脑中便会有对事情的条件选择，方法步骤的安排，通过事先确定的目标来预测所要达到结果的可实施性。没有目标的意识行动很难完成。例如，人们在逆境中，为了使自己处于一个满意的状态，便会制定目标，并希望达到自己预期结果。此时为实现目标，会表现出一种积极向上、不断进取的状态。反之，遇事即退，不再萌芽出改变现状的动机，从而终止意志行动。在民航飞行员的身上则表现为，飞行员在完成飞行任务的过程中，是否把乘客的安全放在第一位。在整个飞行任务过程中，安全贯穿始终，飞行员在飞行过程中的意志行动都围绕安全进行。

2）与克服困难相联系

人们生活过程中有多种多样的活动，而这些活动不全都是意志活动。意志活动是在意志产生之后，为完成这一目标而做出的努力，而努力过程中必定伴随着困难。这些困难可分为两种：一种是内部困难；另一种是外部困难。内部困难指自身条件的不利因素，一般有身体缺陷，能力经验不足，性格内向胆怯，优柔寡断等。外部条件指不是主观因素控制的，而是由外部环境造就的困难。这类困难主要包括工作学习条件恶劣，同事同学关系冷漠，文化政治经济落后等。人在进行意志行动过程中都会遇到内部困难和外部困难，有时又会因为内部困难，使外部困难更艰巨，但克服困难的过程也是检验意志的过程。民航飞行员作为一个特殊的职业，在意志上要求多锻炼、强锻炼，使其克服层层困难，不断提高自身意志力，以便更好地为民航事业贡献力量。

3.3　意志品质的维度

民航飞行员良好的意志品质是具有职业安全意识的重要前提，飞行员的意志品质主要是通过调节和抑制个人行为，从而保证民航事业的安全性的心理过程。而意志行动因个体差异而不同，有人迎难而上，有人知难而退，有人处事果断，有人缺乏主见。这些意志行动在个人品格特点上的差异，成为个人特有的意志品格。民航飞行员的意志品质主要包括自觉性、果断性、坚韧性和自制力4个方面。

1）自觉性

意志的自觉性是指对个体在行动前具有明确的目的，并且认识到行动的社会意义，使自己主动根据目的和社会要求支配行动的意志品质。有自觉意志的人，拥有坚定的立场和信念支撑他们发挥自己的主观能动性，不断积极克服困难，不忘初心，始终保持内心的想法、目的和计划，在行为上有自我原则性约束。

2）果断性

意志的果断性是指能准确把握时机，明辨是非，迅速给出合理有条理的执行决策的意志品质。处事果断的人，往往都具备全面而深刻地分析行动的思虑模式，通过这种把握全局的思考能力，快速准确地做出判断。当情况突然发生转变时，又能随机应变，当机立断，给出更适合、更完整的解决方法，促使意志行为的完成。

当然，具有果断性的人同样具有意志自觉性、智慧的积淀和思维的敏捷，使个体目标明确、明辨是非、审时度势，毫不犹豫地采取精准行动。与之相反，优柔寡断的人，遇事顾虑重重、患得患失，犹豫不决，没有主见，迟迟下不了决心去行动，执行行动时也瞻前顾后；做事草率的人，在没有分析清楚事务的利害关系时，凭一时冲动，便不计主、客观因素和执行后果，匆匆随意做出决断，误己、误人、误事。优柔寡断和做事草率都是意志薄弱的表现。

3）坚韧性

意识的坚韧性是指个体在完成意识行动过程中，能百折不挠地克服遇到的困难和障碍，坚持不懈地将目标完成的一种意志品质。坚韧性是个体成功最重要的意志品格。坚韧性强的人能在自己制定好目标之后，锲而不舍、百折不挠，直至实现目标。

与坚韧性相反的是顽固和动摇。顽固是指主观只认可自己的意见和理论，在被证实其错误后，仍固执己见，坚持自己的错误理解。动摇与顽固恰恰相反，但本质都是一种消极意志品质。

4）自制力

自制力是指在进行意志行动过程中，能够自觉、灵活地控制和调节自己的感情因素，约束自己语言和动作的意志品质。具有较强自制力的人，一方面善于控制自己的情绪和冲动；另一方面又善于把控自己，表现出较强的自我约束能力。

自制力较差的人，即容易冲动的人，不能控制自己的情绪，在受到一点点外界影响因素时就会开小差，不能有效调节自己的语言和动作，随心所欲，从而做出冲动行为。

4 自觉性意志品质的养成

飞行学员的飞行学习包括理论知识和实际操作的综合性学习。飞行学习的过程中会面临各种影响学习的问题。在学习过程中，自觉性至关重要。

飞行理论阶段的学习与其他专业大学生学习相差无几，都需要合理规划，按部就班，掌握学习方法。对飞行学员而言，更需努力的方面是在飞行训练中遇到挫折时。

4.1　挫　折

挫折即困难，是个人确定目标后并朝着目标前进时所遇到的阻碍，包括人为阻碍、环境阻碍、心理阻碍等。飞行训练是飞行学员学习过程中必不可缺的一部分，是将理论知识在实际操作中展现出来的一种智能与技能并存的复杂实践操作活动，在具体飞行实践中受到大气环境、训练环境、任务难度、心理障碍等因素影响。

挫折主要包含如下方面：

首先是挫折认知。挫折认知是指人们对所遇到的挫折处境的想法、态度和评价。个体的处境直接影响个体对挫折的认知。如飞行学员由于在飞行训练中的一次失败进而产生挫败感，觉得自己能力欠缺；有的学员认为此次失败的原因是所学的知识与技能与这次训练任务不匹配，因而产生的挫折感会较小。

其次是挫折行为。挫折行为是指致使个体产生挫折认知的事实本身。虽说"不经一番寒彻骨，怎得梅花扑鼻香"，但有些学生在挫折面前甘拜下风，觉得难以跨越挫折，进而萎靡不振，从此消沉堕落。

最后是挫折反应。挫折反应主要表现在情绪、理性反应和性格上。遇到挫折后，情绪上会存在焦虑、害怕和紧张，也有淡定的心理行为变化，一般表现为消极反应；理想反应就是在挫折面前坚持目标，继续为之奋斗的正确心理活动。

4.2　自觉性意志品质的养成

飞行学员养成和保持自觉性意志品质，一般从以下 4 个方面入手：

1）有目的性的教育，加强心理暗示

人的意志行为是为了实现预先制定的目标。飞行学员要具备优秀的意志品质，首先要有正确而高尚的行动目标。只有当目标在正确轨道时，才能在行动上克服外部环境和自身控制上的问题。目标的制定有远期和近期之分，在远大目标的基础上，一步步规划近期目标，远近结合脚踏实地迈向成功。

2）在实践中提取意志锻炼的经验

意志行动是提升飞行员意志品质的关键。意志总与克服困难相联系，并在克服困难的过程中提高。飞行员在完成飞行训练任务时，经常会遇到外部环境和内部环境的挫折，这是对意志品质的实际考验。因此，培养飞行员的自觉性意志品质，就要组织好各项实践活动，在活动中实现对自觉性意志品质的提升。

飞行学员进行飞行训练时，首先，要明确飞行训练任务的重要性，要把具体活动与自己的远大目标联系起来。其次，设立近期目标也要适当，不能因为达不到近期目标而产生挫败感，也不能定得过于容易，轻而易举即能实现，这也起不到锻炼意志的作用。只有经过意志努力，不断克服挫折，自觉性意志品质才能得到锻炼。最后，在完成飞行训练任务后，要及时总结，分析自己完成飞行任务时的意志品质，吸取直接经验，不断加强意志品质锻炼。

3）加强飞行员自我意志锻炼

飞行学员在飞行训练中，要不断加强意志的自我锻炼，才能形成优良的自觉性意志品质。首先，对自我进行认识和评价，观察自身意志行动存在的优势与劣势。当看到自身良好的意志品质时，要继续保持信心；当注意到自己的不足和缺点时，要通过实践不断增强自我锻炼的决心。这样能明确自己努力的方向，起到自挽和自励的作用。其次，善于自我要求，在分析和了解自己的基础上，根据社会要求制定适合自己的目标，朝着正确的方向不断完善自我，从而达到预期结果。再次，要善于约束自己，通过自身优良意志品质激励自己，并通过这些意志品质约束和克制影响目的的诱因、习惯。例如，严格遵守规章制度、养成良好的生活作息、按期完成学习任务和工作等。最后，要善于自我督促，自我励志，意志行动中的困难和内心产生的冲突很容易让人思想波动和行动摇摆，要调动内在潜能战胜外在因素，通过其他同学和教员的监督、督促，完成意志行动。

4）发挥纪律对自觉意志品质的作用

纪律是对所有事情的约束规则，俗话说"无规矩不成方圆"，纪律是做好各项工作和事务的基本保障，纪律不仅约束了人们的行动，也为人们提供了行动方向。自觉遵守纪律避免出现盲从和独断，可以培养并发挥人的自觉性意志品质。

5　果断意志品质的养成

5.1　果　断

果断的意志品质是飞行学员所要具备的重要的意志品质，在面对复杂多变的飞行情境中，能够迅速有效地做出决定并执行，要想在短时间里在大脑中形成有效决策，并付诸行动，就要求飞行学员不仅要大胆，还要统观全局，全面分析。

意志品质的果断性是在全面考虑行动的各个环节和所处环境的各种影响因素上进行分析，选取直接有效的方法解决问题，有时还需要考虑文化差异和个人信仰。在危急时刻，能够临危不乱、明辨是非、当机立断、处事严谨，并且雷厉风行、果断坚决，如同《中国机长》中所表现出来的当代民航精神。该机组临危不乱，果断应对，正确处理，避免了一次重大灾难的发生。这种果断的意志品质正是飞行学员需要一直学习、锻炼，并最终要达到的意志品质。

5.2　果断在飞行训练中的表现

意志品质直接影响人们的社会活动，对飞行训练来说亦是如此，果断的意志是飞行员能否出色地完成飞行任务的重要保证，飞行训练是一种不断克服困难，战胜困难，达到预定目标的意志行动过程。在飞行训练中，经常会遇到一些意想不到的困难，因此飞行员必须具有果断的意志，方能战胜困难，完成飞行训练任务。果断性要求飞行员明辨是非，迅速而坚决地做出决定并执行，优柔寡断是大忌。

飞行训练过程中有最典型的意志较量。飞行学员必须要有果断的意志力，主要包括明确的学习目的和正确的学习动机；克服困难的积极性和顽强性；与恐惧情绪斗争，置个人安危于度外的勇敢精神；严格遵守纪律和规章制度等。

作为一名准飞行员，首先，要树立"人民送我学飞行，我学飞行为人民"的信念，立志是培养飞行人员优良意志品质的重要前提，也是飞行员对未来前程的方向确定。一个人只有立志远大，才能更充分地调动自身潜能，专心致志地为实现自己的目标而不懈努力。其次，从立志到目标完成的过程努力，飞行员培训基地管理条例，就是督促学员养成良好意志品质的具体措施。另外，准军事化的规章和管理，给飞行学员毅力和组织纪律性很大的提升空间。这些外在的因素约束飞行学员的同时，同样要求学生的自我管理，实现"被管"到主动服从管理的转变，将服从管理内化为自己的主动自觉选择。要使自己有计划、有步骤地完成自我目标，真正做到胜不骄，败不馁，最重要的就是持之以恒。

飞行学员的训练强度大，要求高，一些学员遇到困难，会产生畏难情绪，缺乏信心。而且起落航线谁飞得好、进步快，谁飞得不好、进步慢，一看便知。这些情况无形中都会对学员造成影响。影响飞行学员心理反应的因素主要有以下几方面：

一是训练进度的影响。进度靠前的学员分为3种情况：有的飞行事业心强，好胜心强，想出风头；有的飞行事业心强，思想情绪稳定，对自己的知识技能有信心；有的是对自己理论知识和技术能力没有自信心，优柔寡断。进度靠后的也分为3种情况：有的飞行事业心强，知道自己接受能力差，但依然能不懈努力，刻苦学习；有的消极情绪比较大，担心的因素太多，从而影响自己技术发挥；有的飞行事业心不强，行动上也得不到支持，对于飞行训练持无所谓的态度。

二是训练环境影响。学员在训练过程中，由于对身边环境不熟悉，容易产生恐惧心理。不过，由于学员的性格特征和意志品质不同，各人的反应也不相同，有的胆子大、沉着冷静、小心行事，有的胆大敢飞、心不细、毛手毛脚，有的意志脆弱、神色紧张、缺乏自信。

三是飞行安全影响。飞行安全贯穿于整个飞行行业。飞行训练中，特别是单飞，不像带飞那样一定程度上可以依赖教员，在飞行安全上有更大的精神压力，容易产生过度紧张情绪。

综上，正是由于飞行环境对飞行训练的这些影响，更需要飞行学员主动培养自己果断性的意志品质。

5.3 果断性意志品质的养成与提高

飞行学员具有良好的果断性意志品质，能帮助其在以后的飞行生涯中迅速合理地做出决断，并实现安全高效飞行的目的。一般可采取以下措施养成果断性的意志品质。

1）认识自我，提高思想

飞行学员作为一个特殊的职业群体，要从思想上对自己意志品质进行认识，然后看自己果断的意志品质是不是在每个方面、每次训练中都能发掘出来。例如，一些飞行学员在执行任务时，没有果断的意志品质，在飞行训练过程中优柔寡断，不能切实做出应急措施，以致不能保障此次飞行的安全性。

2）正确引导，持续跟进

飞行学员的队伍在建构上是一个团队。士气对作为个体的飞行学员的性格有着促进作用。例如，一个有性格缺陷的飞行学员，到了一个先进的飞行集体，可能会被改造成性格良好的飞行学员；一个原来性格良好的飞行学员，到了一个风气不正的团队，也容易受到不良影响。正是"蓬生麻中，不扶而直；白沙在涅，与之俱黑。"因此，要培养飞行学员果断的意志品质，一是必须建设好一个作风正派、积极向上的团队。二是榜样引导。一个具有优秀意志品质的飞行学员，对其他飞行学员有巨大的感染力和吸引力。宣扬先进和树立典型，使每个飞行学员的心目中都树立起自己身边亲切易学的先进榜样，对飞行学员果断意志的培养，有速效且长效的作用。三是严格管理。飞行学员良好果断的意志品质，不会自然产生，需要在自觉的基础上，严格管理，持之以恒，才能逐步形成。严格管理，必须坚持严格要求与尊重人格相统一。只有严格要求，才能使飞行学员意志品质的发展有正确的规范，明确哪些事情要当机立断。同时，也要尊重飞行学员的个性和人格尊严，这样才能使他们心悦诚服地接受领导安排的工作，自觉培养果断的意志品质。

5.4　情绪自控的锻炼

情绪是人对客观事物所持的态度和体验。培养飞行员的情绪自控能力，能使飞行员不致因一个小小的刺激而引发大幅度的情绪波动，有效控制自己的情绪，使机体的潜能得到充分发挥。可从以下方面锻炼学员的情绪自控力：

（1）加强情绪品质教育，增强飞行员的自我训练自觉性。

刚接触飞行的学员正处在心理发展不成熟、情绪不稳定阶段，所以要掌握情绪及其活动规律知识，有意识地进行自我心理训练，自我调节情绪。

加强思想政治教育工作，帮助成员树立正确的人生观、价值观和世界观。

情绪易受外界影响，并通过个体评价而深化发展。如果飞行学员的思想觉悟高，能够正确处理各种关系，保持良好的心态，呈现积极向上的精神面貌，也便于果断性意志品质的培养。

（2）加强对情绪过分紧张的适应性教育锻炼。

适度的情绪紧张对个体有一定的促进作用，能提高其学习能力和适应能力。所以，有一定的紧迫感能提高工作和学习效率。但是，如果过度紧张或处于高度应激状态下，往往导致知觉狭窄、行动刻板、思维呆滞等，飞行学员要尽量克服紧张情绪，保持相对平和的心境与情绪，这也有助于果断性意志品质的培养。

6 坚持意志品质的养成

在飞行训练中，坚忍和坚持的意志品质对飞行学员至关重要，坚持自己的决定，能够经受住压力，并树立起克服各种困难的信心，最终完成自己的飞行训练。

6.1 坚 持

坚持是指在意志行动中坚持决定，百折不挠地克服困难和障碍，完成既定目标的意志品质。坚持性强的飞行学员目标明确，在长时间内毫不松懈地保持身心的紧张状态，在任何情况下，都坚持不变，直到达到目标。遇到困难时，坚韧不拔，树立起克服困难的信心，始终如一地完成意志行动。

6.2 坚持在飞行训练中的表现

飞行学员参加飞行训练之初，可通过锻炼自己的意志，感受到自己的力量，并获得自信。平时的体能训练及空中艰苦的意志品质锻炼，目的是强化飞行学员坚持的精神。在飞行训练中，不断坚持，无论是外在的飞行任务的难度，还是内在的学生的心理上的恐惧，都需要学生不断坚持，克服困难。

6.3 坚忍和坚持对飞行训练的作用

不断的、专业的日复一日的训练能锻炼飞行学员坚持的意志品质，也会促进自身飞行技术的提升。遇到艰难险阻时，飞行学员能冷静沉着应对，不骄不躁，树立起强大的内心。

2018 年 5 月 14 日，四川航空公司 3U8633 航班由重庆江北国际机场飞往拉萨贡嘎机场，航班在成都区域巡航阶段，驾驶舱右前风挡玻璃破裂脱落，机组实施紧急下降。瞬间失压一度将副驾驶吸出机外，所幸他系了安全带。在驾驶舱失压，气温迅速降到 − 40°（监测显示，当时飞机飞行高度为 32 000 英尺，气温应该为 − 40°左右）、仪器多数失灵的情况下，机长刘传健凭着过硬的飞行技术和良好的心理素质，在民航各保障单位密切配合下，指挥机组正确处置，飞机于 2018 年 5 月 14 日 07:46 安全备降成都双流机场。所有乘客平安落地，有序下机并得到妥善安排。在低温、失压、仪器多数失灵的不良情况下，由于刘传健机长日复一日的刻苦训练，不断坚持，临危不乱，正确处置，克服种种困难与恐惧，并在机组的全力配合下，才挽救了飞机上所有人的性命。

6.4　坚持意志品质的养成与提高

飞行学员的坚持性是指在学习中能以坚忍不拔的毅力克服各种困难并坚持不断探索的良好品质。具有这种品质的学生有锲而不舍、不达目标不罢休的决心，能持之以恒地以积极态度面对困难，努力克服困难。

为培养飞行学员坚强的意志品质，飞行教员在安排飞行训练任务时，可有意识地布置一定量的有较大难度的训练，如单发失效、气象条件不利、低能见度、自驾失效等，也可以通过寻找一些飞行学员的思维模式和行为方式不断地坚持这种艰苦条件的飞行训练模式，使他们的意志和毅力得到锻炼，从而提升其飞行技术。

民航局调查结果显示，大约一半的飞行事故发生在爬升和进近阶段，然而这些飞行事故多数归因于人的因素，仅有较小比例的飞行事故是由其他原因引发的。无论什么样的原因造成的飞行事故，都会在一定程度上造成飞行学员心理不安，以致对飞行任务不利。克服飞行学员内心恐惧最重要的就是要锻炼坚持的品质，增加平时的训练任务，比如一个飞行任务不断地重复练习，抓住每一个细节问题，勇敢克服；不断坚持，通过日复一日的训练，他们可以达到一个理想的结果，并且加上飞行教员给予的安慰，抓住他们的闪光点给予表扬，以增强其战胜困难和挫折的信心；而当他们训练出了好成绩后，教员应给予更大的鼓励，让他们体验成功的喜悦，激发出更高的训练热情。另外，在飞行训练任务中，教员还可以以那些优秀学生坚持不懈攻克飞行技术难题的事迹为题材，教育普通学生若要有所成就，就要具备坚持性的品质。

7　自律意志品质的养成

在飞行训练中，自律的意志品质对于飞行学员至关重要。要养成自律的好习惯，应严于律己，严格执行每一次飞行训练任务，以保证自己飞行目标的完成。

7.1　自　律

自律是指在没有人现场监督的情况下，通过自己要求自己，变被动为主动，自觉地遵循相关规章制度，约束自己的一言一行。

7.2　自律在飞行训练中的表现

飞行学员有了自律的品质，在飞行任务准备期间，会自主、自觉地完成准备工作；在飞行任务当中，会控制自己的情绪，严格执行每一次飞行训练任务，不断强大自己的内心，出色完成每一次飞行训练。自制和自律是意志品质最重要的特性之一，几乎所有的优秀飞行学员都把飞行任务当成一种神圣的职责，严格要求自己做一个自制自律的人。同样，自制和自律与意志品质密不可分，因此在飞行训练中，飞行学员的自律性体现得特别明显。

7.3　自制和自律对飞行训练的作用

飞行学员经过日复一日的刻苦训练，严格要求自己，不受外界各种干扰及诱惑影响，能够控制自己的情绪，不达目的誓不罢休，按照自己的意志完成理应完成的任务。例如，《中国民航报》有过这样一则新闻，一名飞行了 40 年的老飞行员光荣退休，别人问起他的感受时，他骄傲地说："我这 40 年对飞行的坚守，就是从每天的穿衣戴帽开始的。40 年的飞行，没有请过一天假，没有迟到误班过一次。"这位老飞行员已将飞行从工作变成了一种神圣的最高职责，一直秉持"好作风中出良规范"的理念，坚持"从好习惯中求高品位""从小细节中保大安全"的严谨作风。这位老飞行员数十年如一日的严格自律，不断要求自己，把飞行任务当成是关系生命的神圣的最高职责。这样的资深飞行员值得新一代的年轻飞行学员学习。

7.4　自制和自律的养成与提高

1）制订科学的训练计划

如果飞行专业大学生在飞行训练中只看自己的心情和一时的方便而进行飞行训练，同时态度又比较消极，飞行训练肯定不会得到较大的提升。完成一项重要的任务，有两项必不可少的条件：一是做事情的计划；二是合理安排时间。民航飞行专业的大学生，飞行训练时间相当紧凑，因此要做出详细正确的训练计划。假如飞行教员能够制定出哪种训练最为重要，飞行学员按照飞行教员的计划进行训练，把其他相对不重要的事情安排在后边，分清轻重缓急，从而让学生有足够的精力去完成首要的飞行训练，再抽时间完成相对不重要的事情，以更好地完成飞行训练，这有助于学生自律的意志品质的养成。

2）把自律的生活方式当成目标

培养自律的最佳方式是为自己制定系统及常规的目标，特别是飞行学员视为需要长期不懈努力追求的目标。例如：为了持续地学习英语，每天练口语、练听力，如此反复。尤其是民航方面的专业英语，先要制订出一年的学习计划，大概读哪些相关的英文书籍，并落实到每一天的行动中。长此以往，自身的英语水平会有大幅度的提升。另外，每天按时休息，早睡早起。民航飞行专业的大学生，飞行能力固然重要，但身体素质也是飞行技术的重要基础。养成良好的生活习惯，每天将有氧和无氧运动训练结合，多跑步，健康的生活方式和习惯会慢慢养成。久而久之，想要达到的各种目标才会实现。此外，自律的好习惯不能只是偶尔为之，它应该成为飞行学员的一种生活习惯。

3）严格要求飞行学员做好每一件事

学习意志的自制性主要是指自觉、灵活地控制好自己的情绪，能够克服其他一切干扰学习的消极情绪，表现出高度的理智，不论成功或失败，都要积极地去实现自己的学习目标。飞行训练中会有许多干扰因素，一部分飞行技术基础薄弱的学生，对飞行训练投入不多，不愿意苦读教材查找自己不懂的问题，不愿意花精力钻研繁杂的文献资料。对现阶段的飞行学员来说，如今所学的每一门学科、教材中涉及的内容都是今后飞行工作中必不可少的基础知识，必须用意志力量坚持学习。

培养飞行学员的自制力，必须从点滴抓起。在训练和教学中，培养良好的学习习惯，认真完成好每一次的飞行训练任务，要求胆大、心细、严谨、自律。在飞行教员、地面理论教员的帮助和指导下，飞行学员自己能解决的问题必须自己解决。初始飞行阶段是飞行学员自制能力最差的时期，往往不能严格要求自己，难以主动探索。在实际飞行训练中，教员应严格要求学生，一步一个脚印地完成飞行训练任务，从而培养学生迎难而上的自制能力。

8 耐挫折力的养成

在飞行训练中，挫折耐受力的意志品质对飞行学员非常重要。飞行学员在训练中可能会或多或少的遭遇挫折，无论是飞行训练中的挫折还是心理上的挫折，通过多种方法帮助飞行学员正视挫折，则会提高飞行学员的挫折耐受力，使其最终完成自己的飞行目标。

8.1 挫折耐受力的概念

挫折耐受力是指人们在有目的的活动中，遇到无法克服或自以为无法克服的障碍或干扰时，使其需要或动机不能得到满足而产生的紧张状态与情绪反应，进而心理上能够承受的这种行为。

8.2 挫折耐受力在飞行训练中的表现

飞行学员遭受挫折后会表现为在心理上很难接受，遭受挫折毕竟不是好事，谁也不愿意飞行训练受阻并且遭遇失败，会让人情绪低落，消沉抑郁。心理学家在对动物进行实验中发现，假如动物在多次连续经受无可免除的电击，即在受束缚的情况下经受了不可预期也无法躲避的电击后，即使改变了很容易躲避电击的新情况，动物也不会进行躲避的试探，心理学家把这种现象称为"习得性无助"。有一个以大学生为实验对象的研究：让一组大学生在一种无可奈何的强噪声干扰下进行作业，另一组大学生虽也在这种强噪声干扰下进行作业，但是却有办法躲避强噪，然后两组被试都在有法躲避强噪声的情况下进行新的作业，结果前一组被试很少试图去躲避强噪声，而且作业成绩较后一组被试差。这表明，他们在解决问题的作业上连续遭受无可预料的失败后，在解决新问题时也会认输而不去努力。上述实验对飞行学员的培养具有借鉴意义，如果飞行学员因屡遭失败而积累过多或过重的挫折经验，往往会丧失信心、畏首畏尾、消极悲观而失去前进的动力。这便是英国作家狄更斯说的："人在精神方面受到了最可怕的打击，往往会丧失神志。"特别是更年轻的飞行学员或者飞行经验比较少的飞行员，在缺乏足够的应付挫折的能力时，更容易被挫折击垮，让情绪陷入低谷。

但换个角度考虑，在某些情况下，挫折的确也可以激励飞行学员，促使他们情绪高昂，愈加奋进。在现实的飞行训练与生活中，良好的适应不只是体现为飞行学员的需要得到满足，而更多地体现为在实现目的的过程中冲破阻力承受挫折，积极地解决遇到的各种困难问题，创造性地完成任务。英国心理学家布朗说过：一个人如果没有任何障碍，则将永远保持其满足和平庸的状态。相反，遭遇挫折，反而有可能会磨炼他们的意志，使其更加坚强勇敢地面对挑战。正像孟子所说：天将降大任于斯人也，必先苦其心志，劳其筋骨，饿其体肤，空乏其身，行拂乱其所为，所以动心忍性，增益其所不能。

因此，挫折对飞行学员来说既可能是好事也可能是坏事，关键是要看如何对待挫折。

8.3 挫折耐受力对飞行训练的作用

人们最出色的成功往往得益于逆境和挫折，有了思想上的压力以及肉体上的痛苦，如果处理得当反而可能成为人努力的动力。因此，适当的挫折反而可能加速飞行学员的成长速度。有这样一个故事，美国有人曾经调查了 1 000 位财富大约在 1 000 万美元的富翁，也调查了他们每天的生活。结果意外发现，他们大多数都出生在普通家庭，甚至有一部分人年少的时候是在贫民窟中度过的。达尔文对此有切身之感，他说：我坚持奋战 55 年，致力于科学的发展，一个字眼可以道出我最艰辛的工作特点，这个字眼就是失败。同样，拿破仑又这样描述：人生的光荣不在永不失败，而在能屡败屡起。

飞行学员应细心品味这些话语，勇敢地去面对飞行训练中的挫折。

8.4 挫折耐受力的养成与提高

飞行学员在飞行训练中遇到挫折时，应通过多种途径及时进行自我调节。

1）正确认识挫折，客观分析原因

飞行学员遭遇挫折，可能产生消极的影响，也可能产生积极的影响。当产生消极的影响时，要以正确的心态看待，认真总结经验教训，寻找自身的不足，以更好地促进个人的飞行训练，同时还能磨炼性格和意志，增长知识和才干。飞行学员面对挫折时应冷静客观地分析自己的目标、方法、有利因素和不利因素，从中找出造成挫折的真实原因，对挫折做出符合实际的准确归因，下次碰到同样的飞行训练问题时才可以比较顺利的予以解决。

2）运用心理防御方法，减轻心理压力

挫折会破坏飞行学员的心理平衡，甚至产生焦虑、自卑等诸多负面情绪。在心理上难以承受时，可以适当运用心理防御方式，如升华等，使飞行学员暂时摆脱痛苦、减轻不安，恢复情绪稳定和心态的平衡。然而，各种心理防御方式只能作为应急机制，它们大多带有自欺欺人的色彩，并不能真正解决问题。因此，在运用心理防御方式使自己的心理恢复平衡后，还必须进一步分析原因。同时，听音乐、看电影、跑步等，在一定程度上也可以减轻自己面对挫折时的心理压力，使自己的身心放松下来。总之，要用各种办法进行心理上的疏导，以减轻心理压力。

3）适时调节抱负水平

抱负水平是指个体在从事活动前，对自己所要达到的目标或成就的预期。每个飞行学员由于自身条件不同，所具有的飞行能力也不一样，要根据自身的主客观情况确定适度的抱负水平，这是训练目标顺利达成的关键。如果抱负水平过低，可能使飞行学员的身心潜能被埋没；若抱负水平过高，意志行动中个体会力不从心，难以达成目标，从而产生失败感，打击飞行学员自己的自信心和自尊心。所以应根据飞行学员自身的能力来制订飞行训练计划。

4）改善挫折情境

挫折情境是产生挫折和挫折感的主要原因，如果挫折情境难以消除或改善，挫折感会经常性产生。挫折情境的改善可从多方面入手，比如：飞行学员在飞行训练前采取及时有效的防范措施，预防挫折的产生；挫折产生之后，认真分析原因，努力改变一些可以改变的挫折情境，努力减轻挫折引起的不良影响，从中吸取经验教训。

5）加强意志力的锻炼

飞行学员在感到将要产生或已经产生自我挫败感时，要充分发挥自身的主观能动性，通过自我激励的方式进行调节，转换思考方式，将挫折当成自我磨炼的机会，从而减轻内心的不平衡感，解除由挫折产生的不良情绪的困扰，恢复乐观、积极的态度，唤起自信心。同时，在生活中，飞行学员要不断培养自己面对困难的心理承受力和坚持性，增强自身的意志力，以提高对挫折的应对能力。

6）合理宣泄

如果飞行学员在遭受挫折时容易产生紧张情绪，他们必须经过某种形式得到发泄，否则积累过多，容易出现心理问题。飞行学员可以通过跟自己的飞行教员交流谈心，把自己的真实想法告诉教员，以及将自己心中的积郁与痛苦也倾诉出来，明晰是什么挫折难题导致自己在飞行训练上严重受阻，究竟是哪一个环节出了问题，从而减少学生对飞行训练的抵触情绪；教员也要教育学生学会用合理的方法处理自己的情绪。只有学生在心理上得到了宣泄，才不至于影响后边的飞行训练，以便提高自身飞行能力。

7）持续教育

教员与心理教育工作人员应努力提高飞行学员对挫折的应对力，消除挫折负面效应，建立积极的心理预防机制，通过各种方法帮助他们正视挫折，使他们成为开朗、乐观向上、热爱生活的学生，正确对待飞行训练生活中遇到的沟沟坎坎，努力突破自己，取得更优异的飞行训练成果。

（本专题由罗渝川撰稿，杨明提供案例）

参考文献

[1] 王曦，李树义. 意志品质与自我控制能力的实验研究[J]. 教育科学研究，2001（5）：63-66.

[2] 胆增寿，杨晨. 女大学生气质、心理适应性、意志品质与体质典型相关研究[J]. 天津体育学院学报，1995（3）：26-29.

[3] 罗渝川，罗晓利，王泉川，等. 民航飞行员意志品质量表编制[J]. 中华行为医学与脑科学杂志，2017（7）.

[4] 叶浩生. 责任意识与责任心理研究：时代呼唤的主题[J]. 心理学探新，2008，28（3）：3-3.

[5] 陈建绩，陈会昌. 对中小学生的气质、心理适应性和意志品质的测试与分析[J]. 教育理论与实践，1988（4）：28-32.

[6] 何孔潮，梁支宏. 学业不良学生的心理特征与教育对策[J]. 教学与管理，2006（15）：40-41.

[7] 陈光君. 发挥典型效应 培养优良品质[J]. 职教论坛，2000（9）：39-40.

[8] 王玲凤. 中学生网络成瘾及其与挫折耐受力的关系[J]. 中国学校卫生，2011（5）.

[9] 刘海燕，李俊朝，李星杭. 师范类大学生自我效能感与挫折耐受力关系的实验研究[J]. 中国特殊教育，2013（8）：85-89.

[10] 林世兰，张振芝. 浅谈大学生受挫折耐受力的培养[J]. 辽宁大学学报：哲学社会科学版，2002，30（6）：48-49.

[11] 寇彧. 青少年挫折耐受力的培养[J]. 思想政治课教学，1999（2）：17-18.

[12] 黎琼锋. 从规约到自律：教师专业道德的建构[J]. 教育发展研究，2007（1A）：35-38.

[13] 刘祥松. 培养和提高学生自律能力的思考与实践[J]. 中国高教研究, 2002(5): 83-84.

[14] 西之园晴夫, 徐晓东. 学习环境设计与协调自律学习及远程教育[J]. 中国电化教育, 2006（5）: 12-14.

[15] 王政彦. 影响成人远程学习者自律学习的心理与背景因素之分析[J]. 中国远程教育, 2003（3）: 23-27+77-78.

[16] 杨秀君. 青少年挫折承受力的影响因素及提升方法[J]. 现代教学, 2014（Z4）.

[17] 张国华. 论大学生挫折的自我调节[J]. 南京理工大学学报（社会科学版）, 2000（6）: 75-78.

[18] 陈健. 如何培养学生的抗挫折能力[J]. 贵州教育, 1996（11）: 17-18.

[19] 钟建丽. 培养学生树立正确的挫折观[J]. 青海教育, 2009（Z1）.

[20] 沈井伟. 促进大学生抗挫折综合能力的可持续发展[J]. 北京电力高等专科学校学报（社会科学版）, 2012（10）: 119-120.

[21] 盛红勇. 大学生意志品质与学业成就相关研究[J]. 湖北第二师范学院学报, 2006, 23（3）: 85-87.

[22] 李术红. 当代大学生意志品质的特点及培养策略[J]. 教育探索, 2013（5）: 141-142.

[23] 罗修琼. 重视学习意志品质的培养[J]. 成都师范学院学报, 2004, 20（b06）: 11-11.

[24] 廖爱锋. 浅谈大学生良好意志品质的培养[J]. 职业时空, 2009, 5（2）: 81-82.

[25] 王丹, 罗莎. 当代大学生意志品质培养重要性探究[J]. 北华航天工业学院学报, 2013, 23（1）: 55-57.

[26] 王泉华. 自觉性果断性自制性坚持性[J]. 小学科学（教师版）, 2014（5）: 194-194.

[27] 杜文凤. 加强果断性训练提高学生的决策能力[J]. 班主任, 2001（7）: 8.

[28] 王一帆. 中国民航初始飞行员个性特征测试量表编制[D]. 广汉: 中国民用航空飞行学院, 2011.

[29] 左从现, 方新普. 大学生体质特征与人格特征的相关研究[J]. 中国体育科技, 2000, 36（10）: 36-37, 40.

专题 5　做一名具有良好飞行职业道德与社会美德的飞行员

【引　子】

　　和许多专业技术岗位一样，飞行员这个职业日常的工作乃至生活，与普通大众心目中想象的存在着巨大的鸿沟。飞行员都是经过严苛的重重选拔，可谓千里挑一甚至万里挑一；又经过多个阶段的系统学习和训练，不断积累飞行经验，才可能成长为一名合格的飞行员。单纯从飞行员培养的各项成本来看，飞行职业可谓是真正的"天之骄子"。受一些媒体报道、国外影视作品的影响，飞行职业头顶无数"光环"的同时，也有很多有关这个职业的"表面风光"甚至是旖旎夺目的想象，存在于普通人的头脑中：年薪百万、帅气挺阔的制服、酷酷的雷朋墨镜、宽敞神秘的驾驶舱、穿云过海的自由翱翔、帅气靓丽的机组……看起来，身为民航客机上的最高指挥官，"舵杆在手，天下我有"。尤其随着现代客机自动化水平越来越高，似乎驾驶舱门一关，飞行员想怎么飞，就可以怎么飞。但事实却恰恰相反！

　　飞行驾驶活动，不仅要遵守严格的规章和标准操作流程，而且受到最严格的监管；即使是我们想象中无伤大雅的一些细节行为，也可能构成事故隐患，危及飞行安全。因此，为了确保飞行员这个飞行安全最重要的关键环节不出问题，除了使用最严格、最细致的法律法规和标准来"强制性"管控飞行员的行为规范之外，使用职业人员尤其是飞行专业技术人员特有的职业道德来约束和规范飞行员的职业行为也同样具有重要的意义，成为国内外民航业界的普遍共识。

　　从心理健康所强调的"人格的完整与和谐"的角度看，道德在个体层面的产生、形成和发展是人格心理学、发展心理学的重要研究课题，探讨道德活动和道德行为在个体社会化过程中的角色，研究道德对人们心理失衡、障碍和偏差的调节与克服、道德教育和道德修养等的影响及其过程，对于认识社会规范如何获得群体认同从而成为群体成员的道德行为具有重要的意义。

1 案例分析

职业道德是每一个从业人员在职业活动中必须遵守的行为准则，是社会公德在职业生活中的具体体现。它是职业品德、职业纪律、专业胜任能力及职业责任等的总称，属于从业者自律范围，通过公约、守则等形式对从业者的职业行为加以规范，并以此来调节职业活动中的各种关系。民航业是一个特殊的行业，其安全运行直接关系到旅客的生命、财产安全；民航的安全运行状况"牵一发而动全身"，事关民航企业的生存与发展，甚至影响社会安定和国家安全。因此，民航从业者的职业道德水平，不仅直接影响企业服务质量和企业竞争力，更关系到安全这一"民航生命线"。因此，作为民航关键岗位，飞行员的职业道德问题尤为重要。飞行员职业道德失范有哪些表现？其影响如何？首先来看下面的一些典型案例。

案例1："返航门"反映出的职业精神缺失

据媒体报道，2008年3月31日，国内某航空公司云南分公司从昆明飞往大理、丽江、版纳、芒市、思茅和临沧等地多达10余个航班发生"集体返航"。当航班飞到目的地上空后，却告知乘客无法降落，又都飞回昆明，导致昆明机场出现大面积航班延误，并使大量旅客滞留机场。被耽搁行程的旅客在机场聚集，表达对航空公司的不满，并要求退票或改签，造成舆论广泛关注的"返航门"事件。在事件初期处置时，涉事航空公司对该次大面积返航给出的最初解释是因"天气原因"不能保证航班安全着陆造成返航，这一明显不符合事实的解释很快遭遇事实"打脸"，旅客比较当天其他同样航线航班的起降情况后对此不予认同，以及后来的官方调查结论，反而令该航空公司陷入更大的公关危机。

随着后续事件影响的进一步发酵，尤其是民航主管部门的介入调查，技术分析判定前后两天该航云南分公司返航的21个航班中，因飞机故障原因返航的1班；因天气原因返航的2班；非技术原因故意返航的4班；听到前机返航，处置不当，盲目返航的5班；因译码设备工作不正常，QAR（飞行数据快速存取记录器）无数据或数据错误，无法从技术上判定返航原因的9班。据此，民航局判定此事件主要是该航空公司云南分公司少数飞行人员无视旅客权益所造成的一起非技术原因的返航事件，并据此对该航空公司进行处罚。事件的起因，主要是该航空公司与云南航空刚完成重组，重组后新的分公司在企业整合、人力资源管理、薪酬体系设计等方面还存在诸多不足，加上缺乏良好的企业内部沟通机制，导致部分飞行员不满情绪累积，一旦受到偶然事件的影响进而以一种极端的方式宣泄出来，造成恶劣的社会影响。

资料来源：作者根据媒体相关报道汇集整理。

案例分析点评：

（1）案例分析。

事实上，这起"返航门"事件在我国民航运输史上并非孤例，其中涉及企业改革转型过程中的一些复杂问题，如"同工不同酬"、特定时期我国飞行员市场"供不应求"引发的航空公司飞行员人才队伍稳定与飞行员自由流动需要间的矛盾，以及我国民航飞行员培训体系存在的一些问题。这些问题以及上述事件的起因不在本手册的讨论，涉及飞行员职业满意度的问题将在本手册做专门讨论。

该起事件所引发的舆情热点一时也是众说纷纭，有的将枪口对准航空公司，认为其苛刻对待飞行员，使后者积怨甚深，采取极端的"罢飞"和返航行为也是"情有可原"；或认为航空公司未履行对乘客的运输义务，应当承担相关责任对旅客进行赔偿。也有的将矛头指向飞行员，声讨其即便有表达自身诉求、维护自身利益的权利，也不应当"挟持"乘客、触犯旅客的正当利益等。在西方国家，劳动者自发或由代表员工的行业工会举行有计划有组织的大面积罢工是司空见惯的现象。2016年英国铁路工人罢工期间，甚至出现列车尚未到站即停止运行置全部旅客于不顾的奇特现象，原因竟然是已到约定的罢工开始时间。显然，这类事件中采用极端方式表达个人诉求的劳动者并未理解个人私利与公众利益、组织利益甚至行业形象之间的关系，违背了职业伦理和职业道德规范。

回到上面的"返航门"案例中，分析事件中的利益关系，其一是乘客与航空公司之间，涉及商业契约是否得到严格履行的问题；其二是飞行员与所属航空公司之间，涉及薪酬体系、飞行员管理体制等引发的劳资矛盾。梳理这两种关系就会发现，因航空公司部分飞行员的罢飞返航，导致旅客无法正常到达旅行目的地，显然航空公司违反了商业契约规定的航空运输义务，应当对旅客予以赔偿。然而，在对事件的初期应对中，航空公司却选择隐瞒真相，将返航原因归结于天气原因和公司的安全文化（气象条件达不到公司的降落标准因而无法降落）。不论此种推脱解释是否出自主观故意，编造借口来搪塞旅客的质疑，企图通过此种说法来逃脱自己的违约责任（天气原因属于不可抗力，不需要承担违约责任），往小了说，是航空公司缺乏公关危机处置的经验，或者说在突发事件发生后，习惯于"瞒""捂""盖"的传统应急处置套路；往大了说已涉嫌商业欺诈，违背了诚实守信、旅客至上的职业道德规范。

（2）案例反思。

由于历史和管理体制的原因，我国民航业带有浓重的行政管理色彩，与国际接轨，全面提升服务质量、保证航班准点运行经历了一个相对比较长的变革、发展过程。旅客、航空公司、民航从业者三者之中，旅客曾长期处于相对最弱势地位，民航从业者则次之。实际上，这一问题在我国各行各业，尤其是"窗口型"单位、服务型行业都曾一定程度上存在。而早在2001年9月，中共中央印发的《公民道德建设实施纲要》中，就曾指出加强职业道德规范的现实意义："随着现代社会分工的发展和专业化程度的增强，市场竞争日趋激烈，整个社会对从业人员职业观念、职业态度、职业技能、职业纪律和职业作风的要求越来越高。"因此，应当"大力倡导以爱岗敬业、诚实守信、办事公道、服务群众、奉献社会为主要内容的职业道德"。该事件中，"集体返航"的飞行员的行为以及航空公司的先期处置再"迫不得已、情有可原"也都违背了上述职业道德所提倡的职业精神，其客观上也极大地损害了企业形象和市场竞争力。事后，涉事航空公司很快出台了对遭受延误旅客的赔偿标准，并举行"职业操守誓师大会"，强调员工职业操守，强调加强管理。航空公司不仅受到民航局停止部分航线运营和罚款150万元的处罚，其运力和客座率也受到很大影响。而涉事的13名飞行人员也视参与返航情节轻重受到停飞、取消机长资格等行政处分和党纪处分；8名相关领导人员也因管理失责受到处分。当然，要从根本上杜绝类似事件的再次发生，甚至解决该事件当中反映出的民航体制方面的一些痛点、难点，不是仅仅靠上述的短期处罚、整改措施就能一蹴而就；飞行员的职业精神、职业道德意识层面的提升，以及道德行为层面"勿以恶小而为之，勿以善小而不为"仍然任重道远。

案例 2："拒让门"折射出的章法观念淡薄

2011 年 8 月 13 日，国内某航空公司 HC1112 号航班与国外某航空公司 MR888 航班在上海虹桥机场着陆过程中发生"抢道"事件。事发时，外航航班因浦东机场天气原因，在等待 77 分钟后机组宣布"Fuel Priority"（油量优先，即最低油量），申请备降 44 公里外的虹桥机场。当班管制员获悉此情况后，立即启动优先落地程序（外航在备降过程中曾进一步报告"Emergency Fuel"紧急油量、"只有 5 分钟油量"），遂指挥正在虹桥机场进近的 HC1112 号航班立即进行避让，要求其立即转航向改出。但 HC1112 号航班拒不改出，也不回话，导致外航航班五边间隔不够，不能正常着陆。

管制员于是引导外航航班重新建立航道，期间外航航班多次发出"MAYDAY"紧急求救呼号。管制员再次向 HC1112 号航班说明外航紧急情况，要求其立即转向后得到机组同样也需要立即降落的回复，并被告知只剩余 4 分钟油量，而此前 HC1112 号航班并未发出紧急求救信号。最终，管制员分别指挥两架航班加快进近速度、重新进近以拉开距离，两机最后着陆时间仅间隔 4 分钟。

经相关人士爆料，某航在外航发出紧急求救信号之后仍然无视空管要求拒不避让，险些酿成机毁人亡重大安全事故的罕见"拒让门"事件很快在网络流传、引发热议，"油量门""空中追尾门""五月天奇迹门"（因 MAYDAY 呼号也被业界人士戏称为"五月天"）之类的热词随之在网络不胫而走，涉事两航空公司也先后发布消息进行危机公关。但随着包括中央媒体在内的媒体对事件中一些细节的披露，事件又从热议升级成为争议。

8 月 29 日，民航华东地区管理局公布事件的调查结果。经查实，当事 HC1112 航班落地后剩余油量按性能手册估算,在保留剩余最后 30 分钟燃油情况下仍可等待飞行约 42 分钟（机型 A320),而外航剩余油量按估算保留 30 分钟燃油情况下仍可供飞行约 18 分钟（机型 B777）。HC1112 航班机组在外航发出遇险呼叫，管制员启动优先落地程序、反复指令其避让情况下，谎称燃油告急，拒绝做出避让。这一行为被认定为"严重违章行为，违反了《一般运行和飞行规则》等相关法规规章，当事机组违背了飞行员应有的职业操守"。而调查结果未发现外航航班机组在此次事件中存在违章行为，但在预测燃油可用时间上存在不足，中国民用航空局将就此事致函外航所在国民航当局。

资料来源：作者根据媒体相关报道汇集整理。

案例分析点评：

（1）案例分析。

该起事件中，从局方的调查认定来看，外航机组对剩余油量的估计存在不足，曾经一度成为专业人士争论的焦点之一。这里面涉及对"紧急油量"的界定和合理解释的问题，事后涉事外航也强调其公司规定"在剩余油量为 5 吨（指剔除至少 30 分钟备降等待时间用油）的时候必须发出求救信号'MAYDAY'请求紧急降落"。依照当时实施的 2008 版《民用航空器事故征候》行业标准（MH/T 2001—2008）之 3.11 款规定，"因燃油量不足，需要飞行员宣布紧急状态"属于"运输航空严重事故征候"。因此，涉事外航机组从宣布"油量优先"到"紧急油量"再到发出"MAYDAY"呼号，从程序上讲大体是合理的，从心理上讲，没有理由冒险背上事后要接受严格查的"严重事故征候"，而刻意"谎报"剩余油量。

而 HC1112 航班机组的行为则不仅违背了飞行员应有的职业操守，还违反了有关规章，为了争取那几分钟的提前落地时间，拒绝管制员的指令在先，"谎报"剩余油量视法规为儿戏在后，更是罔顾遇险外航飞机与全体乘客的安全，是非常严重的违规行为。有专业人士从事件发生时的一些细节分析，认为机组可能是为了节约成本，为了拿"节油奖金"；也有人认为在航道资源紧张的情况下（如国内管制规定对平行跑道起降标准要求过高，航班密集时排队等候包括由此导致的延误现象十分普遍），机组等到降落机会就不愿意避让；还有人认为涉事机组可能对外航的紧急状态信息"理解有误"或对管制员指令"阳奉阴违"。但不论是何种心理动因，归根结底都反映出 HC1112 航班机组章法观念、遵章守纪意识淡薄的问题，而在几乎所有人的因素导致的事故中，自以为是、麻痹大意、侥幸冒险、对规章和程序的抵触和不信任等不良心态，都可能使事故诱因形成耦合而导致连锁效应的发生。

（2）案例反思。

不管是"瑞士奶酪"（Reason）模型、"海恩法则"还是"多米诺骨牌"理论，这些事故致因理论都告诉我们，差错、事故征候、事故三者的酿成机理并没有本质的区别，其唯一不同的就是结果。事故的发生，往往起于微末，所谓"千里之堤，溃于蚁穴"。民航业界强调"抓小可以防大""小错不犯、大错没影儿"就是这个道理。因此，上述事件中"拒让"机组违规行为的产生，主要还是根源于章法观念淡薄，导致安全意识削弱；从大的方面来讲，也必然与所在企业的管理缺陷导致安全文化缺失、安全"底线"和安全"红线"虚化有关。从该起事件发生后涉事航空公司第一时间的危机公关应对，仍然能够看到不能正面回应社会与媒体的重大关切、不敢坦承自身的不足、捂盖"护短"的倾向。而少数飞行员个人职业道德意识弱化，缺乏对飞行安全、其他旅客生命安全"红线"的敬畏意识。若不严肃对待，必然会纵容此类行为，引发模仿和从众，甚至发生重大事故。1990 年 1 月 25 日，哥伦比亚阿维安卡航空公司一架航班在纽约长岛坠毁导致机上 158 人中 73 人遇难的空难，就是因为在肯尼迪机场等待降落近 2 小时而空管人员无视其发出的 MAYDAY 呼救，致使航班在空中燃油耗尽并在第一次试降失败后失事。

值得庆幸的是，主管机构高度重视此事的调查和处理，民航华东管理局最后做出对涉事航空公司暂停受理新业务申请、削减运力、暂停公司招录外籍飞行员（因涉事机长为外籍）并重新评估外籍飞行员资质、要求对公司全体外籍飞行员进行规章培训等处理决定；对涉事机组则做出吊销机长执照、国内终身"禁飞"并通报所在国民航当局、暂扣副驾驶执照 6 个月的处罚。

在技术条件尚未更新换代，不能从根本上解决安全性问题时，从无数事故经验教训中总结得来的法规规章、标准操作程序 SOP 看似烦琐复杂、机械严苛，但其实质上就是在用严谨甚至显得"呆板"的一条条规定为飞行员竖起一道道安全屏障，留足裕度，确保安全隐患不会"击穿"所有屏障，避免酿成不可挽回的后果。

只有对更高一级的安全标准有更深刻的认识，才能进一步增强执行初级标准的自觉性和敬畏性，才能将"严格执行标准、坚决反对违章"的理念融入整个飞行的过程之中。

因此，在飞行人员的法规体系中，不能挂一漏万，在执行标准操作程序（SOP）的基础上，还应该深刻地掌握有关差错、事故征候和事故的具体标准，在飞行中留足裕度，始终将飞机运行控制在"飞机性能""规章标准"和"个人飞行能力边界"三重包线的中心附近，以保证"飞行 1 分钟，安全 60 秒"。

案例 3：航班急降事件背后的飞行作风问题

2018 年 7 月 10 日，由香港飞往大连的某航 XY106 航班，于 19 时 11 分起飞半小时距离地面 10 000 多米高空时遭遇险情，客舱广播 "飞机因失密造成失压，正在紧急下降"，据事后网上发布的现场照片视频，当时客舱内氧气面罩已经脱落。民航数据软件 "Flightradar24" 的数据显示，这架 159 座，载有 153 名旅客、9 名机组成员的波音 737 客机，在 4 分半钟内急降约 4 298 米；在 12 分钟内由最初的 10 668 米降至 3 048 米左右。随后飞机改平开始爬升，分别于 7 500 米和约 8 100 米平飞一段时间后，于约 22 时 31 分安全降落在大连机场。

期间，机组曾经向地面管制发出紧急遇险 "MAYDAY" 呼号，但随后并未立即备降；航班急降、氧气面罩脱落一度引发乘客的恐慌与担忧，客舱乘组在客舱失压氧气面罩脱落、舱内温度出现短时异常的情况下，安抚旅客、维持秩序，正常履行工作职责直至飞机降落。该起事件中，由于旅客并不了解事发时的详情，在经历惊魂一刻、所有人最终平安无事的情况下，飞机安全在大连机场落地后客舱内响起掌声。不少人认为这又是一个像 "川航 5·14 事件" 中那样的英雄机组危难时刻显身手，拯救航班与全体乘员的英雄事迹。有乘客在网上留言称 "这里我要特别感谢某航的空乘人员，出现了这么大的事情，整个飞机没有慌乱，能在第一时间安抚大家的情绪。故障排除后，又在第一时间，为我们恢复客舱服务，让我们安心。是他们的笑容，让我真的相信飞机安全了"。

然而很快，该事件的舆情就发生了 "反转"。这起空中险情却并非像许多普通旅客感知的那样 "有惊无险、皆大欢喜"。7 月 11 日晚，涉事航空公司公告，针对该航班发生的氧气面罩脱落事件，机组正在接受民航局相关部门调查，如果调查发现机组存在违章违规行为，公司将以零容忍的态度对责任人进行严肃处理。7 月 12 日，事发空域所属民航东北地区管理局表示，事件发生后，东北地区管理局迅速成立调查组，于第一时间开展调查。调查组对飞机状态进行了检查，对相关数据和资料进行了封存，对机组成员进行了调查笔录。东北地区管理局已将飞机的飞行数据记录器（FDR）和驾驶舱语音记录器（CVR）送往中国民航航科院进行译码分析，后续将依据分析结果，进一步展开深入调查。7 月 13 日，中国民航局航空安全办公室在新闻发布会宣布，该起事件经初步调查，系当班副驾驶在驾驶舱内吸电子烟，为防止烟味弥漫到客舱，在没有通知机长的情况下，试图关闭循环风扇，却错误关闭了循环风扇相邻的空调组件，导致客舱氧气不足，触发座舱高度告警。机组随后按紧急释压程序进行处理，紧急下降高度并释放客舱氧气面罩。直到下降到 3 000 米后，机组才发现问题不对，恢复了空调组件，增压恢复正常。

资料来源：作者根据媒体相关报道汇集整理。

案例分析点评：

该事件的调查细节一经公布，迅速在网上引发舆情，之前不了解情况替机组点赞的旅客知晓如此 "反转" 的剧情，更是感觉到被 "欺瞒" 的失望和后怕，一边倒地愤怒声讨当事飞行员。有人认为该飞行员 "玩忽职守、草菅人命";有人认为飞机本就是禁烟区,既然乘客都不允许吸烟,飞行员在驾驶舱吸烟却是 "知法犯法" 等。

所幸该起事件并未造成人员受伤、飞机未受损,该起事件最后被定性为严重不安全事件。从局方调查还原的事实来看,整个事件确实源起于副驾驶吸电子烟;早期的争论焦点也是有关这一点。副驾驶违规吸电子烟在先,机组其他成员尤其是机长并未阻止,首先就反映出驾驶舱这样的监管盲区存在着 "灯下黑" 现象。其实质还是机组的规章意识淡薄、飞行作风不良的职业道德问题。

有专业人士指出,"飞行员驾驶舱吸烟" 并非首次发生。据媒体报道,2015 年,香港飞北京的某航班就有 4 名头等舱乘客投诉机组人员在驾驶舱吸烟;更早的时候,一位美国乘客投诉过上海飞往首尔的某航班存在飞行员吸烟的情况。事实上,飞行员在驾驶舱吸烟确实存在监管盲区。众所周知,飞行员疲劳问题是个普遍现象,在遭遇恶劣天气、大面积航班延误时,管理者客观上无法提供更好的疲劳缓解策略。在这种情况下,飞行员用抽烟来提神在传统上似乎也 "情有可原"。在实际操作中,也确有机组将火种带上飞机吸烟,甚至出现过飞行员吸烟触发烟雾报警器报警的个案。2017 年交通运输部颁布的中国民航规章《大型飞机公共航空运输承运人运行合格审定规则》(CCAR-121 部)第五版(简称 R5),明确提出 "任何人不得在按照本规则运行的飞机上吸烟";而 2016 年颁布的 121 部第四版 R4 则规定,不得在客舱、厕所内吸烟,但并未明确规定 "飞行员不得在驾驶舱内吸烟"。一些航空公司最晚要到 2019 年年底完成补充资格审定后方开始全面执行 R5,在手册落地方面可能还没有完全落实机上全面禁烟的规定。

但不论涉事航空公司的手册是否已经全面执行 R5 规定,在飞机上尤其是驾驶舱这样一个充满精密仪器仪表的狭小环境中吸烟,哪怕是看似 "无危害" 的电子烟,客观上也会对飞行安全构成潜在威胁。事实上该起事件中,吸烟只是导火索,而涉事副驾驶吸电子烟,且利用其对驾舱换气系统的了解,试图关闭循环风扇以防止烟雾弥漫到客舱被发现,这一行为序列本身就说明其 "钻空子" 的心态,实际上他知晓其行为的性质已构成违规。

初步分析显示,正是因为该副驾驶怀有侥幸、麻痹大意心理,机组遂按紧急释压程序进行处理,释放了客舱氧气面罩。

2018 年 7 月 13 日晚 7 时许,该航空公司发布消息称,经调查核实并依据公司安全管理规章,决定对涉事机组做出停止飞行资格,并依法解除劳动合同的处理。对负有责任的相关管理人员进行了严肃处理。建议民航局在完成调查程序后,对涉事机组的从业资格做出处理,吊销其持有的飞行员驾驶执照。

2018 年 7 月 17 日,民航局召开了安全电视电话会议,通报了民航局安委会对近期发生的 3 起严重不安全事件的处理决定,其中包括对 7 月 10 日的 "某航 XY106 副驾驶吸电子烟致航班紧急下降" 事件。决定削减该航空公司总部 737 总飞行量的 10%航班量,吊销飞行员执照。

2 道德基本知识和相关理论

2.1 道德的概念与理论

2.1.1 道德的内涵

通常认为，道德是由一定的社会经济关系决定的上层建筑和特殊的社会意识形态，通过社会舆论、内心信念和传统习惯来评价人们行为的善恶、好坏、美丑等，调整个人与个人、个人与社会及社会各成员间关系的原则和规范的总和。

从道德形成和发展过程中涉及的心理活动，或者道德的心理结构来说，通常将道德区分为道德认识、道德情感、道德意志和道德行为 4 个部分。

（1）道德认识：人们对社会道德现象、道德规范及其履行意义的认识，也即对客观存在的道德关系及处理这些关系的原则、规范的认识。它包括道德观念、道德概念、道德信念、道德评价等方面。其中，道德概念的掌握、道德信念的形成和道德评价能力的发展是衡量个体道德认识形成、发展的主要标志。

（2）道德情感：伴随着道德认识而产生的一种内心体验。凡是符合自己的道德认识或自己所维护的道德观念时，就会产生积极的情绪体验，否则就会产生消极的情绪体验。如我们对英雄模范人物产生敬佩之情，对损人利己的人产生厌恶的情感，对自己的舍己为人行为感到骄傲，对自己的过失言行感到羞愧等。

（3）道德意志：人们自觉确定道德行为目的，支配自己的道德行为，克服各种困难实现既定目标的心理过程。它体现为实现道德目标过程的支持与控制行为的力量，一般会经历下决心、树信心、立恒心 3 个阶段。

（4）道德行为：个体遵照道德规范所采取的言论和行动，是道德的外显成分，也是实现道德动机达到道德目的的手段。

道德品质的形成是"知、情、意、行"的相互统一、相互促进。个体可能在认知水平上知道撒谎是错误的，但在行为上仍可能实施欺骗，这是认知和行为间的不统一；还有一些人从行为上无可指摘，但内心可能时常感到内疚，这是情感和行为上的不统一。一般来说，道德认识是思想基础，也是道德情感产生的依据；反过来，道德情感的激发也会促进道德认识水平的提高。两者交融就会产生道德动机。俗话说"一个人做点好事并不难，难的是一辈子做好事"，道德行为习惯的形成标志着个人道德品质的形成，而这需要道德意志来调节和控制个体的道德行为，使其不断巩固。

另外，按照道德所规范的人类行为的层次或领域来划分，道德首先可以分为公德和私德。"公"是指公共领域，"私"是指私人领域。在共同生活中，公民的所有行动都具有公共的性质，不可避免的是一种公德行为。公德就是公共领域中公民的道德活动，它关系到其他公民的公共生活，关系到公共领域的正常秩序。按照不同的公共生活领域，公德主要包括社会公共生活领域中的道德——社会公德、职业活动领域中的道德——职业道德，以及家庭生活领域中的道德——家庭美德。

私德即我们通常所说的个人品德，相对于上述这些公德所具有的公度性、他律性和制度性而言，私德虽然具有私人性、自律性和自觉性的特点，但从道德养成的机制来看，私德与公德是相互影响、相辅相成的。私德涵养有利于公德水平的提高。著名教育学家陶行知认为："不讲究私德的人，每每就是成为妨碍公德的人，所以一个人的私德更是要紧，私德更是公德的要本。"并告诫人们，一定要"把自己的私德建立起来，建筑起'人格长城'来"。国学大师梁启超也指出："断无私德浊下，公德可以袭取者。" 而任何一个社会的道德原则和道德规范，也只有内化为个体道德的自我意识，从而形成个体的道德品质，才能发挥其道德的功能，以达到更好地按照这些原则和规范调整个人和他人、个人和社会的关系的目的。

2.1.2 道德与品德

"品德"是道德品质的简称，又称德行或品行、操行等。它是指人们依据一定的社会道德准则和规范行动，所表现出来的稳定的心理特征或倾向。我们知道"人格"是一个人的行为所表现和形成的心理自我，是一个人在长期行为中表现和形成的稳定的、恒久的、整体的心理特征。道德作为"规范在人们身上形成的心理自我（个人品德）"的含义，可以理解为个体人格的一部分，也即一个人的行为长期地遵守或违背道德规范，以致形成和表现为一种稳定的、恒久的、整体的心理特征时，即形成了个人的 "品德"。因此，如果说"规范"是人们外在的道德，那么"品德"则是人们内在的道德。我们可以从以下几个方面来理解两者的区别：

第一，品德与道德所属的范畴不同。道德是一种社会现象，是调整人们相互关系的各种行为规范和准则。人们依据这些规范来辨别是非、善恶、美丑，指导或调节行为。遵从他们会受到舆论的赞许并感到心安理得，反之则会受到舆论的谴责并感到内疚。它是以行为规范的形式来反映社会生活的，其产生、发展和变化都服从于整个社会的发展规律，属于社会意识形态的范畴。而品德是一种个体现象，是社会道德在个体头脑中的主观映象，其形成、发展和变化既受社会规律制约，又受个体生理、心理活动规律制约。品德支配和调节着个体的道德行为，属于个体意识形态范畴。

第二，品德与道德反映的内容不同。道德的内容是社会生活的总要求，是调节社会关系的行为规范的完整体系。而品德的内容则是社会道德规范局部的具体体现，是社会道德要求的部分反映。

第三，道德产生的力量源泉是社会需要，而品德产生的力量源泉则是个人的需要。即个体为了归属于一定的社会群体，为社会所接纳，就必须遵守一定的社会道德规范，协调个人与社会、个人与集体、个人与他人的关系，正是这种社会性需要（归属、交往与尊重的需要）促使人们自觉地按照道德要求发展与完善自我品德。

品德是道德在个体头脑中的反映和在个体实践活动中的具体体现。社会道德风气显然会影响个体品德的形成与发展；反过来，个体的品德对社会道德又具有一定的反作用，即众多的个人品德构成、影响整个社会的道德面貌和风气。

2.1.3 道德、伦理与法律

"伦理"（ethics）是一个与道德紧密联系、相互混用的概念。专指群体拥有的生活惯例，相当于汉语的"风俗""品质""品格""德性"等意思。虽然在社会学中，这是两个不同的概念，但大多数学者认为，道德和伦理在西方的词义趋近于相同，它们都是指外在的风俗、习惯以及内在的品性、品德，即一方面是指外在的行为规范，另一方面是指内在的行为规范。例如西方文献中谈及具体的职业行为规范（职业道德）时，也常常使用 ethics 一词。

虽然同样作为约束个体社会行为、调节人际关系的原则与规范，但道德、伦理和法律之间则有明显的区别。虽然它们都是指行为"应当"如何规范，但一般认为法律规范依靠国家机器的"强制力量"来维系，而道德和伦理规范则依靠舆论、习俗和内心信念等"非强制力量"来维系。也有学者认为，所谓"强制"，就是使人不得不放弃自己的意志而服从他人意志。从这个意义上说，法律的规范强制主要是依赖肉体强制、行政强制，而道德与伦理则依赖舆论强制。俗语所说的"唾沫星子淹死人""舌头底下压死人"，就是"社会舆论"强制力量发挥的作用。因此，相对于道德、伦理，法律依靠的实际上是"权力"的力量。

明确道德与法律的区别能更好地理解道德的内涵。

（1）两者产生条件不同。法律是在奴隶社会初期，随着私有制、阶级的出现，与国家同时产生的；道德则存在于人类社会发展的每一个历史阶段。

（2）表现形式不同。法律是统治阶级通过国家制定或认可，并由国家强制力保证实施的行为规范，它有明确的内容，通常以各种文字载体的具体形式表现出来。道德规范则可以不诉诸文字。

（3）调整范围不尽相同。从深度上看，道德不仅调整人们的外部行为，还调整人们的动机和内心活动，它要求人们根据高尚的意图行事，要求人们为了善而去追求善。从广度上来说，道德的调整范围更广。

（4）作用机制不同。如前所述，法律借助国家机器和公权力的"强制力量"来实施约束；道德则通过社会舆论、风俗习惯、个人良心、自省、教育等自律和他律方式发挥制约规范作用。

（5）基本内容不同。法律是以权利义务为内容的，一般要求权利义务对等，没有无权利的义务，也没有无义务的权利。而道德一般只规定义务，并不要求对等的权利。例如，看到一个落水者，道德要求公民有救人的义务，却未赋予公民有向其索要报酬的权利。

（6）衡量标准不同。法律标准是基础性的，规定了人的行为底线，不得触碰；而道德标准更强调高尚性，高尚的道德标准——美德，是人类追求的一种精神境界。

2.2 道德养成的理论研究

道德规范不是天然形成的，也不是人先天就有的。心理学家很早就注意到道德认知是个体后天所习得的，并主要关注儿童道德。

2.2.1 精神分析学派的道德养成理论

精神分析学派心理学大师弗洛伊德最早提出人的各种道德判断/评价是后天培养起来的。弗洛伊德著名的"本我—自我—超我"人格结构理论中的"超我"就代表着个体内化了的道德标准。其出现是在 4~5 岁，通过自居作用（指儿童以某个形象自居或有选择地模仿他人某些特点的现象，亦称认同作用）而形成，即儿童是否会出现合适的自居作用，会决定儿童是否能够发展出与父母一样的道德评价，从而发展出合适的超我。此外，根据弗洛伊德的观点，儿童的各种道德行为是建立在"同一"的人格结构之上的，因此会表现出跨领域的一致性，同样的道德评价会表现在儿童行为的方方面面。而梅和哈特肖恩的研究则发现，儿童的道德行为与道德评价是分离的，他们可能会说谎、偷窃和欺骗，但与此同时对他人的这类行为的评价都符合道德标准。这实际上证明儿童的道德标准并没有完全内化。

2.2.2 皮亚杰学派的道德发展阶段论

著名的瑞士心理学家皮亚杰（J. Piaget，1930）最早对儿童的道德发展问题进行了系统研究，至今仍影响深远。皮亚杰认为一个人在道德上的成熟，主要表现在尊重规则和社会公正感两个方面。他把儿童道德认知发展划分为 4 个有序阶段。

（1）前道德阶段（0~5 岁），又称为"自我中心阶段"。

这一年龄期的儿童处于前运算思维时期，考虑问题的特点是以自我为中心、不顾规则、按自己的想象对待规则。他们的行为易冲动、感情泛化，行为直接受行动的结果所支配，道德认知不守恒。例如，同样的行动规则，若是出自父母就愿意遵守，若是出自同伴就不遵守。他们并不真正理解规则的含义，分不清公正、义务和服从。他们的行为既不是道德的，也不是非道德的。

（2）他律道德阶段（5~10 岁），或称道德实在论阶段。

所谓他律，是指服从外部强加的规则，具有以下几个特点。

第一，单方面地尊重权威，有一种遵守成人标准和服从成人规则的义务感。也就是说，他律的道德感在一些情感反应和作为道德判断所特有的某些显著的结构中表现出来。其基本特征是：一是绝对遵从父母、权威者或年龄较大的人。儿童认为服从权威就是"好"，不听话就是"坏"。二是对规则本身的尊重和顺从，即把人们规定的规则，看作是固定的，不可变更的。皮亚杰将这一结构称为道德的实在论。

第二，从行为的物质后果来判断一种行为的好坏，而不是依据主观动机来判断。例如，认为打碎的杯子数量多的行为比打碎杯子数量少的行为更坏，而不考虑是有意还是无意打碎杯子的。

第三，看待行为有绝对化的倾向。道德实在论的儿童在评定行为是非时，总是抱极端的态度，或者完全正确，或者完全错误，还以为别人也这样看，不能把自己置于别人的地位看问题。皮亚杰与英海尔德在谈到这个时期的儿童特点时说："道德实在主义引向客观的责任观，因而对一种行为的评定是看它符合法律的程度，而不管是出于恶意的动机违反了这个原则，还是动机好却无意违反了规则。例如，儿童在理解不准撒谎的社会价值之前（因为缺乏充分的社会化），在对有意的欺骗与游戏或纯粹的愿望有失真实区别之前，成人就告诉他们不要撒谎。结果说真话就成了儿童主观人格之外的东西，并引起了道德实在论和客观责任观，从而使儿童认为一切诺言的严重性似乎并不是看有意欺骗的程度，而是看实际上跟真实性相差的程度。"

第四，赞成来历的惩罚，并认为受惩罚的行为本身就说明是坏的，还易将道德法则与自然规律相混淆，认为不端的行为会受到自然力量的惩罚。例如，对一个7岁的孩子说，有个小男孩到商店偷了糖逃走了，过马路时被汽车撞倒，问孩子"汽车为什么会撞倒男孩子"，回答可能是"因为他偷了糖"。在道德实在论的儿童看来，惩罚就是一种报应，目的是使过失者的遭遇跟他所犯的过失相一致，而不是把惩罚看作是改变儿童行为的一种手段。

（3）自律道德阶段。

他律道德阶段也称合作道德阶段，指儿童从 7~12 岁的阶段。皮亚杰认为儿童在 7~12 岁进入道德主观论阶段，这个阶段的道德具有以下几个特点。

第一，儿童已认识到规则是由人们根据相互之间的协作而创造的，因而它是可以依照人们的愿望加以改变的。规则不再被当作存在于自身之外的强加的东西。

第二，判断行为时，不只是考虑行为的后果，还要考虑行为的动机。研究表明，12 岁的儿童都认为，那些由积极和动机支配但损失较大的儿童，比起怀有不良动机而只造成小损失的儿童要好些。由于考虑到行为的动机，因而在惩罚时能注意照顾弱者或年幼者。

第三，与权威和同伴是相互尊重的关系，儿童能较高地评价自己的观点和能力，并能较现实地判断他人。

第四，能把自己置于别人的地位，判断不再绝对化，看到可能存在的几种观点。

第五，提出的惩罚较温和，能更直接地针对所犯的错误，带有补偿性，而且易把错误看作是对过失者的一种教训。

达到自律性道德阶段的儿童，在游戏时不再受年长者的约束，能与同年龄儿童平等地参加游戏，彼此明白自己的立场与对方的立场，共同制定规则，遵守规则，独立举行游戏比赛。皮亚杰认为，儿童道德发展的这些阶段的顺序是固定不变的，儿童的道德认识是从他律道德向自律道德转化的过程。他律道德阶段的儿童是根据外在的道德法则进行判断的，他们只注意行动的外部结果，不考虑行为的动机，他们的是非标准取决于是否服从人的命令或规定。这是一种受自身之外的价值标准所支配的道德判断。后期儿童的道德判断已能从客观动机出发，用平等或不平等、公道或不公道等新的标准来判断是非，这是一种为儿童自身已具有的主观的价值所支配的道德判断，属于自律水平的道德。皮亚杰认为只有达到了这个水平，儿童才算具有了道德。

（4）公正阶段。

公正阶段指儿童从 12 岁之后的阶段。在这个阶段，儿童的道德观念开始倾向于公正。皮亚杰认为，当可逆的道德观念从利他主义角度去考虑时，就产生了关于公正的观念。公正观念不是一种判断是或非的单纯的规则关系，而是一种出于关心与同情的真正的道德关系。也就是说，儿童不再刻板地按固定的规则去判断，在依据规则判断时隐含考虑到同伴的一些具体情况，从关心和同情出发去判断。皮亚杰认为公正观念是一种高级的平等关系，这种道德观念已经能够从内部对儿童的道德判断起决定性的作用。

2.2.3 科尔伯格的道德发展阶段论

科尔伯格最早把道德发展理论引入道德教育，其理论被认为是道德发展"认知—建构派"的滥觞。他认为，伴随着个体道德推理能力的不断提高，其道德发展将经历 6 个不同阶段；融合于道德推理的 3 种发展水平之中。第一水平称前习俗推理，道德推理以自我为中心，而不关心社会规则。

3 职业道德

3.1 职业道德的内涵

职业道德是一般道德在职业行为中的反映，是社会分工的产物。具体来说，职业道德就是人们在进行职业活动过程中，一切符合职业要求的心理意识、行为准则和行为规范的总和。它是一种内在的、非强制性的约束机制，是用来调整职业个人、职业主体、社会成员之间关系的行为准则和行为规范。

3.2 职业道德的一般要求

爱岗敬业、诚实守信、办事公道、服务群众、奉献社会。

4 飞行职业道德

4.1 民航职业道德的基本内涵

民航职业道德是判明民航工作人员在职业工作和劳动生产中的好与坏、善与恶、荣与辱、正义与非正义的行为准则和行为规范。民航是服务性交通运输行业，它最基本的社会职责是"人便于行、货畅其流，为客户服务"。民航服务工作本身就蕴涵着民航内部，民航与旅客、货主和用户，民航与国家的各种利益关系。为了使国家、集体、个人三者的利益得到统一，使每位民航工作人员的积极性得到最大的发挥，同时使每位旅客、货主和用户得到最满意的服务，使民航企事业单位达到最佳的经济效益和社会效益，这就需要正确处理各种关系，规范自己的言行。

与民航职业道德密切相关的一个概念就是飞行职业操守。所谓飞行职业操守，就是一个人从事特定职业时必须遵循的行为规范和职业道德。

4.2 飞行员的职业道德要求

飞行员担负着驾驶飞机和操纵机上设备，从事航空运输生产和服务的重要任务。他们是民航运输特殊的技术人才，也是民航运输最直接、最基本、最重要的力量。飞行员的职业素质，直接决定着民航运输任务的飞行品质和社会声誉，影响一个航空公司甚至整个民航行业的生存和发展。飞行员这种不同于其他职业的特殊性，要求他们必须具有更高的职业道德素质。

4.2.1 政治可靠，信念坚定

优良的政治思想品质是合格飞行员的首要条件。人的思想决定行动，国家和旅客的生命财产都掌握在飞行员手中，过硬的政治思想素质，是飞行技保持正确"飞行方向"的前提。

首先，要确立对旅客和货主高度负责的职业情感。爱岗敬业是党和国家对飞行员的基本要求和做好安全飞行工作的基本前提，也是飞行员应具备的最基本的思想觉悟和先决条件。飞行员直接为旅客和货主提供服务，他们的职业责任心直接关系服务质量和安全保障。飞行员有了高度的职业责任感，才能遵循旅客至上、用户第一的服务原则，做到和蔼热情、礼貌相待，想旅客之所想、急旅客之所急，热情周到地为他们提供优质的服务。

其次，要有坚定的信念和强烈的爱国心。这是热爱祖国、热爱人民在民航职业道德中的体现和升华。它要求飞行员不仅遵守热爱祖国的国民公德，而且要达到忠于祖国的道德境界。飞行员只有忠于社会主义祖国，才能做到不怕困难，不畏艰险，排除万难，出色完成任务；才能坚定正确的政治方向，自觉地抵制拜金主义、利己主义、享乐主义等腐朽思想的侵蚀，用正确的立场、观点和方法指导行动，维护祖国的声誉、尊严和主权。

最后，要有同危害人民利益的敌对分子和坏人做斗争的坚定的信念。飞行员手里掌握着现代化飞机，经常需要直接同敌对分子和坏人做斗争。当国家和人民利益受到威胁，面临侵害时，能不能挺身而出，迎战邪恶，这是对飞行员的严峻考验。飞行员具有对国家和人民利益高度负责的精神，忠于祖国的情操，才能够坚决地同敌人和坏人进行勇敢机智的斗争，并夺取胜利。在这方面，远有 20 世纪 80 年代的王仪轩英雄机组，近有 2012 年"6·29"和田劫机事件反劫机英雄机组，他们都已经做出了榜样，表现出极为宝贵的职业道德。

4.2.2 技术过硬，作风严谨

随着时代发展和科技进步，现在的飞行技术已不仅限于"一杆两舵"，在很大程度上表现为对先进知识和技术的运用。飞行技能作为一种不同于地面职业技能的特殊能力，除了要求飞行员在生理上和心理上应具备适当飞行的某些特征之外，在技术上还要求飞行员对操作技能必须高度熟练，达到炉火纯青、得心应手的程度。这是飞行安全与正常的技术保障。飞行中情况复杂，变化迅速。如果操作生疏，出现迟疑和错漏，则会造成严重后果。只有操作娴熟、恰当、协调、正确，才能实现顺利飞行。因此，飞行员必须全面地掌握飞行技能，并把这种技能发展为娴熟的操作技巧。这就需要勤学苦练，努力钻研，不断提高技术和操作技能；需要认真学习专业理论，熟练地掌握技术理论原理和概念，机上设备的性能、结构、操作规程和方法，使自己具有扎实的飞行技术理论基础；反复模拟演练事故处理预案，把每一个机型换新都当作初学来看待，把每一次的改装和模拟机的训练，都当作提高自身飞行理论水平、操作技能和安全飞行知识的一次契机。发展飞行能力还需要具备多种航空知识素养，因而飞行员要尽可能多地涉猎相关学科知识，广泛摄取知识营养，用丰富的航空科技知识武装自己的头脑。为了适应复杂多变的空中环境，飞行员需要具备特殊情况下沉着机智、果断正确处理的能力。有了这种能力，飞行员才能够在突发事件面前临危不乱，正确判断和处理，避免飞机和人员遭到损害，或使损失降到最低程度，以尽到自己的崇高职业责任。

"身体是飞行员的本钱，技术是飞行员的基础，作风是飞行员的保障。"从这句话中可以看出，一名飞行员身体再棒、技术再好，没有严谨的飞行作风，就难以保障飞行安全。飞行员需要在高度复杂、瞬息万变的飞行环境中工作。这种工作环境绝不允许飞行员有丝毫粗心、马虎和疏忽。因为任何差错发生都可能危及飞行安全。这就决定了飞行员必须具有精心细致、一丝不苟的工作态度和作风。严谨的飞行作风是一名优秀飞行员必备的素质，它能保证飞行员始终如一、不折不扣地执行各项规章制度，能够让机组在复杂的情况下保持冷静的头脑，准确判断，正确处理，化险为夷。细节决定成败，一个看似不经意的细节，却往往对结果有着举足轻重的作用。如果飞行员心中时刻都有"超重落地"的概念，从而经常检查预计着陆重量，就不会出现真的"超重落地"；如果着陆前认真研究目的地机场的滑行路线就不会"滑错机位"；如果心中有 QAR（快速存取记录器）数据限制就不会有"建立着陆形态晚"的情况出现。根据这一职业道德要求，飞行员在飞行前必须认真严肃地做好准备，包括技术、资料、身体、心理等方面的准备。不管是执行熟悉的任务，还是执行不熟悉的任务，不管是顺利的时候，还是不顺利的时候，飞行员都应该认真细致地做好准备工作，要根据所执行任务的特点，制定出特殊情况下的处置预案。只有细致、缜密、全面地做好飞行前准备，飞行安全与正常才有可靠保障。在飞行中，飞行员必须专心致志，精心操作。飞行作为一门技术科学，有它自身固有的规律性。飞行员要遵循其固有规律实施飞行实践，在飞行操作上，就是要严格按照操作规程和技术要求办事，丝毫也不能凭主观臆断行事。有的飞行员完全懂得如何进行正确操作，但就是不严格照着操作程序去做，违背职业道德要求，结果导致事故发生。飞行员除了要具有熟练的飞行技能，还要具有严格按照飞行规律办事的认真工作作风，才能真正做到确保飞行安全，完成飞行任务。

态度是一系列心理状态或信念的组合，对飞行员的行为产生影响。通常指向人、物体或任务，可以是正向的、负向的和中性的。态度对个体驾驶航空器时的自制力水平有直接影响，个体的态度还会影响其他人的行为和态度，进而对团队的自制力水平也有直接影响。积极态度，包括乐观（更容易看到事物的有利之处的倾向）、开放（更容易分享自身的知识、观念、感受，也更容易接受他人的正确观点）、诚实（真诚、坦荡）。积极态度有利于提升个体和团队的自制力，提升团队成员间的相互信任，增强个人和团队的信心。养成积极态度，重要的是对他人信任但不盲从，有主见的同时乐于接受不同意见，相信团队其他成员。

消极甚至有害的态度，如反权威态度。这种人很难听得进他人的建议，通常是由于自身知识存在缺陷，或者认为自己的权威受到了挑战。要避免这种态度的出现，应当意识到没有人是万能的，也不可能靠个人能够关注到所有的事情；善意对待团队成员的建议；不情绪化对待他人的质疑；如果时间允许可以对自身的行为做出解释。对整个团队而言，有赖于良好的安全文化，如所有人都认同规则和程序必须自觉遵守，任何人都可以提出建议和关切，对可能出现的问题提前做出计划和准备；很重要的一点是，当其他团队成员不能坚持遵守规则和程序时，应第一时间予以指出。消极态度还有以下表现：

冲动：行为缺乏理性思考和对形势的分析，凭本能行事。冲动的人容易相信，自己已经掌握了足够的信息以采取行动，而事实却并非如此。在紧急情况或压力情境下，普通人也容易出现冲动行为，要避免这一态度的危害，应当尽量避免过快做出决定，花一些时间来分析形势；通过充分的准备获取尽可能多的信息；通过练习提升决策能力。对整个团队而言，需要牢记，时刻遵从标准作业程序可以避免冲动。特情出现时，创造条件获取更多的准备时间和收集信息，如复飞。

自以为是：自认为不会犯错误或不会遇到不利的情况，常常是因为对自身的能力或技术过于自信，在这方面专家和新手都可能会犯这种错误。对自动化技术或新的系统过于依赖有时也会引发这种心态，可能是没有正确识别环境中的危险源，如不论是专家还是新手，面对新的环境时，可能都会出现这种问题。应对的办法是增加知识和风险评估相关的培训，尽可能提前对可能出现的差错进行识别和准备，即便是在常规的任务中。对于整个机组而言，要关注团队成员出现自信过度，并且在航前就对可能出现的问题进行讨论并做出准备。

大男子主义：过于强势，习惯于证明和显示自己、掌控一切。大男子主义虽然通常发生在男性身上，但女性身上同样可能出现关于证明和显示自己、掌控一切的倾向，从而也会出现不当的行为。强势的风格容易导致他人的正确意见和关键信息被轻视而忽略。对个人来讲，要克服这一心态，应当建立良好的沟通文化，鼓励、吸纳他人的建议和意见；建立良好的学习文化，团队成员间是相互促进的关系，而非竞争关系；应当意识到良好的安全记录才是真正证明自己的唯一方式。对于机组而言，应当创造宽松的沟通和学习文化，团队成员能够自由表达意见和建议，并得到积极回应；沟通、争论的落脚点都是为了使整个团队变得更加协调，每一个成员更加明确自身的职责和义务。

放弃：认为情况已经糟糕到做任何改进都是徒劳的，从而也不愿意做出任何改变的信念。通常源于一种无助感，觉得可能发生的结果完全无法控制，只能靠运气。避免这种态度，个体层面应当接受尽可能多的情境训练，寻求来自团队其他成员的帮助，不轻言放弃；团队层面，经常相互提问，"你是否考虑过/想过……"，向 ATC（空中交通管制员）或其他外界寻求帮助。

自满：这种态度与大男子主义、自以为是往往有关，但又有所不同，指的是对目前的状况非常满意，而并未意识到或忽略了潜在的危险。它通常表现为无法识别隐患，常常与厌烦、大男子主义和自以为是等态度相伴。新手可能会因为无法识别风险而犯这种错误，专家则可能因为过度自信而犯这种错误。对个体而言，应当熟知并警惕飞行各阶段中可能存在的风险，持续监控和评估飞机的状态；对团队而言，需要所有成员相互监控和提醒，尤其是提醒保持应有的应激水平，发现问题时及时提醒他人注意。

要避免出现这些消极态度，需要持续的自我评价，飞行员首先需要识别并及时矫正自身出现的消极或有害态度；其次还要关注团队成员身上出现的类似态度。

4.2.3 遵章守纪，纪律严明

纪律对于飞行安全至关重要。纪律性是职业素养的基础，符合规则或行为规范的行为，经由训练和控制得以保持的行为和秩序，同时也是个体对规则和程序的个人承诺；还是对安全驾驶的强烈意愿和能力。通过训练，飞行员的自我控制、良好的个性特征以及积极的安全态度可以得到提升。

良好的自制力，包括能够进行前瞻的计划与准备以应对可能出现的问题，具体包括：绝不为了片面追求飞行任务的最大效益而突破规定；绝不应有"能力和经验足够强的飞行员不遵从标准操作流程也能完成任务"的错误观念；绝不为了让执行任务的过程更有兴趣和兴奋点而出现违规行为；绝不为了图省事走捷径而违规；绝不为了标新立异而违规。有学者对93起机身损毁的事故的汇总发现，其中有33%涉及飞行员违反了基本操作程序，26%涉及机组间交叉检查。

飞行作为一种应用性航空技术活动，具有现代化、专业化特征，是需要严密组织和精心指挥的空中实施过程，它有着自身特殊的运行规律。现行各种民航条例、规程、规则、规定、细则等规章，是以往实践经验的科学总结，其中有的是前人用鲜血甚至生命换来的。它们是人们对民航运行机制及规律的正确认识成果，并付诸法规、规范。因此，这些民航规章是组织飞行实践活动的基本依据，也是飞行员的行为准则。遵守它们，就是尊重科学，就是按照客观规律办事。也只有严格遵守它们，才能有效避免事故发生，保证安全生产和飞行，提高服务质量和经济效益。严守规章，就必须学习规章，牢记规章，树立牢固的规章观念。养成按章操作的良好职业道德。要反对有章不循的不负责态度和做法。飞行过程中情况变化快，常会出现一些意料不到的问题，如果离开规章凭感觉、想当然行事，就会使行为失去科学依据，必然会危及飞行安全，因而必须坚决禁止。

飞行员的另一条道德要求是严格的纪律素质。严格的组织纪律性是社会化大生产的共同要求。民航作为现代化的航空运输服务部门，社会化和专业化程度高，而且各种飞行任务是在高度流动、高度分散的状态下进行的，这就必须实行严格管理和严格纪律。严格管理、钢铁纪律这本身就是一种战斗力。因此，每一个飞行员要养成高度的组织纪律性，自觉遵守纪律；服从指挥，做到令行禁止，反对任何纪律松弛现象；遵守纪律的观念和习惯要靠平时养成，从一点一滴做起；违反了纪律要诚恳做自我批评，坚决改正；在远离领导执行任务的情况下，更要遵守纪律，与领导保持联系，凡事一定要请示汇报，自觉地把个人置于组织的指挥、监督和管理之下；应当做到"慎独"，在独自活动、无人监督的情况下，恪守自己的职业道德信念，严格约束自己，按照职业道德要求行事。总之，飞行员要正确认识和处理个人自由与组织纪律的关系，养成遵守纪律的良好品质，自觉、严格遵守各种纪律。

4.2.4 底线思维，团结协作

强化飞行安全的"底线思维"是对飞行员的基本要求。坚持安全第一，增强自身飞行安全相关业务知识；坚守飞行安全底线，切实做好飞行安全管控工作，是每个飞行员必须认真忠实履行的职责和使命。民航运输生产和服务，是通过空中实施过程来完成的。民航的一切工作成果，最终都要在安全飞行生产上体现出来。而民航各行各业所做的安全保障工作，要靠机组和飞行员将它落到实处，最终转化为现实。这就向飞行员提出必须保证飞行绝对安全的职业道德要求。根据这一要求，飞行员要具有强烈的安全意识。而强烈的飞行安全意识，首先来自其对航空安全重要性的深刻认识。航空事故无小事。如果说地面保障单位或部门恪守"时间就是金钱，效率就是生命"的信条，那么对航空企业来说，金钱和效率只有在飞行安全的基础上才能实现。飞行安全是民航一切工作的出发点和归宿。因此，飞行员要牢固树立"安全第一"的意识，时时想着安全，事事为着安全，绝不能存在丝毫麻痹和松懈。强烈的安全意识还来自对旅客生命和国家财产高度负责的责任感。飞机上天，旅客生命和国家财产就交给了飞行员。保证旅客和国家财产安全，完成生产飞行、训练飞行等任务，是飞行员神圣的职责。有了高度负责的职业情感，飞行员就能够为维护旅客利益和国家财产安全着想，在遇到危急情况时，也能够在必要情况下不惜牺牲自己的生命，来保证旅客生命安全，避免国家财产遭受损失，这是飞行员崇高职业道德的体现。

团结协作的核心是责任心，是负责精神、敬业精神的综合体现。同时飞行员还要遵循飞行客观规律，并能结合实际，解决实际问题，所有的行动和决断要有依据，做到有章有法。团结协作能力主要体现在两个方面：一是指对机组资源的管理能力。机组资源管理是一项复杂的工作，它不仅涉及驾驶舱管理，也涉及客舱管理。飞行员（尤其是机长）的管理能力是保证飞行安全的重要因素。飞行员应具备良好的管理组织协调能力和自我约束能力，对自己有正确的评价，妥善处理好上下级关系、机组成员间的关系，正确协调好与旅客、空管、机场等各种关系。二是指人际交往能力。随着社会分工的日益精细以及个人能力的限制，人际合作与沟通已必不可少。飞行员并不是只与飞机"交流"，还需要积极主动地参与人际交往，培养团队协作精神，营造出良好的驾驶舱工作氛围，从而保证信息交流的畅通，相互弥补，及时纠错。

差错是指导致背离组织机构或个人的意图或期望的操作者个人的作为或不作为，或者说是操作者的行为相对预期目标、计划、意图发生了偏离。一般认为存在以下 3 种差错：

（1）涉及注意缺陷的错误操作，如错按了相邻位置的按键；

（2）涉及记忆缺陷的操作遗漏，如在联系 ATC 时忘记报呼号；

（3）计划的操作进行的不完备、不恰当。

任何人都可能出现差错行为，但良好的自制力有助于防止差错演变成较大的问题，其中，交叉检查对于发现差错尤其重要。

违规有时是无意的，即飞行员并未意识到自己违反了规章或标准流程，包括违反规章的错、忘、漏，通常与知识不足或工作负荷过高有关。也可能是有意的，即故意不遵照规章或流程。

从根源上分析，同样的违规行为（如未使用检查单）是有意还是无意，取决于导致行为发生的内部心理状态。时间压力或高工作负荷会增加各种违规行为出现的概率，尤其是故意违规。违规行为当然根源于侥幸心理，认为违反规章的操作所带来的好处或收益超过可能带来的风险，但在面临内外部压力时，这种判断可能失真，从而掩盖了风险的实际危害。自制力是一种预防差错和违规行为的重要屏障。

减少违规可从以下方面着手：遵从规章和标准流程可以消除故意违规；即便是在最普通、最熟悉的情境中，仍然也要坚持使用检查单，可以帮助飞行员避免出现差错，并在差错出现时即时发现；运用自制力随时严肃对待每一次训练，并愿意花时间去巩固已有的技能，可以消除许多差错；运用自制力去控制负向或有害的态度，可以减少严重差错或违规行为的出现；运用自制力对飞行的各阶段任务进行计划和准备，可以最大限度地消除由于"即兴发挥"而导致的差错或违规行为。

5　人类的美德及其对飞行学员的意义

2000 多年前，孔子就曾经归纳出"仁""义""礼"等美德；后世又把"温良恭俭让"5 种德行称为 5 德，子贡曰：夫子温、良、恭、俭、让以得之（《论语·学而》），子贡赞美孔子具备温和、善良、恭敬、节俭、谦逊五种美德。在西方，也有大量的关于道德和优秀人格的论述。

但是，所有这些著作中都没能像疾病手册那样系统和准确地定义和测量。这就导致在进行所谓"立德""修身养性""培养良好人格"时，遇到"良好人格到底是什么""德到底包含什么"之类的尴尬。20 世纪 90 年代积极心理学在美国兴起。与传统心理学主要关注消极和病态心理不同，积极心理学是利用心理学已有的实验方法与测量手段，来看待正常人性，关注人类美德、力量等积极品质，研究人的积极的情绪体验、积极的认知过程、积极的人格特征以及创造力和人才培养等，其成为最近几十年心理学的一股热潮。1999 年年底，塞利格曼在迈耶森基金支持下请来以彼得森博士为首的一批杰出心理学家编制了 VIA 体系，对人类的美德和优势进行权威分类与测量，归纳形成了一个通用的标准，使人们在评价和测量美德及优势时不会各说各话。

首先，研究者查阅了世界范围内上下 3 000 年的历史、各种不同文化下的哲学和宗教经典著作（其中包括中国的《论语》和《道德经》），归纳出了不同文化下不同时期普遍重视的 6 个核心特征美德：智慧、勇气、仁爱、正义、修养与节制和卓越。概括起来，就是中国古代强调的仁、义、礼、智、信、勇。这 6 种美德又过于抽象，比如正义，无法得到直接的测量，但是可以通过良好的行为、公平等因素得以展现，于是又通过文献根据一定的标准从中挑选出 24 种优势或优秀品质、美德。该研究得出以下结论：优势本身就是目标，而不是手段，即对美德的追求是基于自身完善自我、实现自我的追求，而不是为了社会赞许；是人格特质，在儿童和青少年时代就初现端倪，但又需要后天的培养；优势有对应的劣势，没有问题的人不见得就有优势；在普通人身上普遍存在，单独某个优势在一些模仿人物身上尤为明显，而在有些人身上则完全不存在；大体上使人感到生活充实、有道德价值，不妨碍他人，不会惹人嫉妒，反而让他人敬仰。

最后将这24种优势组织在6种美德之下，阐述了人们如何在特定情境下表现优势的具体行为，进而促进美德，形成了优势与美德分类系统。

这6类美德24项优势品格的具体内容如图5-1所示。

1）智　慧

智慧指知识获取和运用上的认知优势，从以下5种优势的培养中可以获得智慧。按照发展的程度来排列这些优势，最基本的是好奇心，最成熟的是洞察力。

（1）好奇心：促使人们对事物产生去尝试的兴趣，驱使人们追随新奇的事物，好奇心强的人喜欢主动去探索和发现事实真相，不容易厌倦。

（2）好学：喜欢系统学习新的知识或技能，无论是在工作还是生活中。

（3）判断力/批判性思维：能够客观、理性地筛选信息，以事实为导向周详地考虑事情的各方面，不急于下结论；具有批判性思维但又不固执己见。

（4）创造力：做事情不满足于常用的方法，能够以不同的、新颖的方法去做事情，包括艺术成就和生活智慧。

（5）洞察力：拥有看待世界的合理方式，可以为他人提供明智的建议。洞察力是这个类别中最成熟的优势品格，类似于睿智。

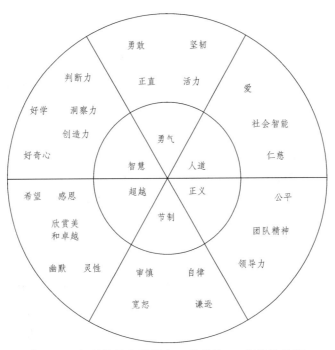

图 5-1　塞利格曼和彼得森6类美德24项优势品格

2）勇　气

勇气指在不利或压力条件下，或内外意见不一致时，依然坚持达成理想目标的情感和意志优势。

（1）勇敢：在威胁、挑战、困难或痛苦面前不畏缩、不逃避；在有反对意见时依然能够为正义、真理辩护；即使不受欢迎依然能够坚持自己的信念。

（2）坚韧：做事情有始有终，面对困难时坚持不懈，有毅力，并以乐观积极的心态完成任务。

（3）正直：真实面对生活，真诚对待自己和他人；不吹嘘和炫耀，能够对自己的情感和行为负责。

（4）活力：以一种充满活力、激情四射的心态投入生活和工作；具有一定的冒险精神；积极地感受生活；不半途而废或失去干劲。

3）人　道

人道指人际交往优势，能够非常友好、积极地与人交往。

（1）爱：重视与珍惜同别人的亲密关系，拥有爱与被爱的能力。

（2）仁慈/善良：乐于帮助、关怀他人；共情、利他、慷慨。

（3）社会智能：能够了解别人的动机和感觉，并且做出恰当的回应；在不同的社交场合举止得体。

4）正　义

正义指公民优势。正义超越了一对一的关系，是个人与集体（如家庭、社区、国家甚至世界）关系；构成健全群体关系的基础。

（1）公民/团队精神：很好地与大家合作，对团队忠诚，乐于分担、分享。

（2）公平：对所有人能够做到一视同仁，不因个人情感而有所偏倚，给每个人公平的机会。

（3）领导力：合理组织团队，监督团队任务的执行；与团队成员关系良好；能使每个成员都感到快乐。

5）节　制

节制指恰当、适度地满足需求，自我约束的行为优势。

（1）宽恕/慈悲：原谅他人的错误，宽恕他人的缺点，并给予第二次机会。

（2）谦逊：保持谦逊的态度，不认为自己高人一等；强调他人的价值。

（3）审慎：有远见、三思而后行，能够为了将来的成功抵抗眼前的诱惑；不做过度的冒险行为。

（4）自律：能够控制自己的情绪、欲望、需求和冲动；节制的行为。

6）超　越

超越指精神卓越，将个人与更宏大、更永久的东西相连接；与他人、自然、世界建立有意义的联系。

（1）欣赏美和卓越：从自然到艺术、科学，对生活中不同领域的美、卓越和才华予以欣赏。

（2）感恩：对他人的帮助予以感激，并时常表达出这种谢意。

（3）希望：对未来充满憧憬并努力去实现；乐观的生活态度。

（4）幽默：时常带给他人欢乐；能够看到事物积极、光明的一面。

（5）灵性与信仰：对人生和生命的意义有独特的精神感悟、信仰（未必是宗教），对自己的人生有明确目标，并因信仰而塑造自己的行为，同时把信仰作为获得慰藉的源泉。

6 飞行职业道德规范

6.1 飞行员必须牢记的最高使命和职责

旅客将生命托付给飞行员，确保旅客的安全、舒适、满意是飞行员的首要和最高职责。

（1）不受外部压力和个人欲望的影响而改变其决定，也不会故意做出任何可能危及飞行安全的行为。

（2）始终牢记任何麻痹大意都无异于犯罪，不会忽略任何有助于飞行安全的细节，也不会随意地进行任何操作。

（3）与飞行安全同等重要的是，为使旅客体验到舒适、安宁和满意，飞行员须随时谨慎驾驶飞机，以此赢得旅客对飞行员及其所属航空公司的信任。

（4）认识到飞行员的首要职责是确保旅客的安全和舒适，这需要飞行员尽最大努力将旅客按计划送达目的地。

（5）在灾难来袭时，采取任何必要的措施，以保护乘客与机组的生命安全。

6.2 飞行员必须忠实履行公司、岗位及其薪酬所赋予的相应职责

（1）尽其所能高效、准时、稳妥地驾驶飞机，并最大限度地减小飞机的损耗。

（2）尊重上司，但尊重不代表盲从。

（3）遵守上级发布的所有规定和指示，但基于专业知识和经验，必要时可以坚持自己的正确判断，拒绝可能影响飞行安全的不合理、不合规的指令。记住，机长和飞行员是航班安全飞行的首要责任人。

（4）不故意伪造篡改任何日志和记录，也不容忍其他机组成员做出此类行为。

（5）工作时间全身心投入；非工作时间，不做任何可能会影响工作效率或影响其职业声誉的活动。

（6）认识到个人言行代表着企业形象和职业形象，随时注意自身形象，公众场合谨言慎行。

（7）对公司、组织和上级忠诚信任，不妄议上司和组织，有批评意见能通过协会内部正当程序向上级反映。

（8）保守公司的商业机密，并自觉维护公司的合法正当利益。

6.3 飞行员须在行使其权利的同时履行其相应义务

（1）在工作时间和非工作时间，随时注意自身言行，率先垂范，以赢得其机组成员、同事及同行的信任与尊重。具体应做到以下几点：

① 深入理解和掌握机组每位成员的工作职责，在飞行过程中沉着冷静，发布指令明确坚决、包容同事，在不影响飞行安全和运输秩序前提下努力维持机组和谐融洽的工作氛围。

② 能注意工作方式方法，对机组成员和下属严格要求而不失尊重，避免因尖锐批评和强制命令而破坏团队士气，影响团队合作和工作效率。

③ 深刻认识航班的良好运行有赖于日常的训练,鼓励支持其机组成员参加业务学习和实践；不断对全体机组成员施加正面影响，培养团队的自豪感和责任心。对团队成员进行工作评价时，实事求是，鼓励为主；对存在的问题多提出建设性改进意见，避免个人偏见，避免损伤其积极性或影响其职业前景。

④ 工作中关照全体机组成员，在特殊的运行条件下，务必确保全体机组得到妥善安置和照顾，如航班取消导致航程延误时，要确保全体机组成员都得到妥善安置。

（2）飞行员应当处理好个人与同事、协会同行的关系，努力为集体和协会赢得荣誉。

① 不得构陷或恶意损害同事的职业声誉、职业前景或职业安全，但当发现他人的不称职行为或有损于职业及协会声誉的行为时，不讳言、不包庇，敢于通过协会向主管上级反映，以维护当事人、协会的长远利益和整体声誉。

② 依据协会的章程、规定、政策及权威解释，审慎处理与同行、协会间的关系；积极参与协会组织的会议及相关活动。积极参与有助于提高飞行安全和职业影响的其他活动。

③ 不利用其他同行的信任，从事任何谋取个人利益的行为；涉及协会声誉和利益时，能挺身而出，坚决予以维护。

④ 致力于为整个行业的发展奉献岗位、奉献协会；积极与其他协会成员分享交流信息与经验，积极参与其他专业技术组织或机构的职业相关活动。

（3）飞行员须坚信职业荣誉高于一切，始终牢记初心，相信个人的品性和行为代表整个职业的荣辱。

① 争当好公民，讲公德；积极参与公共事务，尤其是能够改善航空服务、提升飞行安全的事务。

② 言行谨慎，时时注意个人形象，处处维护职业荣誉。

③ 即便面对亲友、熟人、邻里，也明白自身言行代表着职业形象，代表着协会所有成员的品德。

④ 酗酒或违反规定饮酒，是产生和助长公众对行业偏见、削弱公众信任与尊重的"头号敌人"。

⑤ 不使用任何公开方式（如发表文章、接受采访等）实施可能损害其他飞行员、行业或协会名誉的行为。

⑥ 不断学习新知识、新技术，跟随行业的不断发展，使自己的知识、技能始终保持最佳状态。

另外，飞行员还应忠实履行本职业道德规范和飞行员行为准则所规定的各项义务，不负飞行员的光荣称号。

（本专题由凤四海撰稿）

参考文献

[1] HELMREICH R L , DAVIES J M . Culture, threat, and error: Lessons from aviation[J]. Canadian Journal of Anesthesia, 2004, 51(1):1-4.

[2] 安翼.飞行员的职业道德等同于职业生命[N].中国民航报，2011-09-30.

[3] 程德恒. 飞行教学中作风建设及其安全意识研究[J]. 卷宗，2017，34:152-152.

[4] 冯正霖.将作风建设贯穿每个民航飞行员的职业生涯[EB/OL].http://www.caacnews.com.cn/1/1/201802/t20180212_1240874.html, 2018-02-12.

[5] 韩广迎.关于飞行员队伍职业道德建设的几点思考[N]. 中国民航报，2011-12-13.

[6] 赵晓妮. 航空安全文化对机组安全飞行行为的影响研究[D]. 西安：陕西师范大学，2008.

[7] 金翼. 飞行教学中作风建设以及安全意识研究[J]. 科学与财富，2018，6:78-78.

[8] 李滨 . 飞行员需具备高水平职业素质 [EB/OL]. 中国民航报，http://news.carnoc.com/list/16/16780.html,2002-06-25.

[9] 李友鸿，程肇基，梁凤华. 积极心理学视域下的公民美德培育[J]. 求实，2012（10）：77-80.

[10] 李跃. 分析飞行教学中的作风建设及其安全意识[J]. 中国市场，2016（31）：238-238.

[11] 林泉. 中国民航职业道德建设的系统论分析[J]. 中国民航大学学报，1999(4): 57-62.

[12] 刘清贵.不能让飞行安全输在职业道德上[N]. 中国民航报，2011-09-30

[13] 孙鸿冰. 关于飞行学员职业道德建设的若干思考[J]. 洛阳工学院学报（社会科学版），2000（S1）：29-45.

[14] 王清晨. 职业飞行员应具备的八种安全意识[J]. 中国民用航空，2012（9）：51-54.

[15] 文兴忠. 民航飞行员职业安全意识初步研究[D]. 重庆：西南大学，2008.

[16] 吴蔚. 东航飞行人员职业道德建设研究[D]. 大连：大连理工大学，2003.

[17] 徐晶. 打造一只具有高水平职业素质的飞行员队伍[J]. 江苏航空，2010（1）：37.

[18] 徐向东. 关于安全意识的哲学研究[J]. 中国安全科学学报，2003，13（7）：1-3.

[19] 姚永强.飞行作风是一种能力[N]. 中国民航报，2019-02-13.

[20] 张凤. 民航职业道德建设[M]. 北京：社会科学文献出版社，2018.

[21] 张庆勇. 论飞行员的职业道德与通航飞行安全[J]. 经济技术协作信息，2011，35：84-84.

[22] 中国民用航空局飞行标准司.飞行运行作风（AC-121-FS-2018-130）[Z]. 2018-05-07.

[23] 朱继宗. 民航职业道德建设问题浅议[J]. 民航政工，2002（2）：32-32.

[24] GEORGE, F. Personal discipline : the core strength upon which all airmanship depends[J]. Business & Commercial Aviation, 2014, 110(10).

专题 6 做情绪的主人——情绪管理

【引 子】

在我们每个人的身上，都存在这样一种神奇的力量，它可以使你精神焕发，也可以使你萎靡不振；它可以使你冷静理智，也可以使你暴躁易怒；它可以使你安详从容地生活，也可以使你惶惶不可终日。总之，它可以加强你，也可以削弱你，可以使你的生活充满甜蜜与快乐，也可以使你的生活抑郁、沉闷、暗淡无光。这种能使我们的感受产生变化的神奇力量，就是情绪。本专题介绍了飞行学员常见的情绪问题，如焦虑、抑郁、愤怒、嫉妒和冷漠等。传统关注"障碍"和"疾病"式的消极心理健康教育模式在操作中受到越来越多的批判，以积极心理学为代表的心理学思潮不断涌现，导致心理健康教育整个模式发生了转变。

1 案例分析

案例 1：飞行员机上情绪崩溃

2013 年 3 月 27 日，美国捷蓝航空公司某飞行员奥某在机上值勤时突然情绪崩溃，后被多名乘客制服。该航班原本是从纽约飞往拉斯韦加斯的，只好紧急降落在得克萨斯州阿马里洛。

对于捷蓝航空事件，德克萨斯大学医学部教授理查德·詹宁斯表示：飞行员经常会因为各种原因（认为心理问题是一种耻辱，可能因此丢失工作等）瞒报心理问题。捷蓝航空发言人珍妮·戴文表示，该飞行员正在阿马里洛的一家医疗机构接受治疗，他被指控干扰机组正常工作，将面临最高 20 年监禁以及 25 万美元的罚款。这对航空公司和飞行员个人来说都将造成无法弥补的损失和伤害。

资料来源：作者根据媒体相关报道汇集整理。

案例 2：莫名的恐惧

当李某，这个有着飞行学员标准身材的二年级男孩，在同学的陪伴下走进咨询室时，眼神中透露出的是疲倦、焦虑。面对心理辅导老师的寒暄暖场，他刚开始有点局促，甚至有点颓丧。

话题的展开并没有花费太多时间，因为他的到来，是应学管干部的电话求助，希望我们能对他进行"危机"干预。周围关心他的老师同学认为他有再次"崩溃"甚至其他不敢设想的危险，已经开始对他实施24小时不间断"监控"；学生干部安排了同学轮流陪伴他，他显然又出现了一次情绪"大爆发"。于是，通过电话初步了解了一些情况后，辅导老师本着应因求助的原则，开始尝试走进这个男生的内心。

问题的肇始似乎可以追溯到半年前，有一次他和好奇的同学站在教学楼的楼顶，在向下张望的时候，他突然没原由地被某种"恐惧感"击中，那一刹那心血翻滚、脑袋也有点眩晕，整个身体都似乎被"收紧"了。他说，自那以后，他就时常被这种恐惧感所侵袭，每隔一段时间就会体验一次；这种感觉高峰袭来时，甚至会有从"怕死"到"自己要死了"的观念；他非常抵触这种不舒服的体验，告诉自己没事儿、没事儿，不要胡思乱想；反复尝试控制、剔除这种体验，让自己跳出来。但令他沮丧的是，这种观念跟个狗皮膏药似的，越想摆脱它，它似乎越"张牙舞爪"，于是他愈加担忧、焦虑、挫折，有种从未体验过的"着了魔"的感觉；这种感觉可能又加重了他的自责、自惭，觉得自己不是原来的"自己"，仿佛变得面目全非了。于是，这才有了若干次当他努力想摆脱这一困扰而不得时的"崩溃"。这不，就在他讲这些过往的时候，他似乎又一次"崩溃"了，痛哭、抽噎……

这还是一个非常单纯、有自控力的小伙子啊！辅导老师在做了必要的抚慰、共情，帮助李某平静下来后，由衷地感慨。尽管他曾经历了让关心他的老师、同学感觉无从下手的"痛苦"，可他仍然不拒绝别人的靠近和友善的援手，他并没有关闭自己内心世界的大门，将自己沉入偏执的深渊；尽管他对自己恐惧情绪和情绪失控的来由可能还不得其门，可他并没有丧失自控力和理性，不论什么原因，此时此地的他仍然能够很快让自己平静下来，再做陈述时仍然思路清晰、很有条理。从他的成长经历和家庭结构来看，这是一个一直以"好学生"的标准成长起来的阳光男孩。所有这些，都足以表明他内在的心理"动力"仍然强烈；仿佛是一棵正被风雨摧折的小树，虽然有点东倒西歪，可仍然执着于向上、向好……这些都构成心理辅导或心理咨询可以"下手"的一个"好的来访者"的有利条件！尽管其陈述的表现和反应，似乎具有恐惧症的某些症状，但李某的问题或许并没有想象中的那么严重，所需要的只是"准确命中"的一点疏导。

鉴于时间有限，辅导老师仍然暂时将其划入面临"成长问题"的那一类大学生。随着大学生们对心理健康的愈加关注和对心理辅导、心理咨询的日益了解，心理咨询室的来访量越来越大，已经可以用"生意兴隆"来形容了。而这其中，有适应性问题或成长问题的大学生仍然占据了绝大多数。

在李某平静下来后，辅导老师首先用他能听得懂的生活语言，向其反馈了上述一些初步印象。我们聊起了情绪如何产生，大脑、丘脑、生理反应的回路如何运作，观念（认知）和情绪如何交互作用；还聊起了情绪ABC理论，针对他提及的"怕死"等观念，还聊起了"死亡体验"……辅导老师告诉李某，恐高之类的情绪反应，是绝大多数人都会有的自然反应；通过对其过往体验的分析，让他明白，对恐惧源的体验，以及之后的一系列情绪反应、观念侵入乃至有关"恐惧的恐惧"看似自然发生，却都不是必然要发生的；试图"控制"情绪反应，才是一系列不合理观念的由来。应对强烈的情绪体验，首要的法则是学会直面它、接受它甚至承受它，让情绪的"洪流"找到宣泄的途径；其次才是设法进行"合理解释"乃至"观念重塑"。

由于偶然经历，李某多次体验到强烈的恐惧感，并伴随一些较为强烈的生理反应；解决这个问题可能只是"治标"，但会直接帮助他学会直面自己的情绪问题。于是，辅导老师教李某如何进行放松训练，如何通过体育锻炼、人际交往、发展兴趣爱好尽可能让自己远离"情绪陷阱"。从个体应对的角度来说，只有在坦然接受情绪"失控"之后，产生强烈情绪体验乃至深层焦虑的内心冲突才会浮上水面，真正看清究竟是什么导致了发生在李某身上的"恐惧—试图控制—挫折—自我负面评价"的恶性循环。

辅导老师给李某举了一个案例，帮助他进一步抽身出来，站在第三者的视角审视自己。一位大学生，在毕业前夕参加公务员考试，因为压力过大、动机过强，产生考试焦虑，导致轻微睡眠障碍；调控失败后产生挫败感，觉得自己没有用，进而觉得考试即将失败、前功尽弃；不合理的联想进一步强化了其负面自我评价。于是在考试前一天晚上，甚至产生自杀的念头。后来在折腾了大半夜之后，终于选择放下、顺其自然。之后，他靠着"悬梁刺股"的毅力挺过了考试，终于得偿所愿……

资料来源：中国民用航空飞行学院大学生心理咨询中心咨询师手记。

2 飞行学员常见情绪问题

飞行学员的学飞生活是紧张而充实的，社会和家人对其职业的高期望值、过重的学业负担及职业本身所带来的压力等因素导致他们的情绪处于紧张状态。情绪是人对客观事物的态度体验及相应的行为反应。适度的情绪反应是正常的，但是如果飞行学员处理不好学习、生活中的各种压力和问题，极易产生各种情绪问题，进而影响其心理健康。常见的正面情绪为愉悦、轻松、欣慰等；常见的负面情绪包括抑郁、焦虑、恐惧、愤怒、悲伤、厌恶、羞愧、惊慌等。情绪没有好坏之分，只要是我们真实的感受，我们就要学习并且接受它。我们只有认清自己的情绪，才有机会掌握情绪，也才能为自己的情绪负责。

飞行学员在大学期间容易产生的情绪问题如下：

（1）焦虑：人们在主观上预计自己会遭遇到不好的事情，进而产生担忧的情绪。当飞行学员预感到自己在学习和生活上将要遇到不好的事情时，就会产生焦虑的情绪。焦虑对飞行学员的影响是双重的，适度的焦虑能对学习起到促进作用，但过多或过少的焦虑会起阻碍作用。

（2）抑郁：最明显的症状是压抑的心情，对任何事情都没有兴趣，自我评价偏低。性格内向、敏感多疑、不爱交际、在生活和学习上遭遇较大挫折的学生容易产生抑郁情绪。遭遇失恋、面临停飞的学生容易产生抑郁情绪。

（3）愤怒：人们的需要得不到满足时产生的情绪反应。当人们产生愤怒情绪时，心跳会加快、心律会失常，自制力也会减弱甚至丧失，极易产生冲动的行为。飞行学员的精力比较旺盛，在遇到不好的事情时，容易产生愤怒情绪。

（4）嫉妒：个体觉得自己在某些方面不如别人所产生的情绪体验。嫉妒是自尊心的一种异常表现，在学生中普遍存在。嫉妒对人的心理健康极为不利，不仅破坏人际关系，还易造成自身内心痛苦。

（5）冷漠：个体对外界的事物及外界发生的事情没有产生相应的情感反应，对任何事情漠不关心，当个体遇到不如意的事情时选择逃避的态度。压抑自己内心的情绪和情感，就会产生冷漠的情绪，如果学生长时间对事物保持冷漠的情绪，内心当中的负性能量无法得到释放，当超过一定的限度时，则会导致其心理失衡，损害心理健康。

3 消极情绪应对

长期的情绪适应不良，个人情绪没有抒发的宣泄通道，对个人的工作或学业都会有不利的影响。如注意力不集中，缺乏耐心，脾气暴躁不安，既会影响人际互动状况，也会限制个人能力的发挥。如果在工作、学业或生活适应上遭受挫折而未加以觉察和管理其负面情绪，任其压抑、否认、转移、扭曲，久而久之不但容易爆发出来，形成更大的冲突事件，也会使人畏缩退却、丧失信心，甚至怀疑自我价值，陷入恶性循环。

3.1 认知扭曲

为什么生气？为什么难过？找出原因才知道这样的反应是否正常。认知对情绪的产生有决定作用，歪曲的认知容易导致不良的负性情绪的产生。常见的认知歪曲如下：

（1）全或无思维：又称极端化思维，用两分法看待事物，而不是将事物看作一个有多个侧面的整体。如没有在所有方面成功就意味着失败。

（2）灾难化：消极地预测未来而不考虑其他的可能结局。如我肯定做不好；我再努力也改变不了。如认为停飞是件可怕的事情，类似于"世界末日"。

（3）否定自己：毫无理由地否认自己的积极经历、事件或素质。如那项计划我完成得不错，但那不意味着我很有能力，只是运气好罢了。

（4）情绪推理：个体认为自己的消极情绪必然反映事物的真实情况，这种"跟着感觉走"的情绪推理，阻碍了对事物真实情况的了解。如我觉得失望，所以我的问题不能解决。

（5）贴标签：给自己或别人贴上固定的标签，将对整个人的评价与单独的某些行为失误联系起来。如一次考试没考好，就认定自己一直是一个失败者。

（6）过度夸大或过度缩小：在评价自身、他人或一件事时，不合理地夸大消极面或缩小积极面。如一个同学在课堂上答错了一个问题，就认为所有的同学都会觉得自己无知、愚蠢，而忽略平时自己的优秀表现。

（7）精神过滤：又称选择性注意，不看整体，只将注意集中于消极的细节上。如因为考试中得了一个低分（其他有好几个高分），就认为自己考得很糟糕。

（8）以己度人：坚信自己懂得别人的心思，而不考虑其他可能性。如在路上遇到室友，对方只匆匆地和自己打了个招呼，就认为对方肯定是对自己有意见，不想理自己。

（9）以偏概全：远远超出现有处境而得出一个更大范围的消极结论。如因为一个问题没有弄懂，就得出我根本就不适合学这个专业的结论。

（10）个人化：主动为别人的过失或不幸承担一切，将一切不幸、事故甚至别人生病等均归因于自己的过失，引咎自责。如她不开心，肯定是我做错了什么。

（11）"应该"或"必须"陈述：个体常用"应该"或"必须"等词语要求自己或他人，有一个僵化的标准认为自己或他人应该怎样做。自己没达到，就会感到悔恨、自责；他人未做到就会对他人失望、怨恨等。如某同学要完成一门功课，可是在有限的时间内根本完不成。于是他认为自己竟然连作业都完成不了，太不应该了，因此很难过。

3.2 不良情绪的应对

1）积极自我暗示法

积极自我暗示法指个体通过积极的内部语言和想象，对自我意识施加积极影响的心理过程。积极的自我暗示能使我们紧张的心理状态得到放松，消除不良情绪，维持心理平衡，保持良好的心情，拥有积极、乐观的情绪和自信心，进而充分激发潜能。

2）注意力转移法

注意力转移法指个体把注意力从导致其产生负性情绪反应的刺激源，转移到能使其产生良性情绪的事物上的方法。当产生负性情绪时，可以尝试把注意力转移到自己感兴趣的事情上去，如散步、看喜欢的电影、读喜欢的书等。

3）适度宣泄法

当产生不良情绪时，合理适度的宣泄可以使不良情绪得到释放，进而缓解不良情绪。合理适度的宣泄可以是做喜欢的运动，找最信赖的朋友聊天等。心理学研究发现，通过体育运动来宣泄心中的不良情绪时，需要满足两个条件：运动的时间和强度。运动的时间最好在30分钟以上，并且具有一定的强度。

4）自我调整安慰法

可通过阅读一些心理学的书籍，特别是有关理性情绪行为疗法或积极心理学的书籍，使自己认知结构中的某些不合理观念和信念得到矫正。导致人们产生不良情绪和行为的是每个人头脑中存在的对事情的不合理观念和信念，而不是事件本身。只要我们把头脑中的不合理信念调整成合理的信念，则会减少不良情绪和行为的产生。积极心理学告诉我们，凡事都要看事情的积极方面，从积极的角度去解决问题。

5）获得社会支持法

当个体的需要得不到满足，目标不能实现，遭遇到不顺心的事，有了烦恼和困惑时，如果能得到父母、亲戚、朋友、老师、同学的支持、理解和帮助，将会给我们极大的心理安慰，获得面对和战胜困难的勇气、信心。当个体处在困难中时，强大的社会支持系统能在情感上给予温暖和支持，在行为上给予正确的指引和指导。

6）深呼吸放松法

慢慢闭上双眼，双肩自然下垂，然后慢慢地、深深地用鼻子吸气，吸进腹部，吸到足够多时，憋气 2 秒钟，再把吸进去的气缓缓地呼出。注意感觉自己的呼气、吸气，体会"深深地吸进来，慢慢地呼出去"的感觉。特别是在考试前或考试中，如果对考试感到过度的焦虑，采取深呼吸放松法是一个非常简单、快捷的心理自助方法，能很快地缓解考试焦虑。

7）积极想象法

当我们遇到负面的不良情绪时，可以找一个舒适的地方躺下，闭上眼睛，在脑海中想象我们喜欢的情境，如"我一个人静静地躺在松软洁净的海滩上，周围空无一人；我能感受到温暖的阳光和细细而松软的沙子，我全身上下感到无比的舒适；海风带着一丝丝海腥味轻轻地吹过来，我静静地欣赏着海涛轻拍海岸的波涛声；海鸥在天空中自在地飞翔……"。

4　保持阳光心态

情绪的发生是无法避免的，有些时候我们并无法完全了解我们的情绪从何而来，或是内在的需要并非都有办法得到满足。这时候必须学习转换信念，反向思考问题。王安石曾有一首诗，与"情绪智慧"有关："风吹屋檐瓦，瓦坠破我头；我不恨此瓦，此瓦不自由。"这也是一种思维的调整。只要心态阳光，心情就会变好，情绪也会相对稳定。我们的情绪不同往往不是由事物本身引起的，而是因看待事物的不同思维方式所致。在不利的环境中，换一种思维方式去思考，在不利之中，找出对自己有利的一面。若总是在不利的圈子里打转，则会看不到光明，只会忧心忡忡，自寻烦恼。

4.1　情绪的认知调节技术

1）认知重构技术

检查不同情境中行为的变化，针对因为仅关注行为的单个例子，然后推广到整个人的错误思维进行认知重构，重新关注情景因素，比如什么引发了他人的行为，之后发生了什么，关系是怎样的，这样就可能在行为的背景中理解他人的行为。

2）成本—效益分析

当识别出引起烦恼情绪的问题时，可对坚持该想法的正面和负面的结果进行对比（即对坚持该信念的成本和效益进行分析），然后再选择坚持该信念还是用新的信念来取代。

3）检查证据

通过收集支持或反对某一想法真实性的证据，衡量支持和反对所占的比重，比较所得的结果。

4）辩护律师

挑战自己的想法时，可以想象自己被带到一次审判中，在过去几天里，原告（导致自己困扰的想法）一直在起诉自己，现在自己的任务是扮演辩护律师，必须抨击这些证据，质疑原有想法的可信度和逻辑，为自己辩护。

5）区别行为和人

检查个体自我批评的想法，确认是否真正应该讨论的是个体的某些行为，而不是用整体性用语给自己贴标签。

6）用行为来处理负性想法

针对自己所面临的问题，制作一份完成该事件应该做的和不应该做的事情的清单，也可以列出困扰自己的事件，再列出一些能够做到并且可使情况变得好些的事情，然后去行动。

4.2 情绪的行为调节技术

1）肌肉放松训练

找一个舒服的姿势，让自己有轻松的感觉，如靠在沙发上或躺在床上，要在安静的环境中练习，光线不要太亮，尽量减少无关的刺激，保证放松训练的进行。

每一部分肌肉放松训练都可分为以下 5 个步骤：集中注意—肌肉紧张—保持紧张（可以在心里数 20～30 秒，边数边增加紧张的力度）—解除紧张—肌肉松弛（可伴以深呼吸）。

放松顺序：手臂部→头部→躯干部→腿部。

伸出右手，握紧拳，紧张右前臂；伸出左手，握紧拳，紧张左前臂。

双臂伸直，两手同时握紧拳，紧张手和臂部；皱起前额部肌肉，似老人额部一样皱起；皱起眉头皱起鼻子和脸颊（可咬紧牙关，使嘴角尽量向两边咧，鼓起两腮，似在极度痛苦状态下使劲一样）；耸起双肩，紧张肩部肌肉，挺起胸部，紧张胸部肌肉，拱起背部，紧张背部肌肉；屏住呼吸，紧张腹部肌肉；伸出右腿，右脚向前用力像在蹬一堵墙，紧张右腿；伸出左腿，左脚向前用力像在蹬一堵墙，紧张左腿。

2）深呼吸放松法

呼吸放松法是一种更为简便易行的放松技术，不需要任何条件，在各种特殊场合均可自行练习。对于那些容易紧张，一时想不起该怎么办，当时又没有条件慢慢练习上述放松过程的人，学会此法可备不时之需。

具体做法是：双脚站定，双肩下垂，闭目，然后慢慢地做深呼吸。可以自己配合呼吸节奏默念："深深地吸气—缓缓地呼气，深深地吸气—缓缓地呼气。"如此反复，直至感觉紧张减轻为止。平时可以多练习，直到运用自如。

3）静　坐

开放式：心中不做任何期待，完全以一种纯然空无的心态，去迎接任何进入心灵的新经验。其基本方法是：开始静坐时，不将任何问题带入头脑中，不求任何目的，不加任何控制，使自己的意识像飞鸟一样掠过天空，像波涛勇气的海面一样自然，随遇而安，只需保持感觉，身心便可获得放松。

专注式：静坐时将意识活动专注于眼前的一个目标物，借此达到暂时排除环境中外在刺激、达到忘却自我、忘却一切烦恼的超脱境界。目标物可以是一瓶花、一炷香、墙上的挂钟等，不宜太新奇、太复杂。因为对目标的专注并非去观察分析其特征，而是借此排除干扰。

每天练习 1~2 次，练习时间宜在饭后两小时。不必急于求成，担心是否有进步，只要遵循"轻松、舒适、安静、自然"八字要诀，终会有所收获。

4）情绪的饮食调节法

（1）菠菜：赶走抑郁。

菠菜中含有丰富的镁，能使人头脑和身体放松。菠菜还富含另一种降压营养物质——维生素 C，同时也含有大量铁质和人体所需的叶酸。

（2）香蕉：减少忧虑。

香蕉中含有一种被称为生物碱的物质，可以振奋精神和提高信心。而且香蕉是色氨酸和维生素 B6 的主要来源，这些都可以帮助大脑制造血清素，减少产生忧虑的情形。如果人体内缺少 5-羟色胺则容易让人产生狂躁和忧郁情绪，而香蕉所含的 5-羟色胺比较高，所以适量食用香蕉有利于大脑神经的宁静和愉快。

（3）鸡蛋：告别昏睡。

如果大脑反应缓慢，昏昏欲睡而无法集中注意力，那么就吃上几个鸡蛋。鸡蛋中富含胆碱。胆碱是维生素 B 复合体的一种，有助于提高记忆力，使注意力更加集中。鸡蛋内还含有人体正常活动所必需的蛋白质，令人轻松度过每一天。

（4）燕麦：摆脱焦虑。

坚持每天早上喝一碗麦片粥。燕麦中富含维生素 B，而维生素 B 有助于平衡中枢神经系统，使人安静下来。麦片粥还能缓慢释放能量，使人不会出现血糖忽然升高的情况。

（5）深海鱼：快乐的源泉。

研究显示，全世界住在海边的人都比较快乐和自信，愿意与人交往。这不只是因为大海让人神清气爽，最主要是他们把鱼当作主食。鱼油中的 Omega-3 脂肪酸和常用的抗焦虑性的社交恐惧症药如碳酸锂有类似作用，能舒缓人的紧张神经，使人的心理焦虑减轻，产生愉悦的心灵感受。通过对不同国家进行的调查和比较研究，在鱼类消费量多的国家，抑郁症的发病率往往较低，杀人、自杀的发生率也较低。

（6）全麦面包：振奋精神。

谷类中含微量矿物质硒，有振奋精神的作用。

（7）鸡肉：恢复协调。

硒的摄取能够帮助人恢复协调性。而在我们日常的食物中，鸡肉是硒的一个重要来源。

（本专题由王红梅撰稿，杨明提供案例）

参考文献

[1] 冯正直. 大学生心理素质教育[M]. 重庆：西南师范大学出版社，2004.

[2] 吉峰. 大学生心理卫生教程[M]. 东营：中国石油大学出版社，2001.

[3] 聂振伟. 大学生心理健康教程[M]. 西安：陕西科学技术出版社，2005.

[4] 李振荣. 大学生心理健康教育与训练[M]. 郑州：黄河水利出版社，2006.

[5] 徐黎玲. 高校心理健康教育工作体系的构建及运行机制[J]. 洛阳大学学报，2006，21（3）：108-111.

[6] 陶蓉. 构建多元化的大学生心理健康教育体系[J]. 惠州学院学报（社会科学版），2005，25（5）：92-97.

[7] 陈先建，胡鹏程. 构建高校大学生心理健康教育综合工作体系的实践和探索[J]. 乌鲁木齐职业大学学报，2005（2）：127-130.

[8] 杜继淑，王飞飞，冯维. 大学生情绪管理能力与心理健康关系研究[J]. 当代青年研究，2007（10）.

[9] 罗诚. 高校秘书人员情绪管理探析[J]. 高教论坛，2009（3）.

[10] 王大华. 防御机制的年龄，性别与方位差异[J]. 心理科学，1998，21（2）：131-135.

[11] 王飞飞. 大学生情绪管理能力与心理健康的关系研究[D]. 重庆：西南大学，2006.

[12] 展宁宁. 大学时情绪调节策略与人际关系困扰及生活满意度的关系[J]. 石家庄学院学报，2010，12（6）：115-120.

[13] 张进辅，徐小燕. 大学生情绪智力特征的研究[J]. 心理科学，2004（2）.

[14] 赵俊萍. 论当代大学生的情绪管理[J]. 太原大学教育学院学报，2008（4）.

[15] 格里格，津巴多. 心理学与生活[M]. 王垒，等. 译. 北京：人民邮电出版社，2003.

专题 7　顺应环境，随机应变：适应能力

【引　子】

牛津大学校长卢卡斯曾说过："当你上大学的时候，要时刻注意有 3 个目标要实现，一要学会怎样去推理，从而可以顺利地解决你从来没有遇到过的问题；二是当你做错事情时，你应该知道怎么去处理；三是一定要使你的心灵发生变化，使你的思维方式发生变化，如果上了大学心灵还没有改变，那么大学就算白上了。"

大学阶段是飞行学员从以学习为主到以工作为主的过渡和准备阶段，是学生人格完善、身心发展的重要阶段，也是飞行学员全生命周期人力资源开发与管理的重要阶段。适应能力是飞行学员心理健康状况良好的一项基本标志，也是他们必备的心理素质。飞行学员对大学环境适应的好坏，不仅影响其学习质量和生活质量，也影响未来的飞行工作和生活。

1　案例分析

案例 1：不能适应变化和挫折陷入焦虑、自责和痛苦之中

小伟，是一名飞行技术专业大三的学生，来自一个普通的农村家庭。他长相斯文，但充满了沮丧的表情和落寞的眼神，话不多，语速很慢，少了这个年纪应有的活力。

他在中学时代就向往飞向蓝天，通过努力学习进入了飞行学院，在理论学习阶段也非常努力，顺利地通过了各科理论考试和执照考试，信心满满地朝着自己的梦想一步一步靠近。然而，在飞行技术考核阶段却没有通过，蓝天梦就这样止步了。最初，小伟整整一周都无法接受现实，将自己一个人关在宿舍，不和他人来往。老师和同学也对他进行了关心和安慰。"家人对我充满了期望，我让他们失望了，我怕他们难过"，小伟一直不敢把停飞的事实告诉家人。看到同组的同学都通过了，自己的自信心遭受到了深深的打击："我觉得自己太无能了。"在接下来的时间里，小伟面临着要重新选择专业。在这个重大转折上，他不知道何去何从，最后还是将这个事实告诉了父母。父母的安慰反而让他更加难过和自责。在这段时间里，焦虑、自责、沮丧的情绪一直围绕着小伟，他郁郁寡欢，失眠，没有食欲。也不和同学来往，走在路上看见同学就回避，害怕同学提起停飞的事情，也无心学习。每天一个人的时候，想

的最多的就是：未来我应该何去何从，我的蓝天梦就此终结了，我已经看不到未来了，我的生命已经没有意义了。无论是家人还是同学的安慰，都无法让他得到缓解。小伟感到很难受，又不知道如何缓解情绪，充满了无助，因此希望通过心理咨询得到答案。

资料来源：中国民用航空飞行学院大学生心理咨询中心咨询师手记。

案例2：学习适应性不良，考试压力过大，患得患失陷入困惑与痛苦之中

张某，男，21岁，汉族，飞行技术专业大二学生，身高176 cm，体态匀称，独生子。他出生于华东某县级城市，父母均为市政府机关公务员。家人对他寄予厚望，要求严格。他学习比较刻苦，一直在当地排名第一的中小学校就读。初二以前学习成绩较好，初三后成绩下降，高中成绩一般，以近一本线的成绩被飞行学院飞行技术专业录取，被分在A班学习。无身体疾病，没有谈过女朋友，没有受个人感情等其他事件干扰。

张某主诉，半个多月来焦虑担忧，烦恼不安，食欲下降，失眠。白天复习时难以集中注意力，无精打采，疲倦想睡觉，但一闭眼又会想着要复习，会想自己私商仪执照考试已经参加3次，第四次再过不了就会被停飞，怎么面对亲人、朋友和同学。3月份第一次参考，以较高分数顺利通过私照和仪表执照考试，商照遇见不少新题，差几分没过。随后连续两个月参加考试，每次都差2~3分。第三次考试结束已经半个多月了，但仍不时浮现当时的考试情景。之前觉得是自己运气不好，连续遇见新题，"事不过三"，自己好好准备一下，把相对较弱的领航部分解决了，7月份一定能考过，回去过暑假。但现在对是否报名参加7月份考试却非常犹豫，这是最后一次机会，万一不过怎么办？第三次考试结束没几天就开始失眠，尤其最近几天彻夜难眠，感觉自己要崩溃了。

张某的父母都是独生子女。爷爷奶奶与姥爷姥姥都60多岁了，爷爷奶奶在市政府工作，姥爷和姥姥从事科教文卫工作，均已退休。家庭经济条件较好，在当地有着较高的社会地位。他成长在一个典型的421家庭中，家人非常关心疼爱他，全部希望和全部精力都放在他身上，希望他能够健康成长，出人头地。他参加了很多兴趣班，游泳、乒乓球、钢琴、书法、绘画，还有节目主持，尽管参加了很多，但都只是兴趣，没有特别突出的项目。

他性格外向，喜欢交朋友，对于学校的准军事化管理也很适应。在班上，他的高考总分和英语成绩属于中等，自己意识到差距，平时学习比较刻苦，也积极参加社会活动，在队里学生队当干事。第一学年下来，他的学习成绩在班上处于前列，工作成绩也得到了队里的肯定。还被选出参加党校学习，被队里列为入党积极分子。大家都知道A班执照考试早，要尽快下分院尽快训练，就要争取执照考试获得高分，排名才能够靠前。每天与同学一起去图书馆、教室复习，认真准备执照考试。但是没想到他第一次考商照就没有通过。说实话，刚开始，他一点也不担心，觉得自己运气不好，当时可能粗心了，第二次肯定能过，没想到第二次还是差2分。这次让他有点担忧，但他还是挺有信心的。随后的一个月，他全力准备，每次刷题都在95分以上，信心满满地参加第三次考试，居然又差几分！虽然遇见一些新题，自己觉得做得还可以，在提交前也反复检查计算分数，心想分数可能不高，但怎么也该有80

分，但提交显示又不过时，感到难以置信，当时就觉得大脑一片空白。不知道为什么会这样，班上同学也觉得难以理解。当天晚上他就失眠了，想了很多……

近两个星期，不知道怎么回事，他经常感到疲倦心慌、焦虑不安，失眠，也没食欲，白天复习时难以集中注意力，无精打采，疲倦想睡觉，但一闭眼又会想着要复习，会想着自己私商仪执照考试已经参加三次，第四次再过不了就会被停飞，怎么面对亲人、朋友和同学。电话里父母每次都叮嘱他要好好准备，好好复习。他觉得如果再过不了，就会让爷爷奶奶、姥爷姥姥和爸妈失望，对不起队干部和老师的期望，就会被同学朋友看不起……随着考试时间的临近，他越来越紧张，甚至开始怀疑自己的学习能力！尤其最近几天几乎就没有睡着过，吃饭没胃口，看书看不进去，做题也不能专注。又急又怕，疲惫不堪，感觉要崩溃了。他想了很多办法，也骂自己无聊，提醒自己执照考试肯定能够过，自己又不是学习能力差、平时不学习的学生，但还是睡不着、心慌。他实在没办法调节，十分着急，所以前来咨询，请求老师给予帮助。

资料来源：中国民用航空飞行学院大学生心理咨询中心咨询师手记。

案例 3：不务正业，沉迷网络游戏，学习适用性不良

刘某，20 岁的他应该是很有朝气、很阳光的小伙子。但是当他第一次找到我时，却一脸愁容，眉头紧锁，很是低沉。问其原因他告诉我："执照考试我又没过，就差 1 分，我没信心再去考了，想放弃了。"

去年 9 月，刘祯怀揣着儿时的梦想来中国民用航空飞行学院，成为一名飞行学员，开始施展自己的抱负。慢慢地他感觉到这个大学跟他想象中的大学不一样，本认为是自由自在、无拘无束的，但来到学生队报到后的准军事化管理，让他感觉处处受到了制约。从起床到睡觉都感觉被控制，这让刘某渐渐地消沉了下去，选择了一条平庸的路。

随着生活和学习的深入，他适应了现在的状态，由于大一的时候课程安排得不是很紧，课后就有了更多的时间去做自己的事情。刘某就和小伙伴参加了社团，也逐渐喜欢上了社团活动，学业就慢慢地放松了下来。刘某想着反正第一学期课程又不紧，玩一个学期也没什么，只要期末不挂科就行了。

就这样过完了一个学期，到了第二学期队里的管理重点也有所改变，没有第一学期严了，手机、电脑也可以使用了。在同学的影响下刘某一下就迷上了游戏，或是因为他的性格好强，讲究完美，玩一个游戏就要玩得最好，所以花在这上面的时间就多了，学习全靠上课的那一点时间和突击，成绩极速下滑。其间队干部也找他谈过话，也管用了几天，但是坏的习惯已经形成，不超过一个星期又会反弹，而且更加强烈。

浑浑噩噩地过了一年，到了理论学习最重要的阶段——执照考试的时候，刘某发现自己已经学不进去了，便开始自暴自弃，第一次考试的结果可想而知。看着同学们一个个都考过了，去了分院进行飞行训练，受到打击后刘某的意志就变得消沉、焦虑，后来出现了失眠的症状。想静下来看书，但看一会儿就心慌，注意力集中不起来。后来在同学们的帮助下，第

二次考试通过了两科，第三科就差了 1 分，这时刘某的情绪有所缓解。想着第三次一定能过，但事与愿违，第三次考试又只差了 1 分。对此刘某耿耿于怀，过不去自己的槛，茶饭不思，情绪再次反复。最后说出"我没信心再去考了，想放弃了"的自暴自弃之语。

资料来源：中国民用航空飞行学院大学生心理咨询中心咨询师手记。

2　适应能力的内涵

适应能力是指飞行学员能够根据客观环境的需要和变化，通过不断调整自己的心理、行为和身心功能，达到与周围环境相协调的状态。从适应的对象来说，飞行学员的适应能力可划分为：学习适应性、生活适应性、人际适应性以及训练适应性。

飞行学员从高中步入大学，会面临很多适应问题，但大学适应问题并不是第一年才会出现的，而是伴随着整个大学阶段。在理论学习阶段，飞行学员主要面临学习适应、生活适应和人际适应问题；在下分院训练阶段，学生主要面临训练适应、人际适应、生理适应等问题。

3　学习适应性

学习是个体适应环境并与环境保持动态平衡的重要手段。一方面，学习可以促进飞行学员生理结构的生长、成熟；另一方面，可以促进飞行学员心理的发展，使飞行学员从一个生物实体发展成为一个能适应社会生活的社会成员。对于飞行学员来说，飞行是一份需要终身学习的职业，理论知识和技能的提升都需要不断地学习。

3.1　大学学习的特点和规律

3.1.1　学习内容上的特点

1）专业化程度较高，职业特点鲜明

飞行是一份理论知识与飞行实践相结合的职业。飞行技术专业的课程大多根据飞行职业的需求设计，包括飞行原理、飞行性能、航空气象、领航学、陆空通话等，专业化程度较高，职业特点鲜明。飞行学员必须对飞行理论进行深入学习，才能为接下来的飞行实践奠定坚实的基础。

2）实践经验丰富，对动手能力要求高

由于飞行技术专业的职业定向性较强，必须根据 CCAR-121 部运行的航空公司对飞行员的入口需求标准实施飞行训练。训练课程分为地面课、模拟机/训练器课和飞行课 3 种，对飞行学员动手能力要求很高。

3）学习内容广而不深

许多飞行学员上大学后明显感觉到学习内容增多,课程数量及内容远远超过了高中阶段。除第一学期的基础必修课外,第二学期就开始上专业课程。专业课程所涉及的范围较广,但大部分课程内容不难,一些数学原理、力学原理只需要飞行学员初步理解并不要求深入。

3.1.2 学习方法上的特点

1）以自主学习为主

中学时期的课程安排得非常详细,学生学习是在老师的直接组织和指导下进行的,主要靠理解记忆和重复训练。进入大学后,每周专业课的排课并不多,更多的是让学生自学,对其自觉性的要求很高。

飞行学员应清醒地认识到自己肩负的责任和学习的意义、价值,明确学习目的,端正学习态度,做到不需老师的监督就能自觉地、孜孜不倦地学习和思考。

2）课堂学习与课外学习相结合

课堂学习虽然还是飞行学员学习的主要途径,但图书馆丰富的文献资源、学院组织的各种学术报告和讲座,教师的各种科研教研活动,参加学生会和社团,参与相应的社会实践等也是飞行学员课外学习的途径。

3.2 飞行学员常见的学习适应问题

1）学习动机过强或过弱

飞行学员入校前是经过严格的体检和层层筛选出来的,大多比较珍惜学习机会,加上社会对飞行职业的评价较高,因此大多数飞行学员的学习动机较强,但仍有部分学生存在学习动机过强或过弱。学习动机过强的学生急于通过飞行训练考核或考到高分,反而达不到很好的效果;学习动机过弱的学生贪图享乐,认为上大学后就得好好放松,很少自主学习。

2）对飞行专业不感兴趣

有些飞行学员上大学前不了解飞行技术专业,选择这个专业只是顺从父母的意愿,看重飞行职业的社会地位和经济预期。但随着时间的推移,慢慢了解这个专业后,可能发现自己对飞行专业没有浓厚的兴趣,不喜欢听专业课程,有时甚至逃避上课而去做自己喜欢的事,甚至想转专业。

3）自我监控能力差

有些飞行学员自我控制能力差,很少安排时间自主学习,即使学习效率也不高。偶尔树立目标,但保持时间不长或根本没有明确的学习目标,容易受别人影响参加各种娱乐活动(打游戏、打牌等),以致荒废了学业。

4）学习态度不端正

有些飞行学员认为考试只要过关即可，秉持"60分万岁，多1分浪费"的错误观念，认为考试只要不挂科就行，没有明确的学习目标和职业生涯规划，导致其学习积极性偏低。

5）自我效能感较低

有些飞行学员每天都在学习，依然感到自己学习成绩不突出，体验不到学习带来的满足感，慢慢丧失了对学习的激情和勇气。

3.3 解决学习适应问题的对策

在实际的学习生活中，飞行学员要努力从以下方面调整自我，制定目标，积极行动，发展和提升自己。

1）正确认识学习

无论是飞行理论还是飞行技能的提升，都需要不断学习、不断累积。学习的意义在于在学习过程中不断优化自己，完善自己。学习动机过弱的学生，需要认识到在这个竞争激烈的社会脱颖而出靠的是真本事，为了避免被淘汰，应该不断学习提高自己的竞争力。学习动机过强的学生，需要结合自己的实际情况制订学习计划，不要盲目和其他同学攀比，要认识到学习成绩的重要性，符合自己实际情况的学习更重要，对学习成绩要有正确的认识，并认识到学习成绩不能说明一切。根据自己的实际情况努力学习，做最好的自己。

2）培养专业学习的兴趣

选择了飞行技术专业就要脚踏实地地认真学习，要摒除己见，或许飞行专业不是自己真心喜欢的专业，但也不一定就是错误的选择，应充分了解自己的特长，了解自己的专业，培养对专业的学习兴趣。

3）正确调控自我

人贵有自知之明，自知是在认识自己的基础上调整自己。认识自我是每个飞行学员学习生活中必不可少的部分。了解自己的优势与劣势，取长补短，不断挖掘和发挥自己的潜力，不断自我优化与调节。

4）合理制订学习目标和计划

目标是指引一个人前进的罗盘，没有目标就好像没有罗盘的船漂泊在沧浪中，人生就是在不断制定目标和实现目标中前进的。具体而言，飞行学员需要根据实际情况制定合理的学习目标，把大目标分解为小目标并逐一实现。在自我认知的基础上，根据自己的专业特长、知识结构，结合社会环境，对将来要从事的飞行职业以及要达到的职业目标做出方向性的规划。

3.4 掌握有效的学习方法

有效的学习方法能事半功倍。前人曾说"学而不得其法，则反受其蔽"，这说明了学习方法的重要性。那么，如何探寻适合自己的学习方法呢？

1）端正学习态度

大学的课程可以分为专业课、公共课和选修课 3 种，飞行学员对专业课的学习目标应明确具体，不断提高学习兴趣，主动克服各种困难，尽力把专业课学好。对于选修课，不要仅仅停留在浅层的了解和获知上，更要杜绝为了高分而选修某些课的情况，要以自身兴趣为主，把它视为扩充自己知识面的良好机会，学习更多知识。对于公共课，要认识到其实用价值，上课认真听讲，打好坚实的基础。

2）善于把握学习过程的各个环节

在大学学习中要把握的几个主要环节是预习、听课、复习和总结、做作业和考试。把握住这些环节，能为有效获取知识打下良好的基础。

（1）预习。老师讲课的速度很快，每次上课，老师都讲新内容，如果不提前预习会感觉每节课都在"坐飞机"。课前先预习，对老师要讲的内容有大致印象，把不理解的问题记下来，听课时有针对性地听，既能提高学习效率，又能节省学习时间。

（2）听课。上课时集中精力、全神贯注，对老师强调的要点、难点认真做好笔记。课堂上争取听懂老师所讲的内容，并认真思考、消化吸收，将其变成自己的东西。

（3）复习和总结。认真整理课堂笔记，对照课本和参考书，进行归纳和补充，把握每个知识要点的来龙去脉，形成系统的知识能力体系。

（4）做作业和考试。做作业是为了消化、巩固知识，考试是检验对所学知识掌握的程度，它们都能起到及时找出薄弱环节从而加以弥补的作用。做作业要举一反三、触类旁通，要养成良好习惯。对考试要有正确态度，不作弊、不单纯追求高分，把考试当作检验自己学习效果和培养独立解决问题能力的演练。

在学习中把握好这几个环节，积极思考，在理解的基础上记忆，运用思维导图，构建自己的知识体系，及时消化和吸收，才能够事半功倍。

3）善于在生活中学习

孔子说，"三人行，必有我师焉"。每个人都有长处，要善于学习别人的优点，弥补自己的不足。多向飞行经验丰富的师父和师兄请教，仔细体会他们的学习方法和经验，并根据自己的实际情况有效模仿，也能取得不错的效果。同时，多读一些优秀文学作品，多参加社团活动、英语角等，争取提高自己各方面的能力。

4 训练适应性

对低年级的飞行学员来说，训练适应性主要指飞行前适应性训练，如飞行专门器械训练、长跑训练等。对高年级的飞行学员来说，训练适应性主要指需要通过检查和考核的模拟机训练、真机训练。

4.1　飞行前适应性训练

1）飞行专门器械训练

悬梯、固定滚轮、活动滚轮是根据飞行特点专门设计的，具有速度快、节奏和方向变换快的特点，动作有旋转、回环、上下波动及其组合等，对于增强飞行学员心血管系统功能、前庭机能，降低前庭神经细胞的敏感性，提高飞行学员空间定向能力、手-眼-脚协调能力、平衡能力、抗晕能力、抗荷能力有重要作用。

悬梯、固定滚轮、活动滚轮等项目具有难以操控性和风险性，飞行学员要有充足的心理准备，在情绪状态良好的情况下，掌握动作要领，控制机械，在训练过程中保持情绪稳定，才能顺利完成这些项目的练习。

2）长跑类训练

飞行学员体育方面需要进行 3 千米或 5 千米长跑训练。长跑类运动的特点是持续时间长，运动负荷大，有氧代谢机能旺盛，超量恢复水平高。长期坚持田径项目的练习能促进飞行学员感知能力的发展，优化个体中枢神经的兴奋和抑制过程，促进大脑皮层神经过程的均衡性和灵活性，增强对环境的判断分析能力，提高大脑反应的灵敏性，有利于机体适应长时间紧张飞行的需要，从而提高飞行耐力。因此，飞行学员应积极参与长跑类训练。

4.2　飞行训练适应

从航空心理学的角度来看，人很容易犯错，即使扳动一个简单的开关，即使重复几千次、上万次也还是会出错，这也是一些飞行事故发生的内在原因。据有关资料统计，因飞行员的个人因素而发生的事故，约占全部飞行事故的 60%～70%。目前，很多国家对造成人为错误的基本原因进行了深入研究，普遍认为，飞行员的生理、心理因素是造成人为错误的主要原因。而良好的飞行心理品质不是一朝一夕就能形成的，而是要经过长期的飞行实践来锻炼和改造。如果具有良好的心理适应能力，便能够与新环境建立融洽和谐的关系，从而不断实现自己的目标，同时保持心理的平衡；反之，如果没有良好的心理适应能力和调整能力，很可能造成诸多心理和行为上的负面效应，产生飞行安全隐患。

1）给自己恰当的定位

对高年级的飞行学员来说，要找准自己的位置。自己是从理论走向实践需要不断提升的学生，在新的环境中，清晰、客观的自我认知，包括对自己的生理、心理特点、社会角色的认识程度和接纳程度的正确认识，决定了飞行学员能保持健康的心态和适当的言行。一个人对自己的特点、优势、不足认识得越透彻，就越能在学习中扬长避短，快速成长。

2）全身心投入学习和训练

对高年级的飞行学员来说，下分院后就是一个准飞行员了，要以飞行员的职业标准要求自己，全身心投入学习和训练。对飞行理论、经验的学习，是一个漫长而枯燥的过程，应该以掌握飞行所需的职业技能为目的，主动投入飞行训练中，把飞行当作一门科学来学习，全身心投入，主动设立训练目标，享受学习、进步的满足感。遇到疑难问题时，及时向教员请教，和同门师兄弟交流，并在实践中不断积累飞行经验，这不仅关乎飞行技能的学习，也关系到平时训练的幸福感。

3）掌握不同时期的学习方法

飞行技能的养成具有一定的规律。在训练初期，可以把飞行技能动作分解成一些比较简单的单项动作进行练习，如起落航线学习，可分为起飞、上升、建立航线、目测着陆和滑跑等，而每个步骤又可进一步加以分解，如起飞动作可分解为加油门、拉杆抬前轮、用舵保持滑跑方向等单项练习。

训练中后期主要考察复杂的飞行技能，是各个动作之间的有机结合和对各种信息进行综合判断的过程，如在练习完整的目视着陆动作时，并不是看地面、收油门、拉杆、用舵等单个动作的机械联结，而是各种相应的心智技能之间、各种单一动作之间以及相应心智技能与相应动作技能之间的有机协同。因此，后期主要结合心智技能与动作技能进行训练。为了提高飞行的决断敏捷性，飞行学员必须加强专业知识和经验的积累，形成合理的知识结构。专业知识和经验能使飞行学员快速准确地觉察并明白眼前的情景，有助于清晰思路、判明情况。丰富的专业知识和经验能在飞行学员的脑海中储备更多的"意识本能"，使飞行学员能迅速形成恰当的解决方案，拿出处理办法，对各种情况做出快速反应，在实际的飞行中配合好机组。

4）克服训练中的不良情绪

（1）过度紧张情绪。过度紧张情绪在刚下分院的飞行学员上体现得最明显。当人处在紧张状态时，全身的肌肉都会变得紧张，进而引起身体上的各种反应：脸红、心跳、额头和手心出汗、手发抖、身体僵硬或颤抖等。紧张过度甚至会出现晕机、行为倒转等现象，干扰心理过程和飞行动作的协调性，对飞行训练十分不利。

缓解身体紧张的最有效方法就是，学会在紧张反应时进行放松，如闭上眼睛以一个舒适的姿势坐着，想象自己的身体逐渐发沉和放松；用鼻子吸气，并把注意力集中于吸气过程，呼气时，注意内心感受，并且呼吸要自然、放松。

（2）骄傲自满情绪。个别飞行学员盲目乐观，骄傲自满，认为自己已掌握了飞行技术，看不到自己的不足，导致学习进步很慢，也在训练时埋下了安全隐患。产生这种情绪的原因在于，这部分飞行学员对自己没有正确的评价，对自我要求不高，也很少与周围优秀同学进行比较。因此，正确认识自己，积极调整自己的心理状态尤为重要。

（3）松懈情绪。13小时筛选过后，一些飞行学员会产生松懈情绪，认为自己不会有被淘汰的风险，于是训练积极性降低。对这种情况，飞行学员应制定清晰的训练目标，对自我、未来职业发展等做出正确评估，脚踏实地地从胜利走向胜利。

5 人际适应性

人际关系，是指在社会生活和实践活动中，通过交往形成的人与人之间的心理关系，具体表现为交往双方在人际认知、人际互动和人际监控行为中彼此寻求满足需要的心理状态。人际交往对于满足学生交往的需要，维护心理健康，促进个性发展，促进社会适应，加快信息交流，促进个体成长有重要意义。

5.1 人际关系的心理结构

人际关系由认知、情感和行为 3 种心理成分构成。首先，认知成分反映了个体对人际关系状况的认识，是人际关系知觉的结果，是人际关系形成、发展和改变的基础。其次，情感成分是交往双方在情感上的满意程度和亲疏关系，是与人的交往需要相联系的一种体验，反映出个体对交往现状的满意程度。最后，行为成分是指交往双方外显的行为表现，如语言、手势、举止、风度、表情等表现个性和传达信息的行为因素，是建立和发展人际关系的交往手段与形式。

5.2 飞行学员人际关系的类型

1）师生、师徒关系

有研究表明，飞行专业大三的学生更关注与飞行教员之间的关系。在对飞行学员进行访谈和日常观察的基础上，发现飞行学员与教员的人际问题主要包括以下几个方面：一是某些学生性格内向，不愿意也不主动和教员沟通；二是某些教员很严厉，飞不好的学生感到心理压力很大；三是对于少数爱撒谎和性格不太好的学生，教员感到很难带。

2）同学关系

这种关系以专业学习为基础，是飞行学员最重要、最基本、最稳定的人际关系之一。飞行学员尤为重视同学关系，更愿意以同学的行为作为参照标准，更在意同学对自己的评价，更看重同学的肯定和认可。对于高年级的飞行学员而言，由于飞行教员要带一个小组，除了同批同学，还有同门师兄弟，被同龄人和身边的团体所接纳是建立归属感的重要途径。飞行学员在人际交往中更注重情感成分，希望把同学发展成朋友，不管是一般朋友还是知心朋友，当自己遇到困难和挫折时都可以找朋友倾诉、解决。在同学关系中，竞争和友谊是结伴而行的，飞行学员要学会在竞争中发展友谊，在友谊中促进竞争，显示出大学生奋发进取、积极向上的精神面貌。

同学关系中的室友关系是时空充分接近的人际关系，不管在学习、生活或其他活动中，室友都是接触较多的人。由于个体性格、生活阅历、行为习惯不同，存在较大差异的室友可能发生纠纷和矛盾。例如，迟睡或早起的学生与入睡困难的学生之间，乱放杂物的学生与爱干净的学生之间，喜欢热闹气氛的学生与喜欢安静环境的学生之间，都可能产生误解、讨厌、反感或敌视。

3) 恋人关系

可以说，飞行学员都有与异性交往的强烈愿望和真实需要，能够轻松自然地同异性交往是飞行学员人际交往能力的重要体现。刚入校时，飞行学员会发现飞行技术专业几乎全是男生，会在一定程度上感到不适应。随着时间的推移，社交圈子的扩大，慢慢与空管、空乘、机场专业的女生接触后，会开始正常的异性交往，部分飞行学员会开始谈恋爱。在恋爱问题上，一些飞行学员会出现恋爱动机不纯、恋爱态度不认真、恋爱行为不理性等问题。因此，正确认识和评价自我，理解爱情的真正含义，严肃认真地对待恋爱，提高恋爱抗挫折能力是飞行学员的必修课。

5.3 飞行学员人际沟通不适的表现

1) 不敢交往

飞行学员怀着美好的憧憬走进大学，因为有强烈的自尊、认同和归属的需要，希望从与人的交往中获得感情的共鸣。但是，由于刚入学，对其他同学比较陌生，性格内向的飞行学员不愿意轻易表露自己，和周围同学的关系不远不近，不太容易融入集体中。由于交际能力欠缺，本能地畏惧交往，缺少勇气和信心去主动与别人交往。

2) 不善交往

这部分学生渴望交往，但由于交往能力有限、方法欠妥或个性缺陷、交往心理障碍等原因，致使交往不尽如人意，很少有成功的体验，他们往往感到苦恼、空虚、迷茫和失落，很希望改变社交状况。

3) 不利交往

现在的飞行学员大多数是独生子女，常常以自我为中心，不懂得照顾他人感受，但宿舍集体生活不可能像一个人生活那样自由，因此这类学生容易在集体生活和与他人相处时产生矛盾。

4) 不愿交往

这部分学生缺乏与人交往的愿望与兴趣，他们自我封闭，孤芳自赏或有一定的怪僻，有的只顾埋头学习，在日常生活中缺少朋友。

5) 缺少知心朋友

这部分飞行学员通常能正常交往，人际关系也不错，但自感缺乏能互诉衷肠、同甘共苦的知心朋友，因此有时会感到孤独和无奈。这个问题的很大一部分原因是大学生的自我保护意识较强，在交往中只追求广度而不追求深度。这个问题在人际交往中比较常见，有时不免感到孤寂和无奈。

6）与他人交往平淡

这部分学生能与他人交往，但总感到与人相处的质量不高，缺乏深厚友谊，没有关系比较密切的朋友，多属点头之交，没有人值得他牵挂，也没有人会想念他，他们难以保持和发展良好的人际关系。这类学生多会感到空虚、迷茫、失落。

5.4　飞行学员人际关系沟通存在的问题

飞行学员难免会在人际关系中遇到很多不同的问题，认真去了解和认识这些问题，才能避免或减少问题。

1）自我认知偏差

心理健康的飞行学员应该正确客观地认识自己，评价自己。部分飞行学员在认知上存在两种偏差：一是过高评价自己，妄自尊大；二是过低评价自己，妄自菲薄，忽视自我存在的价值。自我评价过高的飞行学员只看到自己的优点，看不到别人的优点，只会让同学避而远之；自我评价过低的飞行学员看不到自我存在的价值，与人交往倍加小心，缺乏自信心，也会影响同学间的正常交往。

2）不良情绪影响人际关系

情绪是人对客观事物的态度体验和相应的行为反应，又称情感的外在表现。有些飞行学员在产生不良情绪后，既不会恰当表达，又不能采取积极正向的方式适当调控。长此以往，负面情绪越积越多，不但会给自己带来身心疾患，还会严重破坏人际关系，给人际交往带来恶劣后果。

3）不能恰当表达自己的想法

人际交往中最基本的、使用最多的手段就是语言、动作交流，无论是陈述思想、观点，还是表达情感、愿望，都离不开语言和动作。有些飞行学员会因为语言障碍、舆论障碍、心理障碍等不能正确表达自己的想法，导致遭到别人的误解甚至嘲笑。这种误解发生的多了，会使飞行学员的心理受到严重的打击，导致他们不愿与人交往，越来越孤僻。

4）不良的个性特征影响人际关系

个性又称人格，是指一个人身上经常、稳定地表现出来的不同于他人的心理特点的总和。不良的个性特征主要有自私自利、虚伪、爱面子、苛求别人、报复心强、嫉妒心强、孤独固执等。

有的飞行学员在与别人交往时处处为自己着想，只关心自己的需要和利益，强调自己的感受，把别人当作达到目的、满足私欲的工具；不尊重他人的价值和人格，漠视他人的处境和利益；在交往中目中无人，与同伴相聚时，不顾场合，也不考虑别人的感受。这种人在人际交往中，缺乏对自己的正确认识，无论他们多么精明，也难以与他人建立牢固、持久、良好的人际关系。

有的飞行学员很爱面子，在很多小事情上都不肯低头，非常固执，在人际交往中往往让人感到难以相处。

有的飞行学员自己做不到的却要求别人做到，当别人达不到自己心中预想的结果时就会产生心理落差，不愿意与别人交往，会让别人厌恶。

5.5 解决对策

"一个人成功 15%靠专业知识，85%靠人际关系与处事技巧"，这句话虽然有点夸张，但也形象地说明了人际关系的重要性。大学是最后一次置身于相对宽容，可以在其中学习为人处世之道的理想环境。在这个环境中，把握人际交往的原则，掌握人际交往的艺术，努力增强自己的人际吸引力，个体则能够拥有和谐的人际关系。在日常的学习和生活中，可以运用以下交往原则：

1）正确认识自己

这是交往的前提与良好的开端，飞行学员要加强对自身的了解，尤其要了解自身的个性特点，客观公正地评价自我，提出切合实际的目标，明白自己交往的目的是什么，交往到什么程度等，并在此基础上控制自己的行为和交往。同时要多看书，积极与同学交往，增加交往经验，形成对他人及社会的正确认知。

2）平等待人，真诚待人

平等是建立良好人际关系的前提。在交往中要互相尊重，尊重彼此人格、爱好、风俗和习惯。真诚是做人之本，是美好品德的体现。真诚待人是人际交往中最有价值、最重要的原则。人之相识，贵在坦诚。飞行学员无论与什么人交往，都要摒弃虚伪，真诚相待，言行一致，信守格言，这样才能赢得别人的尊重，才能延续交往，使人际关系得到巩固和发展。

3）掌握人际交往的艺术

首先是语言艺术，必须具备一定的语言表达能力，说话时要称呼得体，注意礼貌，用词准确，善于交谈，要懂得如何表达才能最大限度地达到人际交往的目的。其次是非语言艺术，要掌握和运用好眼神、手势、面部表情、姿态等肢体语言，巧妙地表达自己的思想感情。

在交往中要选择恰当的称呼，要注意听说结合，要能记住别人的名字；谈话时态度要诚恳、适度，待人真诚；要学会倾听，注意倾听他人讲话；要善于发现和承认他人价值，学会赞赏别人；多微笑，转移话题要巧，谈吐幽默，但内容不能有损他人的自尊心。同时，还要特别注意倾听、赞美、道歉、拒绝和致谢。

4）优化个人形象

第一，努力建立良好的第一印象，与人交谈时要真诚地对待别人，做一个耐心的倾听者，谈符合别人兴趣的话题，以真诚的方式让别人感到他很重要。第二，提高个人的外在素质，恰当修饰自己的容貌，扬长避短，注意在不同场合下选择适合自己的服装，形成独特的气质和风度。第三，培养自信、谦虚、积极、努力、宽容等良好的个性特征，这是一个理想伙伴不可缺少的内涵。

5）乐于交往，多参加集体活动

大学不同于高中阶段，师生、同学之间的交往内容和形式都有很大的差异。飞行学员应以积极乐观的心态加入人际交往中，大胆实践，培养交往能力。要主动与人接近，乐于与人交往，在交往的过程中主动、热情、友善。此外，还要积极参加集体活动，获得展现自我、锻炼自我的机会，为人际交往提供良好氛围。在活动中，加深同学之间的了解，增进友谊，消除嫉妒与猜疑，从而促进人际交往的健康发展。

6 生活适应性

据调查，许多飞行学员都是独生子女，离开自己熟悉的家乡，一个人在外求学，远离了父母、长辈的悉心照料，在生活方式、生活习惯等方面都需要适应。在上大学前，这些独生子女对父母有较强的依赖心理，缺乏独立生活的能力。衣服要自己洗，公共卫生要轮流打扫，食堂的饭菜又难以下咽……这是很多独生子女进入大学后最直接的感受。

大学是一个培养人独立生活能力的地方。飞行学员应具有独立思考和处理问题的能力，在生活的实践中去培养和锻炼这种能力，只有尝试着独立去解决问题，才能发展自己的自立能力。

6.1 飞行学员常见的生活适应问题

1）生活环境转变不适应

四川高校新生入学心理普查时的结果表明，新生中约有30%的学生认为生活环境转变得太突然，一时难以适应。没有了父母的唠叨，没有了老师的谆谆告诫，没有了熟悉的同学，打水、扫地、洗衣服、打扫卫生等原本自己从不需要考虑的事成为生活中必不可少的一部分，从来不是问题的事现在成了问题。在这样的环境中，有些飞行学员怕父母担心，心情不好时只能闷在心里；有些飞行学员表现出睡眠障碍，感到很困扰。

2）集体生活不习惯

由于现在的飞行学员中以独生子女居多，一些同学以前没有住过集体宿舍，缺乏集体生活的经验，很难适应一个宿舍住4~8人的状况。床铺狭小，不同的人睡觉习惯不同，而且每天要整理好内务，打扫公共卫生，总感觉有很多事要处理，不适应的学生会感觉睡眠质量受到严重影响。

3）"准军事化管理"方式不习惯

飞行学院对飞行学员实行的是严格的"准军事化"管理，贯穿于日常生活的各个细节并且要求严格，譬如按时起床、早操和就寝，列队进入公共场所（教室以及会场），外出需要请销假等，让很多学生感到上了大学后还是要被束缚，没有得到期望中的自由。

4）水土不服、饮食不习惯

许多飞行学员第一次离开家会产生诸如水土不服、饮食不习惯等问题，特别是四川的饮食口味偏重偏油，与北方有明显的饮食习惯偏差，以致一些新生常常感到无从下口，从而产生苦闷、烦恼、忧愁等不良心理反应。

6.2　解决对策

1）培养自立能力

既然选择离开父母到中国民用航空飞行学院（四川广汉）求学，就应做好独立奋战的准备，要有信心说"没有父母的照顾，我依然能生活得很好"。飞行学员入校后，一是要尽快熟悉校园环境，熟悉学校各处情况，如了解教室、图书馆、食堂和商店在什么地方，图书馆什么时候开闭馆，如何办理饭卡等，这些都要在短时间内了解清楚。这样在办理各种手续解决问题的时候，就会更加顺利，更节省时间。二是多向高年级的同学请教，直接向高年级的同学请教是熟悉校园生活最快捷的方法。一般来说，多数高年级的同学都比较愿意把他们的经验传授给新生，以帮助他们尽快适应校园生活，尽量少走弯路，当然向同乡请教也是一个不错的选择，共同的家乡背景能够让彼此迅速地熟悉并开始交往。三是在班级中负责一定的工作。在班级中担任一定的工作，能够更多地与老师和同学接触。与同学接触得越多，掌握的信息越多，锻炼的机会就越多，自立能力也能越快提高。

大学生活中好多东西跟以前不一样，想尽快适应，就要养成独立生活的习惯，尤其是要处理好饮食、睡眠、学习和活动。因为这不仅影响学生学习，还对学生的身体有很大影响。

2）合理安排时间，使效能最大化

在学习之余，飞行学员应有丰富多彩的课余生活，因为课余生活也是增长知识和才干的重要途径。例如，多参加运动会、篮球和足球比赛、歌手大赛等文体娱乐活动，积极参加各种学术讲座、知识竞赛和各类志愿者活动、勤工俭学活动等。

3）处理好与舍友的关系

舍友在平时生活中接触比较多，大家一起聚餐、一起购物、一起睡觉、一起上课、一起写作业等，生活上会互相照顾和关心。尽量避免和舍友发生冲突，因为朝夕相处出现摩擦很正常，但要学会包容，多站在别人的角度考虑，正确处理和舍友的关系。

4）劳逸结合，生活规律

飞行学员在学习生活中要遵循劳逸结合的原则。良好的休息会让一个人更健康，更有活力。因而，学习后要适时休息，注意脑力劳动与体育劳动、文娱体育活动结合起来交替进行，根据自己身体机能的规律合理安排作息时间。

5）积极锻炼，增强体质

每周安排一定时间进行身体锻炼有很多好处：可以保证作息有规律，调节脑细胞的工作；可以帮助人更好地睡眠，消除疲劳；可以促进新陈代谢，改善大脑的营养状况。对于飞行学员来说，一个健康的身体尤为重要，因此飞行学员要积极锻炼身体，增强体质。

（本专题由唐迎曦撰稿，杨明提供案例）

参考文献

［1］贾晓波. 心理适应的本质与机制[J].天津师范大学学报（社会科学版），2001（1）：19-23.

［2］LIH. On the nature of learning activity（in Chinese）[J]. Exploration of　Psychology，1999，19（1）：36-43.

［3］冯廷勇，李红. 当代大学生学习适应的初步研究[J]. 心理学探新，2002（1）：44-48.

［4］陶井田. 飞行学员体能训练对其心理影响的研究[D]. 长春：东北师范大学，2010.

［5］向渝. 航空体育与飞行员心理品质[J]. 武汉体育学院学报，2003（5）：122-123.

［6］王钢. 大学生人际适应性量表编制及特点研究[D]. 重庆：西南师范大学，2007.

［7］余姜. 初始进入飞行的学生心理变化影响因素——基于应激训练调查分析[J].甘肃科技，2016，32（24）：57-59.

［8］郑日昌. 大学生心理健康自主与自助手册[M]. 北京：高等教育出版社，2013：42-43.

专题 8　良好个性品质的塑造与养成

【引　子】

　　人格障碍是目前临床心理学界和精神医学界都非常关注的一个课题。人格障碍有着较高的患病率和共病率，被认为是目前需要优先解决的问题。人格发展不成熟并产生畸变，导致个体适应不良并对周围的人和事物做出极端的情感反应，从而引起显著的心理社会功能异常。多种调查研究都证明：健全的人格有助于人们适应急剧变化的社会并有效地为社会服务。时代的变革必然产生层出不穷的新观念、新事物，健全的人格是人们主动、积极地调节自我适应转变的根本保证。

1　案例分析

案例 1：一名"人格障碍"学生的咨询记录

　　高某，男，20 岁，某高职大学二年级学生，自幼身体健康，未患过严重疾病，性格比较内向。家庭教育中，父亲管教粗暴、严格，母亲比较宽松。小学、初中、高中成绩一般，但一直是被老师批评的对象，跟同学关系也不是很好。喜欢黑色、阴天，白天中规中矩，到了晚上经常通过手机短信、网络骚扰女生，而自己却认为没有影响他人。自己对现实及未来有美好的设想，但想到现实与理想差距太大，而且自己没有能力改变，感到非常沮丧。睡眠不佳，不是晚上睡得晚就是早上很早就醒。该生表现出焦虑、烦躁、注意力不集中、睡眠差等症状。从严重程度标准看，该生的反应强度强烈，反映在日常生活、人际交往的范围内，一定程度上影响了逻辑思维，且不愿意主动就医，自己比较痛苦，认为无法摆脱，即使别人帮忙也无济于事，回避现实，反应已泛化，对社会功能造成了一定的影响。从病程标准看，病程经历的时间较长，超过了一年。

　　该生症状符合"人格障碍"的诊断标准。人格障碍患者常常表现为怪癖、反常、固执、情绪不稳定、不通人情、不易与人相处、损人利己甚至损人不利己，以自己的恶作剧取乐，给周围人带来痛苦或憎恶等，影响了本人或周围人生活的和谐；有特殊的、与众不同的态度和行为模式，具体表现在情感、警觉性、感知和思维方式等多方面，其起源至少可追溯到青少年期；社交适应不良，影响本人甚至或别人的工作、生活和学习。

资料来源：中国民用航空飞行学院大学生心理咨询中心咨询师手记。

案例 2：副驾驶故意关闭发动机导致飞机坠毁

1999 年 10 月 31 日，埃及航空公司波音 767 飞机从纽约前往开罗，途中机长离开驾驶舱去上厕所，留下副机长独自驾驶，此时飞机突然骤降，造成无重力状态，机长试图力挽狂澜，但飞机还是坠毁，机上 217 人无一生还。

针对此次事故，美国国家安全运输委员会（NTSB）的调查报告指出：在排除了炸弹爆炸、机械故障和气候原因之后，对驾驶员和副驾驶员的身体和心理健康、社会背景情况和飞行生活记录情况进行了调查并发现，该副驾驶在飞行前几天曾遭到上级训斥。可能是由于副驾心情不好，在飞行中精神失控故意关闭引擎和自动导航系统，随后坠毁在马萨诸塞州附近的大西洋海域中，造成事故。

资料来源：https://baike.baidu.com/item/%E8%83%9C%E5%AE%89%E8%88%AA% E7% A9%BA185%E5%8F%B7%E7%8F%AD%E6%9C%BA/3520186。

案例 3：胜安航空空难

1997 年 12 月 19 日，胜安航空一架编号 9V-TRF 的波音 737-36N 客机执行由印尼雅加达到新加坡的飞行任务。该飞机于当地时间下午 3 时 37 分从印尼雅加达的苏加诺-哈达国际机场起飞。3 时 53 分，飞机爬升至设定高度 35 000 英尺高空。雷达显示，在下午 4 时 12 分，飞机突然从正常飞行高度急速下坠，飞行速度超过了音速，飞机在空中解体，撞击于穆西河靠近苏门答腊巨港的地方坠毁。调查显示，语音记录器（CVR）、飞行资料显示器于坠毁前都已停止工作。

美国国家运输安全委员会（NTSB）调查报告显示："失事原因是有人蓄意操控飞机坠毁，此人极有可能是机长。"调查发现该名机长在 1997 下半年的工作上曾遭受过挫折；而他当时在股票上又亏损大约 100 万美元。同时，飞机的黑匣子在坠毁前可能是被人为关掉的。

新加坡航空事故调查结果也表明在坠机前，飞机的两个黑匣子均已停止工作，是一名曾有纪律不良记录的驾驶员精神失控故意制造的事故。

资料来源：https://www.shizheng-2020.xilu.com。

2 人格概述

人格一词来自拉丁文"Persona"，原指演员所戴的"面具"，后来引申为人物、角色及其内心的特征或心理面貌。在心理学中，个性与人格都有广义和狭义之分。广义的个性与人格是同义词，两者均指个人的一些意识倾向和各种稳定而独特的心理特征的总和。狭义的个性通常指个人心理面貌中与共性相对的个别性，即个人独具的心理特征。狭义的人格通常指个人的一些与意识倾向相联系的心理特征的综合表现，有时甚至仅指个人的品德、操行。在欧洲，有些心理学家把人格看作是性格的同义词。个性贯穿于人的一生，影响人的一生。正是人的个性倾向性中所包含的需要、动机和理想、信念、世界观，指引着人生的方向、人生的目标和人生的道路；正是人的个性特征中所包含的气质、性格、兴趣和能力，影响和决定人生的风貌、人生的事业和人生的命运。人人都有个性，每个人的个性都各不相同。正是这些具有千差万别个性的人，推动历史的前进和时代的变迁。

人格是人类独有的、由先天获得的遗传素质与后天环境相互作用而形成的、能代表个性特点的性格、气质、品德、品质、信仰、良心以及由此形成的尊严、魅力等。人格的特征主要有4个，分别是人格的独特性、统合性、功能性、稳定性。

1）独特性

一个人的人格是在遗传、环境、教育等因素的交互作用下形成的。不同的遗传、生存及教育环境，形成了各自独特的人格。人与人没有完全一样的人格特点。所谓"人心不同，各如其面"，这就是人格的独特性。但是人格的独特性并不意味着人与人之间的个性毫无相同之处。在人格形成与发展中，既有生物因素的制约作用，也有社会因素的作用。人格作为一个人的整体特质，既包括每个人与其他人不同的心理特点，也包括人与人之间在心理、面貌上相同的方面，如每个民族、阶级和集团的人都有其共同的心理特点。人格是共同性与差别性的统一，是生物性与社会性的统一。

2）统合性

人格是由多种成分构成的一个有机整体，具有内在统一的一致性，受自我意识的调控。人格统合性是心理健康的重要指标。当一个人的人格结构在各方面彼此和谐统一时，他的人格就是健康的；否则，可能会出现适应困难，甚至出现人格分裂。

3）功能性

人格决定一个人的生活方式，甚至决定一个人的命运，因而是人生成败的根源之一。当面对挫折与失败时，坚强者能发愤拼搏，懦弱者会一蹶不振，这就是人格功能的表现。当人格功能发挥正常时，表现为健康而有力，支配着人的生活与成败；当人格功能失调时，就会表现出懦弱、无力、失控，甚至变态。

4）稳定性

人格具有稳定性。个体在行为中偶然表现出来的心理倾向和心理特征并不能表征他的人格。当然，强调人格的稳定性并不意味着它在人的一生中是一成不变的，随着生理的成熟和环境的变化，人格也有可能产生或多或少的变化，这是人格可塑性的一面。正因为人格具有可塑性，才能培养和发展人格。人格是稳定性与可塑性的统一。

3 人格理论

人格理论（Personality Theories）是指一种探讨人格的结构、形成、发展和动力性的理论。其主要包括：① 人格由哪些部分构成，如何构成；② 影响人格形成和发展的因素，以及在这些因素影响下所经过的阶段；③ 人的行为动力是什么，哪些因素起主导作用等。对人格进行理论探讨，始于古代。古希腊希波克拉底的气质体液说，中国《黄帝内经》中的阴阳人格体质学说，都是代表性的记述。三国时期哲学家刘劭所写的《人物志》，对才能、性格加以分类，是人类史上最早系统论述人格的著作。

3.1 精神分析理论

该理论是阐述人的精神活动，包括欲望、冲动、思维、幻想、判断、决定、情感等，会在不同的意识层次里发生和进行。不同的意识层次包括意识、前意识和潜意识（无意识）3个层次，好像深浅不同的地壳层次而存在，故称之为精神层次。人的心理活动有些是能够被自己觉察到的，只要我们集中注意力，就会发觉内心不断有一个个观念、意象或情感流过，这种能够被自己意识到的心理活动叫作意识。而一些本能冲动、被压抑的欲望或生命力却在不知不觉地潜在境界里发生，因不符合社会道德和本人的理智，无法进入意识被个体所觉察，这种潜伏着的无法被觉察的思想、观念或痛苦的感觉、意念、回忆常被压存在下意识这个层次。一般情况下不会被个体所觉察，但当个体的控制能力松懈时，如醉酒、催眠状态或梦境中，偶尔会暂时出现在意识层次里，让个体觉察到。在意识与潜意识之间则是前意识，如同冰山与水面起伏接触的地方，需要通过某些特定的事件或行为才能被唤醒。

3.2 弗洛伊德的人格结构

本我即原我，是指原始的自己，包含生存所需的基本欲望、冲动和生命力。本我是一切心理能量之源，本我按快乐原则行事，它不理会社会道德、外在的行为规范。它唯一的要求是获得快乐，避免痛苦，本我的目标乃是求得个体的舒适、生存及繁殖，它是无意识的，不易被个体觉察。

自我，其德文原意即是指"自己"，是自己可意识到的执行思考、感觉、判断或记忆的部分，自我的机能是寻求"本我"冲动得以满足，而同时保护整个机体不受伤害。它遵循的是"现实原则"，为本我服务。

超我，是人格结构中代表理想的部分。它是个体在成长过程中通过内化道德规范、内化社会及文化环境的价值观念而形成的，其机能主要是监督、批判及管束自己的行为。超我的特点是追求完美，所以它与本我一样是非现实的。超我大部分也是无意识的，超我要求自我按社会可接受的方式去满足本我，它所遵循的是"道德原则"。

3.3　特质理论

特质心理学家假定，人格特征具有时间上和跨情境的稳定性。特质研究者通常没有兴趣预测一个人在某个特定情境下的行为。相反，他们想要预测那些得分处在特质连续体上某一范围内的人有什么样的典型行为表现。特质研究者通常不注重查明行为机制，更关注描述人格和预测行为。比较著名的特质理论家有高尔顿·奥尔波特、莫雷和卡特尔。

3.4　大五人格理论

大五人格（OCEAN），又被称为人格的海洋，可以通过 NEO-PI-R 评定。

（1）外倾性（Extraversion）：好交际对不好交际，爱娱乐对严肃，感情丰富对含蓄，表现出热情、社交、果断、活跃、冒险、乐观等特点。

（2）神经质或情绪稳定性（Neuroticism）：烦恼对平静，不安全感对安全感，自怜对自我满意，包括焦虑、敌对、压抑、自我意识、冲动、脆弱等特质。

（3）开放性（Openness）：富于想象对务实，寻求变化对遵守惯例，自主对顺从，具有想象、审美、情感丰富、求异、创造、智慧等特征。

（4）宜人性（Agreeableness）：热心对无情，信赖对怀疑，乐于助人，合作，包括信任、利他、直率、谦虚、移情等品质。

（5）尽责性（Conscientiousness）：有序对无序，谨慎细心对粗心大意，自律对意志薄弱，包括胜任、公正、条理、尽职、成就、自律、谨慎、克制等特点。

3.5　生物学流派

生物学派（Biological）认为人格的特质会透过遗传影响子女，亦关乎脑袋的生理构造，并非只受个人经验影响。其代表心理学家艾森克认为人格可分为三大维度，即外向与内向、神经过敏症倾向和精神症状倾向。

3.6　行为和社会学理论

行为主义者用经典条件反射和操作条件反射来解释行为，人格是一个人的条件反射经验所导致的结果。社会学习理论者对行为主义的基本观点进行了扩充。洛特用人的期望和对强化的评价来预言在许多可选择的行为中，哪个行为会被激发。班杜拉认为，内部状态、环境和行为三者相互作用，人会调整自己的行为，思维是有目的并定向于未来，人可以通过观察来学习，但人是否会表现出通过这种学习获得的行为，取决于对奖励或惩罚的预期。

3.7 人本主义理论

以马斯洛为首的人本主义认为，个人有 5 种天生的需求层次，而满足这些需求的行为就是从学习得来的。人格受先天、后天学习、遗传等各种因素互相影响。人本学派强调人的尊严、价值、创造力和自我实现，把人的本性的自我实现归结为潜能的发挥，而潜能是一种类似本能的性质。人本主义最大的贡献是看到了人的心理与人的本质的一致性，主张心理学必须从人的本性出发研究人的心理。

3.8 认知主义流派

人格的认知理论是新近产生的一种最年轻的理论。这一理论的特点是，强调人把感知内容转换为有组织的现实认识的过程，强调个体参与构造自身的人格。凯利认为，一套个人构念组合起来就构成一个人的观念系统，这个系统决定他如何去思想、体验、行动和认知新情境。换言之，整个系统就是人的人格；构念系统完全是个体性的，每个人都有独特的构念系统，内容不同，数量不同，构念之间相互联系的方式以及复杂性均不同。因此，要想理解人，就必须努力以对方的方式看世界，以对方的构念系统而不是以自己的构念系统为基础。

3.9 积极心理学中的人格理论

积极心理学兴起于 20 世纪 90 年代，由美国心理学家塞林格曼等人发起，提倡积极的理念，对人性进行积极的评价，以人固有的、潜在的和具有建设性的力量，美德和善端为出发点，用积极心态对各种心理现象进行解读，从而激发人自身内在的积极品质。其诸多理论引起心理学界的共鸣，其中理想人格理论尤具代表性。

3.9.1 积极心理学理想人格理论的主要观点

1）具有积极特质人格是理想的人格

塞林格曼等积极心理学家经过长达十几年的考证，总结出积极人格特质共有 6 大美德和其下属目录中包括幽默、乐观、宽容等 24 种积极品质。积极特质人格是通过对个体各种现实能力和潜在能力加以激发和强化的，当这种被激发和强化的行为变成一种习惯性的生活方式时，积极人格特质就形成了。积极人格特质有助于个体采取更为有效的应对策略，从而更好地面对生活中的各种压力。

2）理想人格存在利己与利他两个维度

理想人格特征存在两个维度：一是正性的利己特征，具体是指积极人格者能接受自我，具有个人生活目标，感觉到生活的意义，独立，渴望成功，能够掌控环境。二是与他人的关系，有令人满意的人际关系，能积极帮助他人，也能得到他人的帮助；最突出的人格特征是具有乐观型解释风格。积极人格特征两个独立的维度将积极人格与消极人格做了明确的区分。

3）交互理论——人格形成的要素

人格是由人的内部生理机制、外部行为和社会环境的交互作用的结果，即交互作用理论。积极心理学承认人格中先天因素的决定作用，即个体的先天生理机制会产生相应的行为模式。但积极心理学更强调人格是在人与社会文化环境交互作用所形成的复杂因素活动过程中得到的，是内在因素、外部行为、社会环境交互作用的产物。也就是说，人不是按照由基因图谱规定的固定路径来发展自己的，人格主要是在人与社会文化环境交互作用所形成的一个复杂的因果活动过程中，得到发展的内在因素、外部行为、社会环境三者交互作用的。

这一理论是在整合了传统人格心理学的若干理论的基础上，得出的理性判断。强调人格首先是一种外在的行为，是在一定的生理因素作用下，内化为一种稳定的心理品质。因此在某种意义上，人格可以说是个体内化其外在活动的结果。积极心理学在研究诸多因素时，强调了挖掘人的潜力与创设良好环境的重要作用。既然文化、人际等社会环境在塑造人格中有重要作用，那么在人格构建中可以通过发展良好的社会行为，良好的文化、社会环境来达到建构与完善个体人格的目的。

3.9.2　理想人格理论的借鉴意义

积极心理学理想人格理论是在批判传统人格理论的基础上发展而来的。虽然诞生时间不是很长，但影响势头正盛，亦将为人格心理学发展指明方向。其人格理论对高校的借鉴意义在于：积极心理学认为，预防的大部分任务是建造一门有关人类力量的科学，其使命是去弄清如何在青年身上培养出这些品质。这就为高校心理健康提出一个新的课题——挖掘积极品质，培养积极力量，激活内驱力，实现有效预防。

1）挖掘积极特质构建理想人格

传统人格心理学更关注消极面的研究，使人们只看到人格消极面消失的可能，却看不到人格的日益健康；而积极人格理论着重对人格积极特质的建构，积极的增长意味着消极的抑制，开辟了人格心理学新的领域，使教育者与受教者更多关注人性积极力量的挖掘。

高校心理健康教育应把积极特质的培养作为教学中的重点。这些积极品质包括智慧、热心、仁慈、合作、宽恕等6种美德及24种性格品质，而应尽可能减少对负性性格的教学与测量。目的是引导转移学生的视角，由关注缺点，放大缺点引导到对自己优点、优势的关注，心理层面也由关注缺点而引起的消极情绪转移到关注优点而引发的积极情绪层面上，并努力激活、固化和发展这些优点、优势，从而确立自信，进而更好地发展积极人格，摒弃不良性格。

2）强调外部环境对理想人格塑造的中介作用

积极心理学之所以强调人格是由人的内部生理机制、外部行为和社会环境交互作用的，主要是想验证人格形成和发展是一个个体主动建构的过程。人格心理学应该是研究人的积极人格的成长过程，因为良好的行为和外部环境是积极人格形成的一个重要来源，而人在自己人格的构建过程中又具有主动性，那么我们就能通过发展人的良好行为和良好的社会环境来达到建设或改善个体人格的目的。

交互作用理论提示高校人格培养需从外部做起，创设良好的家庭、学校和社会环境氛围，来促进个体乐观风格的形成，进而发展个人的积极行为能力。只有具备了积极行为能力的个体，才可以对自己的心理体验和行为方式有意识地施加影响，从而影响自我人格的建构。正如"美国心理学之父"威廉·詹姆斯（Willian James）所说："播下一种行为，收获一种习惯；播下一种习惯，收获一个性格；播下一个性格，收获一种命运。"所以在外部活动内化为个体内部的心理活动中，积极的外部环境促成个体的积极体验，起了至关重要的中介作用。

荣格说："文化的最后成果是人格。"精神分析学派强调人的本能，使对健康人格培养的空间变窄。积极心理学不仅关注如何消除人格中的负性成分，也注重研究积极人格的建构，特别关注积极的现实环境与潜在能力挖掘在形成良好人格品质中的巨大作用。积极心理学理想人格培养的终极目标：让个体充分体味幸福，分享快乐，使自身潜能得到最充分的发挥，时刻保持生命的最佳状态，从而提高心理免疫力。

4 飞行学员常见的不良人格特征

1）自卑心理

看不起自己，也担心别人看不起他，看不到自己的价值和长处，以消极的态度看待自己，缺乏自信，无论做什么总认为自己不行。害怕失败，担心被人耻笑，做好一件事时，认为是应该的或必需的，而一旦做不好时则认为是自己无能。认为自己样样不如别人，因而陷入自责、不安、懊悔之中，导致不良适应。由于自卑，不敢与人交往，工作缺乏主动，不敢负责。

2）敌意心理

总认为别人对自己不好，社会对自己不公平，好像戴着有色眼镜看人生。认为别人不理解他，不信任他，不支持他，因此容易与人冲突，争吵，对人产生敌视甚至仇恨，时常愤愤不平。

3）自恋与以自我为中心

以我为中心，对自我评价过高，对别人要求也过高，凡事总是先想到自己，想到自己的利益。只想别人为他服务和对他的赞扬肯定，只向社会和他人索取，而不想回报，常有不切实际的愿望和要求，因而易有挫折感，人际关系不良。

4）依赖心理

缺乏主见，决策困难，总是希望或依靠别人来做决定。缺少独立性、自主性，常附和别人，压抑自己，过分寻求别人的赞同支持，过度依赖别人的照顾，不能独立面对生活。

5）嫉妒心理

心胸狭窄，不能容忍旁人超过自己，对比自己强或优越的人，心怀醋意、讽刺、挖苦，甚至造谣、中伤、打击，将时间精力和才智浪费在与人计较、攻击或伤害他人的无益行动中，结果既损人又害己。嫉妒之心皆有之，但不能过分，过之害人害己。若将嫉妒心升华为竞争心，将其引导到正常竞争之中，则能成为动力。

6）偏执心理

敏感多疑，不信任人和固执是其特点。自尊心过强，期望别人都尊重他、重视他，未给予特殊待遇便感到受了委屈，别人无意中的一句话可能被认为是在针对他，与他过不去。固执己见，很难接受不同意见，只看对他不利的一面，忽视了好的一面。时常与人相争，容易与人为敌，总是感到他人对不起自己，有意为难自己。故与人矛盾不断，难以适应现实生活。

7）追求完美

不能容忍缺点或失败，对自己持过高的要求，对自己的缺点过分夸大。一帆风顺时尚可，一旦遇到挫折，如达不到期望目标，便感自卑，认为是自己的过错，是自己无能。谨小慎微，紧张多虑，担心失败，"活得很累"，影响了能力的正常发挥和人际关系的构建。

8）冲动性

遇事沉不住气，易发脾气，做出过激反应，与人争吵甚至大动干戈。对适应非常不利：破坏了心理的平衡，使人失去理智；破坏了与人的关系，影响了感情；破坏了个人形象，显得没有修养；冲动性可以导致行为失控，产生许多难以意料的后果。在冲动性的驱使下，甚至会出现犯罪行为。

此外，停飞大学生与一般大学生群体之间有明显的人格差异。停飞大学生的人格特征多表现为较低的乐群性、有恒性和较高的敏感性。停飞学生更多地表现出孤僻、社会交往不良、做事权宜敷衍、责任感差、感情用事等特征。

麦克雷（McCrae）与科斯塔（Costa）在总结了行为遗传学、个性结构和个体差异纵向稳定性研究成果的基础上，指出个性特征具有内源性，即在个体发展的一生中，个体的个性特质具有相对稳定的特性。研究飞行学员与一般大学生的对比得出，飞行学员在思维方式、行为方式上表现出了更多的固着特点。飞行人员在执行任务的时候，难免会遇到具有威胁或挑战性的状况，这就需要他们做出判断，如果判断失误或操作不当则易引起注意范围狭窄、思维固着或分析能力下降等问题。

5 当前大学生健全人格缺失的主要成因

5.1 自我价值的迷失

大学生通常注重实现自身价值，不过大部分大学生将自身价值同社会价值的实现看成对立面，寻求自身发展的过程中对社会公德予以忽略，严重的可能会对公共利益产生损害。部分人往往感受到压抑与失落，是由于仍未摆脱以自我为主要中心的人生价值观，因此在人生路途中势必受到挫折与失败；还有一部分人觉得前途与希望渺茫，不知道自身能够做什么或是该做什么，人生与学习目标不够确切，浪费大好时光并且无所作为。

5.2 对道德标准缺乏一定的认识

对道德标准认识不足，认识方面存在一定的匮乏，同样是大学生人格缺失的又一主要原因。部分大学生由于对自身道德认识不足，对伦理道德漠不关心，思想方面并未具备整体观念，行为方面不听他人劝阻，依然我行我素，有时为了达到目标甚至不择手段。道德是完整人格之中的关键构成部分，良好的道德标准认识与道德实践是完善人格的主要彰显。在部分大学生的价值观念之中，如道德方面出现一定的错误认识，较易出现摒弃道德标准的问题与现象。

5.3 缺乏一定的自律性

大学生自身缺乏自律性，主要表现为当大学生受到挫折时未能做出正面面对，无法客观分析遭受的困难和挫折，更无法用科学合理的对策处理困难挫折。往往通过错误的应对策略，对心理创伤的恢复产生影响，较易出现不良心理反应，严重的则会导致心理危机，对所有事物的态度表现为不负责任。

6 飞行员应该具备的人格特征

国内外对飞行员的个性方面已有不少研究。王一晨等对飞行员胜任力特征的研究发现，飞行员的个性特征主要由 8 个因子构成，分别是：严谨性、自省性、敢为性、顺从性、自信性、支配性、稳定性、外向性。其他相关研究发现，很多的个性特征对预测飞行成绩有较高的效度，如娄振山发现优秀的飞行员在稳定性、有恒性、敢为性、实验性、自律性等因子上的得分明显高于一般飞行员。宋华淼等采用卡特尔 16 种人格因素问卷研究发现，优秀飞行员与一般飞行员在个性特征上有明显的差异。皇甫恩等航空心理专家也表示，飞行员的个性特征应该是稳定、外倾的，以更好地胜任飞行职业要求。孙瑞山等研究表明，民航飞行员人格特质对其行为安全有着内在的影响。

本书就飞行员人格特质与其行为安全之间的关系进行了理论分析，得出如下理论：① 飞行员人格特质与安全行为、不安全行为之间有着内在联系，安全人格特质能有效保证安全行为的产生；② 影响飞行员行为安全的人格特质构成要素为 4 元素、5 特质、10 属性，分别为：认知风格（严谨性）、自我调节（适应性）、应对方式（积极性）和意志态度（自律性、有恒性）。

王华叶等研究表明，优秀民航飞行员应具备的心理特征为：① 较高的情绪稳定性；② 性格外向、随和，善于与他人相处；③ 具有较好的逻辑思维能力和顿悟思维能力；④ 注意力集中，同时注意分配和注意转移能力较好，具有良好的三维时空判断能力，反应快、记忆力好；⑤ 危机应对及问题解决能力强；⑥ 克服各种困难的意志力强。

本项目组于 2010—2013 年与某航空集团合作，对民航运输航空飞行员的心理健康进行了研究，在对 25 名资深飞行员、14 名民航工作资深管理干部、5 名家属、5 名心理学专家进行访谈和问卷调查后，得到如表 8-1 所示的结果。

表 8-1　民航运输飞行员个性指标及其权重排序

	自信心	1
	团队协作	2
	坦诚性/开放性	3
飞行员个性测试指标	乐群性	4
	可塑性	5
	成就动机	6
	共情	7

7　健康人格及人格塑造的意义

一个人人格的健全，包括很多方面。如果能在这些方面进行一定程度上的努力，就会变得越来越好，性格方面会不断完善，才能方面也可以有效的发挥，对于那些不能改变的，把握好相关度即可。接下来就跟大家具体分析一下，如何让自己的人格越来越健全。

何谓健康的人格？马斯洛曾经做了一项研究，他对数千名大学生和数十位著名的历史人物进行调查，随后总结出了人格健全、心理健康的 15 个特征：① 对现实世界有敏锐的观察力；② 能够接受自己、他人和现实；③ 言行坦率不做作；④ 以问题为中心而不过分关注自己；⑤ 有独处的需要和超脱世事的品格；⑥ 具有独立自主的品格；⑦ 时时对事物保持新鲜感；⑧ 经常能体会到狂喜、惊异和崇高等所谓的高峰体验；⑨ 对人类以及国家民族充满深厚的爱；⑩ 亲密的朋友虽然不多，但感情十分深厚；⑪ 民主；⑫ 有着强烈的道德感；⑬ 具有很强的幽默感，能够使身边的人心情舒畅；⑭ 有新颖的观点和创造性；⑮ 对一件事情有自己的看法，不盲从。

然而，这些特征太过于理想化，大部分的学生很难完全具备这些特征。根据大学生的具体情况，归纳出一些较为切合当代大学生实际并且符合社会发展需要的健康人格标准：① 无论在何时何地何种情况下都能客观地认识自我；② 知识结构科学合理，并且具有良好的记忆力、观察力、注意力、想象力和创造力等；③ 自信而不自负，兼听而不盲从，对大部分事情都能有自己的判断；④ 富有一往无前的进取心，能够不畏艰难险阻，对于自己的理想目标无比坚定；⑤ 具有团队合作意识，能够与他人和谐相处，互帮互助；⑥ 具有宽广的胸怀以及为他人设身处地思考的良好品质；⑦ 具有高雅的情操，自觉远离低俗，并有良好的心理品质。健康的人格是大学生在社会这个大熔炉里保持身心出淤泥而不染的重要保障，无论何时何地，智慧的光芒都能在其身上闪耀，理性与感性之光都能蓬勃生长。

当今社会的发展越来越快，科技的进步以及生产力的快速发展，使经济水平不断提高。凡事有利必有弊，经济的高速发展带来了人心思浮，而大学生在物质上的需求也越来越多，所以制定的许多目标往往带着强烈的功利性。这种对于功利的过分追求会使他们出现对于享乐主义的崇拜，甚至会违背其本心，做出有违法律与道德的事情。近些年频频出现的高学历人才犯罪案件即是违背本心的后果，这对于社会的发展具有很大的消极意义。如 2015 年轰动社会的"裸贷"事件，一些女大学生贪慕一时的享乐，贷款满足自己的私欲，最终因利息太高难以偿还造成自己隐私被泄露甚至家破人亡。此外，大学生缺少社会经验，对一件事情难以有正确的判断，这也造成了大学生在各个方面都成为一些不法分子作案的对象。比如 2016 年的各种电信诈骗案件，轻则损失财产，重则放弃自己宝贵的生命。再则，大学生缺乏法律意识，因一些原因甚至做出杀人犯法的事件。这一系列让我们痛心疾首的案件无一不警示塑造大学生健全人格的重要性。无论对于大学生来说，还是对于社会来说，都具有重大意义。飞行学员作为未来的飞行员，承担着民航安全的主要职责，不良的人格特征容易引发心理健康相关问题，而这直接影响着飞行的安全，如"德国之翼"事件。

8 飞行学员健全人格塑造的途径

我们所说的健全人格，也就是指和谐的人格，它具体的含义是："处在不一样的时间或者空间之下，每个人的思想会有所不同，其次他们的观念、目的以及具体的表现都会不一样，但是能够相互协调，而且内心并没有产生矛盾或者冲突的感觉。"现代社会急剧发展，社会的变革也导致了经济、文化、道德标准等的变革。大学生作为构成社会的一个群体，其发展也深受社会的影响，特别是人格的完善与发展。因此，关注大学生人格发展，培养大学生健全人格就显得十分重要。大学生人格教育应符合时代的特点，以促进其健康发展。人格完善就是指一个人不断认识自我、提升自我、完善实现的结果。

1）正确认识自己，学会自我、本能、超我的均衡、协调

大学生特有的身心特点会使其人格的发展产生一些问题。一方面，由于大学生自我意识的充分发展，他们会十分清楚地认识到自己的生理状况与心理特征；另一方面，由于自我意识的某些部分可能与社会道德规范相冲突，让他们感到羞愧、耻辱。这会直接影响大学生人格的发展：他们企图无视这些冲突，在压抑还是发泄中挣扎。弗洛伊德认为，如果个体同执地坚持超我的极端标准，而无视本我，必然会产生一些问题。这对大学生健康人格的形成和发展极为不利。健康人格的培养主要是使人格各部分的关系和谐一致，以及个人与他必须生

存于其中的现实世界的协调，而不是要消灭本我的冲动和欲望，况且本我的冲动和欲望也是消灭不了的，这是人的生物性所致。所以，健康人格的培养要引导学生正确认识自己，世界上没有谁是完美无缺的，身上有些瑕疵都是合理的、正常的、无可厚非的。只是本我的冲动、欲望必须寻求一种合理的表达方式与途径。

2）客观评价自己

有时人们容易自傲、忽略别人给予自己的意见和建议。可实际上，他人对自己的评价也许比自我评价更客观、具体。我们应该避免自我封闭，要信任他人，并谦虚接受别人指出的不足。其实，不管对方是何等身份，对于我们来说，都是一面能反射出自我的镜子。同时，我们应该有意识地扩大自己的社交圈，以得到更多人对自己的反馈。这样我们才能更全面、客观地认识和完善自我。

3）学会自我呈现

自我呈现即在特定的人物面前展示自己的秘密。自我呈现的心理效应是可以获得他人好感，甚至将你视为知己。人们常说："要想了解别人，首先就要让别人了解自己。"如果想让自己的人格越来越健全，在平常生活中以及与别人交往的时候，一定要通过各种各样的方式，让别人充分地了解你。只有当别人充分了解你以后，才能够充分地了解你的为人，才不会在某些时候无意伤害你，从而避免因为不了解而伤害。

4）学会接受自己

虽然追求完美是好的，可是过度的完美主义很可能给自己带来比不做自我完善更大的压力与麻烦。不应该盲目追求"完美人格"，而是要努力拥有一个"完整人格"。这就需要我们客观认识自己，包容和接受自己；增强自己的优点，改变自己的"大"缺点，接受自己的"小"缺点并把它变成自己的特点。对于缺点的分类需要一个主观和客观意见的平衡，避免留下较致命的缺点、改变可爱的小特点。千万不要因为别人而勉强改变自己，自我完善应该是一个主动和积极快乐的行为与过程，永远不要为了追求八面玲珑而迷失自我。

5）管理好自己的情绪

如果想让自己的人格越来越健全，平常生活中和别人交往的时候，一定要管理好自己的情绪。每个人总会遇到各种各样的事情，难免会有一些情绪，这个时候对于某些情绪可以适当地发泄，但是对于某些情绪要加以克制，能够管理好自己的情绪，在某些事情上就不会因为情绪而影响事情的判断或者事情的结果。要习惯面含微笑，如果能笑脸相迎笑脸相送，就会给人一种温暖亲切之感。生活需要微笑，生活中的每一个人都需要微笑。

6）管好自己的一切行为

如果想让自己的人格越来越健全，平常生活中，对于自己表现出来的一些行为要加以克制或者规范，尤其是那些违背道德，甚至是违法犯罪的行为，一定要有相应的方法管好自己，不要因这些不好的行为害了自己。

7）乐于帮助别人、不伤及别人

一般来说，人在困境时，最需要别人的安慰与帮助。要做一个乐于助人的人，学会关心别人，帮助别人。请记住：锦上添花远不如雪中送炭让人感激；顺境中的赞扬也远不如逆境中的帮助与支持令人难忘。如果想让自己的人格越来越健全，平常生活中，如果因为某些事情和别人产生了矛盾，这个时候要克制住自己，不要伤及别人。如果因为某些矛盾伤及别人的话，是一件得不偿失的事情。

8）有些主意要自己拿、学会拒绝别人

如果想让自己的人格越来越健全，平常生活中与别人交往的时候对于某些事情，要做出决定的时候，如果这件事情比较小，那么可以让别人代替你拿主意；如果遇到的一些事情是比较重要的，而且是关乎自己前程或者是关乎自己命运的，一定要学会自己去做决定，就算有的决定在别人看起来非常匪夷所思，甚至是不能被理解，也不要违背自己的初心，该做决定的时候，就要果断地做决定。与别人交往的时候，对待某些事情要学会拒绝，千万不要因为不好意思或者是顾及自己的面子而不好意思不拒绝别人。如果总是不好意思拒绝别人，会给自己带来无限的伤害。

9）有责任心

如果想让自己的人格变得越来越健全，平常生活中，对待某些事情一定要有责任心，对一些需要自己去做的事情，要承担起责任，对于自己搞砸的事情，也要承担起责任。生活中，一个有责任心的人，不仅会更加爱自己，也会受到别人的尊重。

10）树立一个信念

在心理学上，人格泛指个人的先天遗传与后天培养的认知、情感、动机、行为方式的总和。在人生最初的10多年中，先天遗传对个人人格起主导作用，但随着年龄的增长，后天培养的人格因素越来越起主导作用。因此，人格实际就是个体适应环境的一种行为方式。所以，人可以通过有意识地培养与努力，改变自己的人格。

11）培养目标设定

培养目标设定，就是要树立自知之明，要深刻地了解自己的长处和短处，并勇于挑战自己，完善自己。心理学的"约哈里之窗"理论，假设了有关认识自己的四大范畴。

（1）公开范畴：你和你周围人都知道。

（2）盲目范畴：别人对你了解，但你自己对此并没有清楚的认识。

（3）隐匿范畴：你对自己了解，但别人不知道。

（4）未知范畴：你自身现在还没有表现出来，而且周围人都感觉不到。

约哈里之窗提出了认识自我的办法，就是增加公开范畴。把盲目范畴变为公开范畴：听取周围人的意见，甚至主动征求他们的意见，即使是批评，也应感谢别人能让我们对自己有所了解。把隐匿范畴变为公开范畴：要注意自我表现，毫不犹豫地表达自己的思想情感，但自我显示要谨慎，不能没有任何掩饰。把未知范畴变为公开范畴：这需要置身于不熟悉的环境中，体验新的经历，在新生活中认识自己，发现自己。

12）要付诸行动

即使是很小的改变或象征性的计划，也比停留在脑子里的计划要好100倍。要相信自己能够成长，能够改变，相信行动是改变自我、接近理想人格的最佳途径。尤其是最初产生自我完善想法之时，是最有行动动力的时候，此时应尽快行动起来。

13）监督自己

在行动的过程中，要注意两点。首先，在行动之前，要战胜"内在的批评"。所谓"内在的批评"是指"这毫无用处，何必做呢""这是行不通的"。这些想法会贬低自己的能力。对于这些想法，首先要意识到，这种想法是你完善人格路上的障碍。对于它的出现，要分别找出答案。比如，去问问别人是怎么想的？维持这种现状会让我更好受吗？等等。

其次，在行动中，要善于接受失败。一般来说，谁也不喜欢失败，但失败往往是无法避免的。在失败面前，要善于把抱怨变成目标。一旦开始实施自我完善计划，就要坚持到底，决不可半途而废。即使遇到困难，也不要退缩，要坚持下去！

14）正确看待错误

如果想让自己的人格变得越来越健全，平常生活中，不管是对自己还是对别人，如果犯了错，不要因为这一个错误而否定自己或者否定他人。每个人都不可能是完美的，要给别人犯错的机会以及权利，对于一些无伤大雅的错误，能包容就包容。

15）学会建立友情

友情表现在对他人的注意和关心上。要学会和自己周围的人开朗地打招呼。友情能拉近人与人之间的距离，能使人更快更好地融入这个社会。神交古人，结交益友，通过对他们的认同来促进自我的成长。人格的成长，需要不断地发现古往今来的榜样人物，并加以积极效仿。

16）发现承认他人价值

每个人身上都存在着值得赞扬的品质，要学会发现或寻找他人身上值得赞扬的东西。承认他人价值，会给别人带来自信，同时会获得别人的好感。

17）认真听取别人讲话

一个人越有水平，他在听别人讲话时就越认真、越专注，越会赢得别人的信任，让别人觉得你是一个值得依赖的人，值得把心交给你。你的修养也在不知不觉中得到升华。行为养成习惯，习惯培养性格，性格决定命运。良好的行为习惯的养成不是一朝一夕的事情，"冰冻三尺，非一日之寒"，但是只要有意识地去做就一定会养成。

（本专题由王泉川撰稿）

参考文献

[1] 顾明远. 教育大辞典[M]. 上海：上海教育出版社，1998.

[2] 理查德·格里格. 心理学与生活[M]. 16版. 北京：人民邮电出版社，2006.

[3]（美）C. R. 斯奈德，沙恩·洛佩斯. 积极心理学：探索人类优势的科学与实践[M]. 王彦，等，译. 北京：人民邮电出版社，2013：46-53.

[4] 庄玲红. 对高职校一例人格障碍患者的咨询个案分析[J]. 江苏技术师范学院学报，

2009，24（6）.

[5] 卢佳. 弗洛伊德人格理论对当代大学生人格教育的启示[J]. 黑龙江高教研究，2012（1）.

[6] 祝忠玲. 浅谈大学生心理健康与健全人格塑造[J]. 教育科学（全文版），2017（1）：214-215.

[7] 仲地锋. 浅析高校大学生健全人格培养的探索与实践[J]. 江西电力职业技术学院学报，2019（6）.

[8] 戚菲，史万里，等. 团体罗夏墨迹技术在飞行人员与大学生群体人格评估中的对比研究[J]. 航空航天医学杂志，2018（11）.

[9] 孙瑞山，赵宁，李敬强. 民航飞行员人格特质与行为安全的理论分析[J]. 人类工效学，2015，21（3）.

[10] 戴琨. 基于选拔的中国航线飞行员人格结构研究[D]. 西安：陕西师范大学，2010.

[11] MCME RR，COSTA PT，et al.. Nature over nurture：temperament，personality，and life span development[J]. Journal of Personality and Social Psychology，2000，178(1)：173-186.

[12] HORMANN. Empirical evaluation of a selection system for chinese student pilots[J]. 航天医学与医学工程，2002（1）：2.

[13] 冯保民. 飞行员心理素质对飞行安全的影响[J]. 飞行事故与失效分析，2009，3（77）：7-8.

[14] 王一晨，赵汝成. 基于人格特质的民航飞行员心理胜任力模型[J]. 中国人民大学学报，2018，36（3）.

[15] 易杉，黄东林. 飞行大学生的人格特征测试结果分析[J]. 航空航天医学杂志，2011（8）.

[16] 王华叶，林岭. 优秀民航飞行员心理特征实证研究[J]. 航天医学与医学工程，2011（4）.

[17] 娄振山，伏广清，程军莉. 飞行员心理健康及其影响因素[J]. 中国心理卫生杂志，1999，13（1）：53-54.

[18] 黄希庭. 大学生心理健康与咨询[M]. 北京：高等教育出版社，2007.

[19] 彭聃龄. 普通心理学[M]. 北京：北京师范大学出版社，2019.

[20]（美）伯格. 人格心理学[M]. 8 版. 陈会昌，译. 北京：中国轻工业出版社，2014.

[21]（美）兰迪拉森，（美）戴维·巴斯. 人格心理学：人性的科学探索[M]. 5 版. 北京：人民邮电出版社，2015.

[22] 刘翔平. 积极心理学[M]. 2 版. 北京：中国人民大学出版社，2015.

专题 9　你对未来的飞行职业感到满意吗

【引　子】

　　就员工而言，良好的职业满意度可以产生诸多积极效果：员工的自愿合作、对组织及领导者的忠诚、表现良好的纪律、对工作保持兴趣、自发努力工作、以组织为荣等。相反，当员工对工作不满时，则可能士气低落、缺勤、消极怠工，甚至离职，影响组织效能。对航空公司来说，员工的职业满意度水平可以在一定程度上解释和预测其安全、服务、管理等领域的工作业绩。有研究者通过对组织水平的分析表明，拥有较高水平职业满意度的组织往往比其他组织做得更好。在民航领域，低职业满意度不仅影响员工的心理健康，导致工作绩效和组织效能下降，还是导致旅客投诉、与旅客产生纠纷或冲突、破坏企业形象乃至干扰企业正常运营、威胁航空安全、诱发事故的重要因素之一。近年来媒体的公开报道反映出，民航飞行员及其他职业群体在职业满意度方面存在的问题或表现形式是多方面的。

1　案例分析

案例 1：员工不满影响工作态度和服务质量

　　据《北京青年报》报道，2003 年 8 月的一天，北京某医院两名女医生在首都机场乘机前往上海接受机场安检时，旅客张女士因担心所携带的银行卡在通过安检仪器时被消磁，要求将银行卡取出遭安检员拒绝，且安检员态度显得不耐烦。当张女士提出异议后，一名男性安检员突然冲过来，朝着张女士的额部猛打一拳，边打边指责张女士乱嘀咕。同行乘客沈女士见状上前阻拦，也被打了几拳。事发时，有 20 余名附近乘客目睹该名安检员粗暴殴打女乘客，甚至在乘客倒地后仍用脚踹躺在地上的乘客。包括几名外国乘客在内，多名乘客见此情景，纷纷谴责安检员的粗暴行为，造成安检通道人员聚集和陷入混乱。

　　事发第二天，机场安检部门负责人专程为两名乘客送来慰问品，并向受害者及家属表达歉意。经事发后连夜调查与研究，机场认为当事安检员的行为与其所从事职业和身份极不相称，已不适合从事安检工作。根据机场安检部门的有关规定及相关制度规定，决定对该安检员予以开除公职的处分。另外，因扰乱机场安检正常工作秩序，并在中外旅客中造成了不良影响，根据《治安管理处罚条例》，机场公安分局也对该名安检员给予行政拘留10天的处罚。安检部门负责人还向在现场的记者表示，此事的发生也给他们的服务敲响了警钟。为杜绝此类事情的再次发生，将在全单位开展纪律整顿，更加严格要求安检员工作过程的文明执法、服务礼仪和规范。

资料来源：作者根据相关资料改写。

案例分析点评：

上述案例中，毫无争议的是当事安检员态度蛮横、行为粗暴，其行为不仅违反了基本的职业道德和行为规范，更触犯了法律；在给旅客带来伤害的同时，也极大地伤害了安检员群体和民航的公众形象，其自身也为其冲动行为付出了应有的代价。值得注意的是，新闻报道中安检部门负责人对该安检员出现这一极端行为所做出解释：该安检员刚从工作负荷相对较小的国际安检部门调到国内部门，且以往从未出现与乘客、同事发生矛盾的情况，可能是由于工作量大导致工作压力增大，心烦意躁加上遇到不顺心的事情，导致情绪失控。

通过细节分析可以发现，抛开精神异常因素不谈，安检职业的高压力、高负荷甚至由此所引发的"职业倦怠"——一种低职业满意度的极端表现形式——往往是极端个案中个体的心理根源。本章后文中会介绍，职业倦怠的表现之一 "非人性化"（Depersonalization），即以否定、消极或麻木不仁的态度对待工作对象，可以很好地解释大量服务型工作中，员工与服务对象之间陷入此类人际冲突的间接原因。在该案例中，如果反思当事安检员事发前的内部心理状态，甚至反思企业或部门的管理工作，不论是员工对调动工作部门不满，还是对新工作岗位工作负荷和工作压力未能适应，都说明员工对工作的情绪情感体验。是否具有较高水平的职业满意度或者职业幸福感，不仅会影响员工的职业心理健康水平，也会影响员工的工作态度乃至工作绩效。

由于职业岗位的特殊性和职业历史沿革的特殊性，民航安全检查岗位工作职责，既具有行政执法的特性，即代表民航行政机关实施航空保安相关行政法规的执行权，但这种行政执法权又受到安检职业身份的限制。旅客由于各种各样的原因，不理解、不配合或者排斥、抵触身体接触、个人物品被查等安检工作要求，尤其是当旅客因携带物品违反规定而被拒绝通行时，安检工作人员就很容易陷入与旅客的人际冲突。自20世纪90年代到21世纪我国民航行业经历跨越式发展的历程中，"旅客纠纷处置"是各地机场安检部门头疼的一大难题，其中也不乏大量由于安检员自身工作态度原因导致旅客投诉。近年来，尽管随着航空旅行及相关知识的大众化普及，安检员所面临的工作环境得到了较大的改善，但机场安检员的用工形式、工作方式和工作强度，以及这种工作强度与相对"不匹配"的薪酬水平现状，仍没有得到彻底的改观。如2016年的一项统计数据显示，当年全国民航安检队伍新入职6 649人，离职人员则达到4 134人，人员变动率达到27.8%；也即每4名安检员中就会有1人选择离职。虽然目前尚缺乏严谨的实证研究涉及这一问题，但显然仅此一项数据，就足以说明安检员队伍的整体职业满意度水平并不高。

由于民航行业的服务特性，有相当多的工作岗位需要直接面对旅客。在"职业道德"一章中曾经提及，像飞行员、空中乘务员、空中安全员等空勤岗位，机场安检、票务等工作岗位，除了需要较长时间直面旅客（尤其是客舱空勤岗位）外，还要履行维护民航安全和航空运输秩序等职责。不论是旅客对航空运输服务的高期望，还是民航企业追求经营业绩和维护企业形象的要求，当公共利益与旅客的个人利益、个人隐私发生冲突时，客观上就会让民航员工落入"安全与服务"、"公权与私权"、旅客利益与民航工作岗位职责不调合的"尴尬"。

案例2：员工不满导致罢工成老牌航企之痛

个别员工对工作不满，产生抱怨心理，进而消极怠工、缺勤、不服从管理或工作安排，其最终结果往往是主动离职或被辞退，其影响力相对容易被消除。而当企业面临经营或财务危机，或处于改革关键期，或者一些新兴企业在创业之初艰苦奋斗、需要控制成本时，薪酬待遇或者说与工作付出相匹配的薪酬待遇，通常是引发大量员工对工作或职业不满意的主要原因之一。在上文案例中，提及由于民航各岗位的用工方式、执业资质要求和工作性质的不同，像安检、护卫以及其他一些地勤工作岗位，虽然缺乏具体的统计，但都有因薪酬待遇相对于劳动付出偏低而人员变动率高的问题存在。尤其是近年来随着全球经济增长乏力，一些国家或地区甚至陷入经济衰退，这种现象甚至开始频繁出现于以往公众所认为的位于民航薪酬体系较高层级的飞行等空勤工作岗位。通过梳理媒体报道可以看到，近年来在欧美国家，员工发泄对薪酬待遇、工作福利、工作安排等不满的极端形式之一就是采取大面积罢工。不管这些罢工现象背后蕴藏了多少复杂的原因和理由，但员工大面积罢工都加剧了所属企业的经营困难，甚至成为困扰一些老牌航企的沉疴痼疾。

2018年4月7日，法国航空公司（Air France）员工举行自2月起的第五次罢工，要求加薪，一时引发全球关注。此次罢工导致数百架次航班被取消，影响了法国国内和国际航班；1/4的长途航班被取消；约1/3的中程航班以及从巴黎戴高乐机场出发的航班没有起飞；短途航班中也至少有30%被取消。而先前的每一次罢工，法航都要取消25%～30%的航班。

代表罢工员工诉求的法航10家工会组织表示，自2011年以来，公司员工的加薪计划即遭到冻结，得益于员工多年来勒紧腰带与法航共度时艰，航空公司从中受益，逐渐恢复营业利润。自2月起的此轮罢工，起因是工会寻求提高6%的薪水，但法航管理层甚至拒绝了年度加薪1%的提议。4月7日罢工当天大约有34%的飞行员、26%的机组人员和19%的地面工作人员离开岗位参与罢工。而这已经不是法航员工第一次大规模的罢工了。持续反复的罢工不仅严重影响旅客的正常出行，削弱了法航的社会形象，更进一步加剧了法航的经营困局，影响航企的改革转型，甚至影响旅游、运输等相关行业，造成大量经济损失。

2014年9月间，法航员工也举行了多次罢工行动，飞行员是其中的主力。9月15日，法航3500名法国籍飞行员中，有约60%参与罢工；公司取消了近一半的航班，波及6.5万名乘客；9 月 16 日取消了 60% 的航班；9 月 23 日，再次取消超过一半的国内及国际航班，超过 65% 的法航飞行员参与罢工，是自 1998 年以来在法国罢工抗议中规模最大的一次。2016 年 6 月欧洲杯前夕，法航约 1/3 飞行员举行罢工，导致由法航承运的多条长途国际航线受到不同程度的影响。

据媒体报道，2018 年 4 月间的法航大罢工，由于未能达成协议，法航母公司法荷航集团（Air France-KLM）公司股价在经历多次暴跌后下跌超过 50%。4 至 6 月集团因子公司法航员工罢工损失 2.6 亿欧元。该集团 2018 年上半年因法航员工罢工累计损失达 3.35 亿欧元。可见，罢工事件已威胁到法航的生存。

资料来源：htpp//www. guancha. Cn, 2018-04-08。

案例分析点评：

无独有偶，近年来不光是欧美主要航空强国的一些老牌航企，甚至也包括一些低成本廉价航空公司、民航机场都曾遭遇过包括飞行员在内的员工罢工的冲击。

2010 年 2 月 22 日开始，欧洲最大的航空公司、一直被誉为业界典范的德国汉莎航空公司（Lufthansa）遭遇为期 4 天的大罢工，涉及该公司 4 000 名飞行员，导致汉莎航空取消近 1/2，800 多架次航班，影响全球范围内 1 万名旅客出行。而 2014—2019 年，汉莎航空几乎每一年都会遭遇规模不等的飞行员、空乘员大面积罢工。

2016 年 12 月 22 日至 31 日，大韩航空（Korean Air）飞行员工会进行罢工，以表达对薪资待遇的不满。罢工涉及约 190 余名公司员工，导致公司国内和国际航线 150 多架次客运和货运航班被取消。

根据不完全统计，2015 年 11 月、2016 年 11 月、2019 年 6 月，美国多个机场的底层员工因时薪过低举行罢工。2016 年 11 月间，美国航空运输服务集团旗下的 ABX Air 航空公司约 250 名飞行员举行罢工，一度使亚马逊和 DHL 的国际货运业务面临中断。

2018 年 9 月间，欧洲最大廉价航空公司瑞安航空（Ryanair）也遭遇史上最大规模罢工，导致 250 个航班被取消。

2019 年 9 月间，英国航空（British airways）遭遇近 40 年来首次飞行员大罢工，涉及英航 3 000 余名飞行员，影响数几万名旅客出行。

罢工现象在欧美各国是司空见惯的事情，其背后深层次的制度、文化、传统问题十分复杂，早已被公认是欧美社会的一项"顽疾"，且罢工所引发的社会关注极易引发模仿效应，带来连锁反应。这里面还涉及西方行业工会组织的复杂性，每一次罢工事件的背后，都有涉及政府及航企、工会组织、企业员工等多方的复杂利益博弈。其中也不乏"漫天要价，坐地还钱"现象的存在，这里不展开讨论。

分析近年来发生的上述国外典型案例，从罢工员工的诉求和不满来看，首先，老牌大型航企竞争力下降是引发员工群体性不满的根源，航空强国的老牌航企面对新航空公司、廉价航空公司的"逆袭"，尤其是包括亚洲、中东地区新兴国家本土民航运输业的飞速崛起和后发优势，要在安全水平、服务质量、股东利益和普通员工的职业满意间寻求最优解变得越来越困难。老牌航企的核心竞争力逐年下降，其员工用罢工这种极端方式来表达不满甚至演变成"持久战""年度保留节目"，正是这一趋势性问题的写照。当身为企业核心人力资源、拥有最高水平薪酬福利的飞行员群体都开始大量参与罢工时，反映的其实是上述国家整个民航行业甚至是国民经济的整体衰退。其次，在大的经济环境恶化下，航企的剧烈改革转型政策也与普通员工的利益诉求冲突巨大。近年来，西方各国多采取财政紧缩政策，削减预算。重压之下，资本密集的大型航企也难独善其身，采取各种措施减少支出；一些航企顺应日益严峻的竞争挑战，还同时采取加大廉价航空投入（如汉莎航空旗下的欧洲之翼、法航旗下的泛航航空均为重点发展的廉价航空）、聘用劳动力成本更低国家飞行员或外派飞行员到这些国家、削减在职或退休员工福利、冻结员工薪酬调增甚至裁员等措施。据媒体报道，上述措施对企业利润增长都收到了"立竿见影"的效果，但在经济环境恶化的大背景下，普通员工对公司的上述做法显然并不买账。过于"激进"的改革措施让习惯了高福利、高职业稳定度的普通员工一下子从舒适的浅水区跳入湍流当中，缺乏循序渐进的改革进程，也缺乏基于良好沟通和细致关爱的民意基础，再好的措施的效果也会大打折扣，甚至适得其反。

用后面将详细介绍的工作满意度相关理论来解释，员工的不满既源于这些企业所提供的薪酬、福利等"保健因素"多年来确实有所缩水，或员工对其工作投入与所得薪酬间的社会比较、历史比较结果失望；也源于企业无法说服其员工相信企业所设置的目标、无法认同其辛劳付出的价值。通俗来说，就是员工无法将个人的努力与企业的工作绩效、目标结合起来，缺乏一损俱损、一荣俱荣的集体归属感和主人翁意识。

2 职业满意度的概念、意义及其主要理论

2.1 职业满意度的概念

在学术研究领域，职业满意度（Career Satisfaction）常与工作满意度（Job Satisfaction）这一术语通用，其研究历史可谓源远流长。"工作满意度"这一表述最早可以追溯到梅耶（Mayo）、罗伊斯伯格（Rothisberger）和怀海德（Whitehead）的霍桑实验（1927—1932年），该实验的研究报告中指出："工作的情感会影响其工作行为，而工作者的社会及心理因素才是决定工作满意度与生产力的主要因素。"20世纪30年代，随着西方经济危机爆发后复苏，通过员工匿名调查来评估工人的工作满意度非常流行。尤布洛克（Uhrbrock，1934）可能是最早使用自制的态度测量技术评估工厂工人态度的心理学家。而目前公认霍波克（Hoppock，1935）是首次提出工作满意度概念的学者。自此，工作满意度引起了企业界和学术界的广泛关注，成为管理学、心理学等领域的热门研究课题。9-1表概括了早期有代表性的一些工作满意度的定义。

表 9-1　工作满意度早期代表性定义

No.	提出者	时间	定义内容
1	霍波克（R.Hoppock）	1935	员工心理和生理上对环境因素的满意感觉，即工作者对工作情境的主观反应。员工满意度既是员工对工作总体上的态度，又包含员工对工作各方面的感受
2	谢弗（Schatter）	1953	员工满意是其个体需要被满足的结果
3	波特（Lyman W. Porter）	1961	员工在其工作中感知所得与其期望所得之间的比较结果
4	弗鲁姆（Vroom）	1964	员工对其充当的工作角色所持有的一种情感倾向
5	洛克（Locke）	1969	个人对其工作所持的愉快或积极的情感状态，当员工工作价值被肯定时，员工所体验到的愉快的情感状态即员工满意度
6	史密斯，肯德尔（Smith，Kendall）	1969	员工在特定工作环境中，实际获得报酬与预期应得价值的差距。两者间呈反比，即差距大，满意程度低，差距小，满意程度高
7	皮尔斯（Price）	1972	员工对其组织承担的角色所具有的情感取向，取向为正，则员工满意；反之亦然
8	Milbourn, Dunn	1976	员工对其工作本身、薪酬水平、升职机会、领导以及同事的情感感知程度
9	洛克（Locke）	1976	个人评价其工作或工作经验而产生的正向的或愉悦的情绪状况，工作满意度是一种情绪性反应，它源于个人的工作满足或符合其工作价值观
10	Newstorm, Davis	1997	员工对自己工作持有的喜欢或不喜欢的感情或情绪

学者从不同的角度给出了工作满意度的不同定义，尽管这些定义因研究者的视角而各有不同，但基本均认同工作满意度是对待工作的一种心理层面的主观感受。徐光中（1977 年）将工作满意度的不同定义归纳为以下 3 类，得到较广泛的认同。

（1）综合性或整体性定义。这类定义只对工作满意度做一般解释，认为工作满意度是一个单一的概念，是员工对工作本身及相关环境所持的一般态度和看法，也就是对其工作角色的整体情感反映，不涉及工作满意度的多面性、形成原因和过程。如霍波克（Hoppock，1935）认为，工作满意度是一种心理状态整体性的单一概念，即员工对工作满意的程度，而不需划分数个层面来衡量。再如洛克（Locke，1976）认为工作满意度源于工作的一种正向或愉悦的情感性反应；弗鲁姆（Vroom，1973）认为工作满意度是指员工对其在组织中所扮演角色的感受或情绪性反应。

（2）差距性或相对性定义。这类定义的优点是，解释了整体性定义中满意度的主观性评价问题，满意度评价本身就是一种主观体验，研究者们经常使用的自我报告式（Self-report）满意度评价，无法用统一的尺度去衡量员工的满意程度。差距性定义创造性地将员工满意的程度视为员工从工作环境所获得的报酬与其预期应得之间的差距。这种差距越小满意程度越高，反之，满意程度越低。如 Porter（1973）认为工作满意的程度是一个人在工作中实际获得与他所认为应该获得的差距而定。也有研究者使用相对比值概念（郭晓静，2016），即满意是个相对的概念，满意度是员工期望与员工实际感知相比较的结果，即员工满意度等于实际感受与期望值的比值，超出期望值满意；达到期望值基本满意；低于期望值不满意。

（3）参考框架定义。差距性定义在实际测量中也遇到了一个量化衡量的问题，即员工的预期或期望往往很难统一和量化。参考框架定义认为，工作满意度是一个根据其自我参考框架对于工作特征加以解释后得到的结果。因此，此类定义可以说是特殊或具体维度的满意，其特征是工作者对特殊维度的情感反应。如 Smith，Kendall 和 Hulin（1969）认为工作满意度是一个人根据其参考框架对工作特性加以解释后所得到的结果，某一种工作环境是否影响工作满意度涉及许多其他因素，如工作好坏的比较、与其他人的比较、个人能力以及过去经验等。但不同研究者所使用的维度数也各有不同，如弗鲁姆（Vroom，1973）提出七个维度，包括企业及管理层、工作内容、升职、直接上司、薪酬待遇、工作环境、同事等；Weiss，Davis，England 和 Loquats 等（1967）年提出四维度说，包括工作任务、薪酬及环境、晋升发展、上级指导等；Smith 等（1969）则提出五维度说，包括工作本身、升职、薪酬、上司、同事等。Alderfer（1972）的 ERG 需要理论则从三个层次需要的角度，提出薪酬、福利、上司、同事、安全、顾客及成长等七维度说。

综上所述，参考框架定义比综合性定义更能解释工作满意度差异和不满意的原因，而第一、二类定义都或多或少存在满意度的衡量问题。因此，随着工作满意度领域的研究进展，研究者主要采取参考框架性定义的测量方法，深入研究工作满意度的构成维度或影响因素。

2.2 职业满意度的重要意义

1）认识员工职业满意度对企业的价值

20 世纪 80 年代后，西方工业强国开始面临如何进一步提升劳动者生产率、降低人才流失率的问题。许多企业发现，以提供低薪酬、低福利灵活工作岗位来试图降低用工成本的管理方式很多时候会产生负效应。企业不仅要面对因员工离职所带来的离职赔偿、重新招聘、重新培训等直接损失，员工一旦大量流失，还会影响在职员工的士气和客户的信心。这其中蕴含的一个"失败循环"往往是：企业不重视员工的职业满意度→企业支付较低的工资福利、培训不足、不合理的工作安排→员工职业满意度降低→员工不断流失，向顾客提供劣质产品或服务→顾客满意度降低→顾客流失严重。如 Heskett（1994）追踪考察上千家服务型企业的经营状况，探讨影响企业利润的变量及其相互关系，提出了"服务利润链"概念模型。该模型认为员工的满意度直接影响企业提供的产品和服务质量，也影响企业获得顾客的边际成本，后者则直接影响顾客满意度和忠诚度，又反过来直接决定企业的盈利能力和收益增长。

随着"以人为核心"的人本管理思想在西方企业管理中的逐渐兴起，管理者逐渐认识到应当将员工同样视为组织的内部顾客，员工的职业满意度越高，组织越有可能以顾客和市场为导向，从而令顾客满意。在企业经营实践中，惠普公司较早进行员工满意度调查研究，并根据调查结果采取相应对策，在 20 世纪 50 至 60 年代取得了业绩水平和管理水平的巨大提升。美国联邦快递研究发现，当内部顾客也就是员工的满意率提高 85% 时，公司外部的顾客满意率就高达 95%。美国席尔士公司通过调查发现，员工满意度每提高 5%，会连带提升 1.3% 的顾客满意度，同时也因此提高 0.5% 的企业业绩。而美国著名的人力资源咨询公司翰威特的"最佳雇主调查"则发现，员工满意度达到 80% 的公司，平均利润率增长要高出同行业其他公司 20% 左右。

实证研究发现，员工工作满意度与离职率之间呈显著负相关，因而维护和提升员工工作满意度将减少由员工离职所产生的各项成本。较高的员工工作满意度，还可以改善员工的工作态度，提升员工的敬业度，员工在认真完成本职工作的同时，更倾向于帮助其他员工、协助完成职责之外的工作，从而更能够节约企业的人力成本。此外，较高的工作满意度，还可以正向影响顾客的满意度，从而提升企业盈利能力和企业形象。

2）职业满意度与职业倦怠密切相关

职业倦怠又称职业枯竭、工作倦怠（job burn-out），最早由美国心理学家弗罗伊登伯格（Freudenberger，1974）提出，专指人际接触频繁、密切服务型（助人）行业中的员工，因长期面对过度的工作需求、持续工作压力、消极情绪体验时，所产生的身体和情绪的极度疲劳状态。马诗勒（Maslach，1982）对这一现象进行了系统研究，认为职业倦怠是发生在某些职业员工中的情感衰竭、个人成就感降低和非人性化的一种综合症状。职业倦怠也是企业管理和组织行为学领域的热点研究课题，这里不做详细展开，通常认为职业倦怠的结构包括如下三个方面。

一是情感衰竭（Emotional Exhaustion），指工作中没有活力，缺乏热情，感到自己的感情处于极度疲劳的状态；被认为是职业倦怠的核心纬度，并具有最明显的症状表现。

二是个人成就降低或无力感（Reduced Personal Accomplishment），指倾向于消极地评价自己，并伴有工作能力体验和成就体验的下降，认为工作不但不能发挥自身才能，而且是枯燥无味的烦琐事务。

三是非人性化，亦译作去人格化（Depersonalization），指刻意在自身和工作/服务对象间保持距离，对工作对象和环境采取冷漠、忽视的态度，对工作敷衍了事，个人发展停滞，行为怪僻，提出调度申请等。

从情感体验上来看，职业倦怠与职业满意度是对工作体验的相反度量，当然两者的心理构念和内涵不同，是不同的心理学概念。但职业满意度显然与职业倦怠有密切的联系，即低的职业满意度往往与高的职业倦怠水平相对应，这已被许多研究所证实。如 Bacharach，Bamberger 和 Conley（1991）研究发现，工作满意度与职业倦怠高度相关，不满意的组织成员比满意的成员显示出更高的职业倦怠水平；Lee 和 Ashford（1993）的研究也发现工作满意度与职业倦怠间存在负相关关系。周晓虹等（2008）发现职业倦怠的 3 个维度均与工作满意度呈显著负相关；陈丽芬等（2009）发现工作满意度与职业倦怠之间是相互影响的关系；郑建林（2012）的一项调查研究发现，员工的工作压力、职业倦怠、工作满意度在年龄、工作年限等人口学变量上存在着一致的符合我们想象的差异：30～40 岁年龄以及工作 10～15 年的员工感受到的工作压力最大，职业倦怠得分最高，体验到的工作满意度最低。职业倦怠与工作满意度之间则存在显著的负相关，即职业倦怠得分高，工作满意度低，反之亦然。社会支持作为其中一种重要的调节变量，与工作满意度呈显著正相关，而与职业倦怠显著负相关；也即员工体验到的来自上司、同事、家人和朋友的支持越大，相应的工作满意度越高，职业倦怠越低。

也有研究者将工作满意度、职业倦怠与其他的工作或个人相关变量联系在一起，探讨其期间相互作用关系。如严标宾等（2015）通过对职业倦怠、工作满意度和工作绩效的调查研究发现，工作满意度在职业倦怠和工作绩效之间有部分中介作用，即在统计分析上，证实了职业倦怠对工作绩效的一部分影响是通过工作满意度在起作用；类似的，宋俗珈（2013）的研究也发现职业倦怠在工作压力与心理健康、生活满意度之间存在中介作用。

3）员工职业满意度的其他后果变量

职业满意度不仅是一个员工工作感受或心理福利，而且会直接影响企业的绩效，研究者在研究职业满意度的构成维度和影响因素的同时，也探究职业满意度究竟还会影响哪些与工作相关的行为。如本章引言所述，职业满意度可以被企业视为反映组织健康与否的一项早期预警指标，通过对员工职业满意度的掌握和持续监控，可以及早发现管理方面存在的缺陷与不足。它既可以被视为其他管理或组织变量的影响结果，也可以被作为预测其他组织行为（如员工敬业度、员工组织承诺、工作绩效）的指标或前置变量。

大致上可以将职业满意度的后果变量分为以下 3 类：

（1）个人行为反应变量。除工作绩效外，低职业满意度还会引发员工的退却、攻击、知觉歪曲等心理健康问题。Schmitt（1982）发现，人们对工作的态度与其对生活的态度显著相关，且两者间的关系具有双向性；Kossek（1998）汇总 32 个有关工作—家庭冲突与工作—生活满意度关系的研究结果，发现两者呈显著的负相关；Quinn（1998）发现职业满意度与紧张和焦虑、自尊、敌意、社会能力、生活满意度和个人士气等 6 个心理健康指标关系一致。

（2）组织反应变量：员工的低职业满意度会直接影响企业提供的产品或服务质量、生产效率、组织承诺和工作绩；员工的旷工、怠工行为也会增多。组织承诺是指员工对所属组织的目标和价值观的认同、信任，及由此带来的积极情感体验；是一种重要的员工态度变量，对工作绩效产生直接影响。凌文辁等（2001）研究发现员工工作满意度对组织承诺中的感情承诺和机会承诺影响显著；在另一项大规模调查研究中（凌文辁，2007）发现，工作满意度与离职意愿呈负相关，与工作积极性呈正相关，也即工作满意度越高，离职意愿越低，而工作积极性相应就越高，反之亦然。

员工旷工、怠工和离职等属于工作退行行为，前面提到的职业倦怠即可被视为一种广泛存在的工作退行现象。Brown（1996）研究发现工作投入与内源性工作满意度有较强的联系，而与外源性工作满意度则没有这种联系。Marilyn（1986）的调查发现在工作认可、成就机会和责任匹配这 3 个激励因素作用下，职业满意度与工作投入具有显著相关，而由工作本身所带来的满意度则与其不相关。Smith（1969）、Porter 等（1968）的研究结论比较一致，即工作满意度与离职显著负相关。Jockofsky 等（1983）发现，不满意员工一旦产生离职意向，就必然会采取离职行为。其他一些研究则得出不同的结论。Hackett 等（1985）的相关研究发现，怠工、人员流动与工作满意度只有中等程度的相关。此外，一些研究者认为员工满意度与工作绩效之间的联系可能是有条件的，即存在其他一些中介变量，如 Dwight 等（1984）的调查表明，工作属性如工作的挑战性、发展机会等在两者之间起中介作用，高挑战性工作的工作满意度与绩效正相关；而低挑战性工作则不存在这一现象。而组织外部因素如环保、社区地位等所致的工作满意度与绩效间的关系也不强。当然，出现这一结果，可能与地板效应和天花板效应有关。

（3）社会反应变量：在个体与企业组织之外，劳动者群体的工作满意度还可能会对整个社会生产及生活秩序产生影响，如国民生产总值、疾病率、政治稳定性、生活质量等。比如本书第一节所举的西方主要国家经济衰退的大环境下，行业出现大面积罢工进而严重影响所涉及企业的生产经验活动乃至行业、国民经济其他部门的正常运行。这种情况，虽然无法使用常规的研究手段进行精确的量化，但劳动者群体的职业满意度降低显然是重要的影响因素之一。

2.3 职业满意度的主要理论

有关职业满意度的研究，先要将工作满意度作为结果变量，讨论其如何形成，受到哪些因素的影响，以期从中得到启发，改善企业的管理。多年来，在这方面积累了丰富的理论研究。

2.3.1 需要层次理论

美国心理学家亚伯拉罕·马斯洛（Abraham Harold Maslow）著名的需要层次理论最早被用来解释员工工作满意度的形成。作为人本主义心理学的主要发起者和理论家，马斯洛（1943）在《人类动机的理论》一书中提出了需要层次论。将人类的需求从下到上分为生理需要、安全需要、社会需要、尊重需要和自我实现需要5个层次。① 生理需要指人类维持自身生存的最基本要求，包括饥、渴、衣、住、行等方面的基本要求，也包括性的需要。生理需要是推动人类行为的基本原动力。② 安全需要是人类要求保障自身安全、摆脱事业和丧失财产威胁、避免损伤和病疼伤害的需要。③ 社会需要也称情感需要，又包含友爱的需要——即与同事、伙伴间的融洽关系、与伴侣间的爱与被爱的需要，归属的需要——即归属于某个群体，与群体成员间的相互关心与照顾。④ 尊重需要指人人都希望自己有稳定的社会地位，要求个人的能力和成就得到社会的承认，也包括内在的自尊。⑤ 自我实现需要则指实现个人理想、抱负，发挥个人的能力到最大程度，完成与自己的能力相称的一切事情的需要。自我实现的需要是努力实现自己的潜力，使自己越来越成为自己所期望的人。

马斯洛认为，人们的需求是多样的和逐层上升的，而且需求的结构很复杂，多种需要会同时影响行为。但是在某个时段，总有一种需求占主导地位，而人的行为是由其当时的主导需要决定的。当较低层次的主导需要得到满足后，高层次的需要才会有足够的活力驱动行为，人的需求才会向更高层次发展。人的需求一旦被满足，就不再是激励因素，曾经为满足这些需求所提出的措施，就不再具有激励作用。人们未满足的主导需要的满足程度，将决定人们的动机、行为和情绪。

马斯洛需要层次理论揭示了人们需要的多样性和层次性。该理论还有2个重要特点：一是这5种需要像阶梯一样从低到高，按层次逐级递升，但这样次序不是完全固定的，可以变化，也有例外情况；二是同一时期，一个人可能有几种需要，但每一时期总有一种需要占支配地位，对行为起决定作用。任何一种需要都不会因为更高层次需要的发展而消失。各层次的需要相互依赖和重叠，高层次的需要发展后，低层次的需要仍然存在，只是对行为影响的程度大大减小。

马斯洛的需要层次理论虽然具有划时代的进步意义，但也带有一定的机械主义色彩。一方面，他提出了人类需要发展的一般趋势。另一方面，他又在一定程度上，把这种需要层次看成是固定的程序，看成是一种机械的上升运动，忽视了人的主观能动性。因此后续有不少研究者都寻求在其理论基础上的改进。

需要层次理论在组织管理领域受到广泛的重视和应用，它可以从不同层次需要满足的角度来解释员工满意度的构成、影响因素。如企业为员工提供的薪酬和医疗保健福利有助于员工满足其基本的生理需要。工作环境中的安全体验、公司合理的组织架构和政策则保证了员工的安全需要得到满足。一旦这两层需要得到满足，员工就可以全身心投入工作，进而产生对工作的归属感。与此同时，与工作中同事和上司的良好人际关系也会促进这种归属感。一旦以归属为代表的社会需要得到满足，员工就会进而去寻求在同事和组织中受重视、被认同的需要。而最高层次的自我实现需要的满足，则伴随着员工在组织中的个人成长和职业发展。因此，对组织来说，致力于提升员工的工作满意度，就需要在先满足员工基本需要的基础上，不断为员工追求高层次需要提供条件。

2.3.2 奥尔德弗的 ERG 需要理论

美国耶鲁大学的克雷顿·奥尔德弗（Clayton. Alderfer，1969）在马斯洛提出的需要层次理论的基础上，进行了更接近实际经验的研究，提出了 ERG 需要理论。他将需要层次进行了简化，认为共存在 3 种核心需要，即生存（Existence）的需要、相互关系（Relatedness）的需要和成长发展（Growth）的需要，因而这一理论被称为 ERG 需要理论。如图 9-1 所示，生存的需要与人们基本的物质生存需要有关，它包括马斯洛提出的生理和安全需要。相互关系的需要，即指人们对于保持重要的人际关系的要求。这种社会和地位的需要的满足是在与其他需要相互作用中达成的，它们与马斯洛的社会需要和尊重需要分类中的外在部分是相对应的。最后，奥尔德弗把成长发展的需要独立出来，它表示个人谋求发展的内在愿望，包括马斯洛的尊重需要分类中的内在部分和自我实现层次。

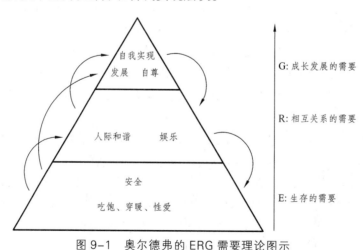

图 9-1 奥尔德弗的 ERG 需要理论图示

与马斯洛需要层次理论相类似的是，ERG 理论认为较低层次的需要满足之后，会引发出对更高层次需要的愿望。不同于需要层次理论的是，除了用 3 种需要替代了 5 种需要以外，首先，马斯洛的需要层次是一种刚性的阶梯式上升结构，即认为较低层次的需要必须在较高层次的需要满足之前得到充分的满足，两者具有不可逆性。而 ERG 理论并不认为各类需要层次是刚性结构，比如说，即使一个人的生存和相互关系需要尚未得到完全满足，他仍然可以为成长发展的需要工作，而且多需要可以同时作为激励因素起作用。其次，马斯洛认为当一个人的某一层次需要尚未得到满足时，他可能会停留在这一需要层次上，直到获得满足为止。而 ERG 理论则提出了一种叫作"受挫—回归"思想，即当一个人在某一更高等级的需要层次受挫时，那么作为替代，他的某一较低层次的需要可能会有所增加。例如，如果一个人社会交往需要得不到满足，可能会增强他对得到更多金钱或更好的工作条件的愿望。即较高层次需要的满足受挫时，会导致人们向较低层次需要的回归。因此，管理措施应该随着人的需要结构的变化而做出相应的改变，并根据每个人不同的需要制定出相应的管理策略。

2.3.3　麦克利兰的成就激励理论

美国哈佛大学教授戴维·麦克利兰（D. C. McClelland）通过对人的需求和动机进行研究，于 20 世纪 50 年代提出成就激励理论（亦称成就动机理论、成就需要理论、三种需要理论）。麦克利兰认为，人除了生存需要之外，还有 3 种高层次需要，即成就、权力和亲和。他尤其对成就需要做了细致研究，发现高成就需求者有 3 个主要特点：一是喜欢设立具有适度挑战性的目标；二在选择目标时会回避过分的难度；三是喜欢多少能立即给予反馈的任务，也即目标—结果导向。高成就需求者不喜欢凭运气获得成功，不喜欢接受那些在他们看来特别容易或特别困难的工作任务，因此他们不会满足于随遇而安或随波逐流。麦克利兰指出，金钱刺激对高成就需求者的影响很复杂。一方面，高成就需求者往往对自己的贡献评价甚高，自抬身价。另一方面，金钱刺激究竟能够对提高他们绩效起多大作用很难说清。他们一般总以自己的最高效率工作，所以金钱固然可以证明其成就和能力，但他们可能会觉得薪酬配不上其贡献，反而可能会在这方面有所不满。

麦克利兰的成就激励理论在企业管理中的应用价值在于，首先，在人员的选拔和安置上，通过测量和评价员工的动机特征，对于职位和工作分配有重要意义。如高成就需求者喜欢能独立负责、可以获得信息反馈和中度冒险的工作环境。他们会从这种环境中获得高度的激励。麦克利兰发现，在小企业的经理人员和在企业中独立负责一个部门的管理者中，高成就需求者往往会取得成功。其次，对具有不同需求的人应当使用不同的激励方式，了解员工的需求与动机有利于建立合理的激励机制。如在大型企业或其他组织中，高成就需求者并不一定就是一个优秀的管理者，原因是高成就需求者往往只对自己的工作绩效感兴趣，并不关心如何引导别人去做好工作。再次，亲和需要与权力需要和管理的成功密切相关。麦克利兰发现，最优秀的管理者往往是权力需要很高而亲和需要很低的人。如果一个大企业的经理的权力需要与责任感和自我控制相结合，那么他就很有可能成功。最后，麦克利兰认为动机是可以训练和激发的，因此可以通过训练和提高员工的成就动机来提高生产率。如果某项工作要求高成就需求者，那么，管理者可以通过直接选拔的方式找到一名高成就需求者，或者通过培训的方式培养自己原有下属。

2.3.4　赫兹伯格的双因素激励理论

美国行为学家弗雷德里克·赫兹伯格（Fredrick Herzberg，1959）提出的双因素激励理论（又称"激励—保健理论"）是管理学领域最具影响的理论假设之一，同时也是最具争议性的理论。他通过对多个行业 200 多名工程师和会计人员的调查，从"满意"和"不满意"两个维度，对调查结果进行分类，并归纳得出提高员工工作满意度的主要因素。

第一类因素是激励因素，包括工作本身、认可、成就、责任和成长。这些因素涉及对工作的积极感情，又和工作本身的内容有关。这些积极感情与个人过去的成就、被人认可及担负过的责任有关，其基础在于工作环境中持久而非短暂的成就。激励因素也就相当于需要理论中的较高层次需要，它们是真正能够带来积极态度、满意和激励作用的。第二类因素是保健因素，包括公司政策和管理、技术监督、薪水、工作条件以及人际关系等。这些因素涉及工作的消极方面，也与工作的氛围和环境有关。

双因素理论认为，传统所认为与员工工作满意度有关的这些"保健因素"相对于员工和工作本身而言，是外在激励；它们能消除不满意，防止产生问题，但这些传统的"保健因素"即使达到最佳程度，也不会产生积极的激励。因此，管理者应该认识到保健因素是必需的，不过它一旦中和了员工的不满意之后，就不能产生更积极的效果。而激励因素是内在的，或者说是与工作相联系的内在因素，只有"激励因素"才能使人们有更好的工作绩效。因此，双因素理论的重要价值之一在于，它使管理者首次认识到，满意和不满意并非共存于单一的连续体中，而是截然分开的；这种双重的连续体意味着一个人可以同时感到满意和不满意，而不是传统上所认为的：某一类因素的存在能够使员工感到"满意"，则该类因素的缺失必将导致员工的"不满意"。另一重要启示在于，只有"激励因素"的存在会导致满意感，而工作条件和薪金等保健因素的存在则只能防止产生不满意感，不能影响人们对工作的满意程度。因此，作为管理者，更应该设法调动员工的积极性，以寻求从工作本身来直接使员工受到内在激励，激发员工的成就动机；又需要关注员工对保健因素也即外部条件的需求，防止员工产生不满意。

从更广义的工作动机和企业管理角度来说，美国心理学家道格拉斯·麦格雷戈（Douglas McGregor，1960）提出的有关人性假设与管理方式的 X 理论和 Y 理论与双因素理论有类似之处。麦格雷戈基于两种完全相反的假设，其中 X 理论认为人们有消极的工作动机，即假设人类本性懒惰，厌恶工作，尽可能逃避；绝大多数人没有雄心壮志，怕负责任，宁可被领导骂。因此，对待多数人必须用强制办法乃至惩罚、威胁使其工作。进而，麦格雷戈基于对 X 理论的批判，提出了相反的 Y 理论。Y 理论旨在将个人目标与组织目标相融合，它假设：① 一般人的本性不是厌恶工作，如果给予适当机会，人们喜欢工作，并渴望发挥其才能。② 想象力和创造力是人类广泛具有的。③ 多数人愿意对工作负责，寻求发挥能力的机会。④ 能力的限制和惩罚不是使人去为组织目标而努力的唯一办法。⑤ 激励在需要的各个层次上都起作用，而激励的办法在于扩大工作范围；尽可能把职工的工作安排得有意义，并具挑战性；工作之后引起自豪，满足其自尊和自我实现的需要；使职工达到自我激励。只要启发内因，实行自我控制和自我指导，在条件适合的情况下就能实现组织目标与个人需要统一起来的最理想状态。

2.3.5 弗鲁姆的期望理论

如果将员工工作满意度的达成近似与工作积极性等效，就广义的工作动机角度来说，所有旨在激发员工工作积极性的理论都可以称为激励理论。前述的四种早期理论主要都围绕对于需要的研究，也即以什么为基础、根据什么才能激发员工工作积极性或达成员工满意。一些学者将上述理论归为内容型激励理论；而过程学派则认为，通过满足员工的需要实现组织的目标有一个过程，即需要通过制定一定的目标影响人们的需要，从而激发人的行动，包括弗鲁姆的期望理论、洛克和休斯的目标设置理论、波特和劳勒的综合激励模式、亚当斯的公平理论、斯金纳的强化理论等。其中，弗洛姆的期望理论（Vroom，1964）最具代表性。

期望理论以 3 个因素反映需要与目标之间的关系，要激励员工，就必须让员工明确：① 工作能提供给他们真正需要的东西；② 他们欲求的东西是和绩效联系在一起的；③ 只要努力工作就能提高他们的绩效。弗鲁姆假设人们会主观地决定各种行动所期望的结果的价值，即每个人对结果的期望各有偏好。因此，任何对行为激励的解释，不但要考虑人们所要完成的目标，也要考虑人们为得到偏好的结果所采取的行动。弗鲁姆认为，当一个人在结果难以预料的多个可行方案中进行选择时，他的行为不仅受其对期望效果的偏好影响，也受他认为这些结果实现的可能性大小影响。用公式表示，即动机（或激励强度）等于目标价值（效价）和期望概率（期望值）的乘积，后期又发展为：动机 = 效价 × 期望值 × 工具性。其中，工具性指能帮助个人实现目标的非个人因素，如环境、快捷方式、任务工具等。

据此，弗鲁姆提出了期望模式，即通过个人努力→个人绩效→组织奖惩（薪酬等）→个人需要。上述 4 个过程因素之间的关系：一是努力和绩效的关系取决于个体对目标的期望值，而期望值又取决于目标是否适合个人的认识、态度、信仰等个性倾向，以及个人社会地位、他人期望等社会因素，即由目标本身和个人的主客观条件决定。二是绩效与奖励的匹配，达成预期绩效即应得到合理奖励，如奖金、晋升、表扬等。三是奖励与个人需要间的匹配，不同的奖励对不同需要的人有不同的效价。四是需要的满足会激发个体产生新的行为动机，且对实现新的期望目标产生更高的热情。经进一步的拓展，得出如图 9-2 的模型。

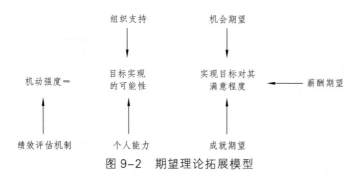

图 9-2　期望理论拓展模型

在一个科学、合理、有效的绩效评估机制下，员工在工作中愿意付出努力程度的大小取决于实现目标对其满足程度（满足程度包含不同的方面，个体对其效价各有偏好）和目标实现的可能性两种因素。因此在管理实践中，应当同时考虑目标设置的合理性，目标效价的相对作用和合理的期望值，既要设法提高目标在员工心目中的价值，又要设法提高员工对目标实现可能性的期望值。

在弗鲁姆之后，美国管理学家洛克和休斯等人提出类似的"目标设置理论"，同样强调为最大限度提升员工的工作积极性，应当注意目标设置的难度、明确性和可接受性。

3.3.6　亚当斯的公平理论

美国心理学家约翰·斯塔希·亚当斯（John Stacey Adams，1965）提出的公平理论（亦称社会比较理论）很好地阐释了"人不患寡，但患不均"这句古训。该理论认为，员工工作积极性取决于对自己和参照对象的报酬、工作投入比例的主观比较评估。公平理论可以用公平关系式来表示。公平理论指出，人们总会自觉或不自觉地将自己付出的劳动代价及其所得到的报酬与他人进行比较，并对公平与否做出判断。公平感直接影响职工的工作动机和行为。从某种意义来讲，动机的激发过程实际上是人与人进行比较，做出公平与否的判断，并据以指导行为的过程。公平理论研究的主要内容是职工报酬分配的合理性、公平性及其对职工产生积极性的影响。

亚当斯认为，员工的积极性取决于他所感受的分配上的公正程度，即公平感，而员工的公平感取决于一种社会比较或历史比较。社会比较即横向比较，是指职工对他所获得的报酬（包括物质上的金钱、福利和精神上的受重视程度、表彰奖励等）与自己工作的投入（包括自己受教育的程度、经验、用于工作的时间、精力和其他消耗等）的比值与他人的报酬和投入的比值进行比较。历史比较也即纵向比较，是指职工对他所获得的报酬与自己工作的投入的比值同自己在历史上某一时期内的这个比值进行比较。此外，该理论认为每个人都会自觉或不自觉地进行社会比较和历史比较。表 9-2 比较了具有代表性的激励理论的主要观点及其对管理实践的启示。

表 9-2　代表性激励理论观点与启示

名　称	提出者	基 本 内 容	对管理实践的启示
需要层次论	马斯洛（1943）	人的需要可分为五个层次，这五种需要成梯形分布；后期又补充了求知、求美的需要，形成七个层次	（1）正确认识员工需要的多层次性； （2）努力将组织的管理手段、管理条件同员工各层次需要联系起来； （3）科学分析找出受时代、环境及个人条件差异影响的优势需要，有针对性地进行激励
双因素论	赫兹伯格（1950s）	提出两大类影响人的工作积极性的因素： （1）保健因素； （2）激励因素	（1）区分管理中的两类因素，对保健因素要给予基本的满足，以消除员工的不满； （2）抓住激励因素，进行有针对性的激励； （3）正确识别与挑选激励因素
期望理论	弗鲁姆（1964）	工作积极性高低取决于员工对工作满足其需要的程度及实现可能性大小的评价。激励水平取决于期望值与效价的乘积，即激励强度=效价×期望	（1）一定要选择员工感兴趣、评价高，即认为效价大的激励项目或手段； （2）确定工作目标的标准不宜过高； （3）若不从实际出发，只从管理者的意志或兴趣出发，推行激励对员工来说可能无效
公平理论	亚当斯（1965）	工作积极性不仅受其所得的绝对报酬的影响，更受其相对报酬的影响。付出与报酬的比较方式包括横比和纵比两种	（1）高度重视相对报酬问题； （2）尽可能实现相对报酬的公平性； （3）当出现不公平现象时，要做好工作，积极引导，防止负面效应发生

2.3.7　波特-劳勒综合激励模型

美国行为科学家爱德华·劳勒和莱曼·波特 1968 年提出的"波特-劳勒斯望激励理论"结合了行为主义流派的外在激励和认知主义流派的内在激励、个体知觉等因素，而且同时融合了内容型激励理论和期望理论、公平理论等过程型激励理论，成为后期非常有影响的综合激励模型代表。其模型如图 9-3 所示。

图 9-3 中，与期望理论一样，员工基于对目标效价和实现目标可能性的期望值判断，产生工作积极性，决定了努力程度。工作绩效又取决于工作积极性、员工对工作所需岗位职责的角色感知、能力的大小以及工作条件等环境要素。而奖励是以工作绩效为前提，不是先有奖励后有绩效，而是必须先完成组织的任务才能引发精神的、物质的奖励。因此，当职工看到其所受奖励与绩效关联性很差时，奖励将不能成为提高绩效的刺激物。此外，奖惩措施是否会产生工作满意，取决于被激励者认为获得的报偿是否公正；如果他认为符合公平原则，当然会感到满意，否则就会感到不满。而只有满意才能引发进一步的工作努力。

波特和劳勒认为，除内容激励和过程性激励因素之外，从激励开始到工作绩效之间有三个因素非常重要：一是员工能力和素质，个体能力对完成任务有着巨大的作用，管理者必须要慧眼识才，把人才放在最能发挥其长处的岗位上，如果放错了位置，不仅浪费了人才，还直接导致不良的工作绩效；二是工作条件（环境），选好人才后，还必须要为其发挥才干创造必要的条件，配备必要的资源；三是角色感知，管理者需要帮助员工充分了解其角色、该岗位或者该项任务对他的具体要求，也即要让员工充分把握好岗位职责和要求。

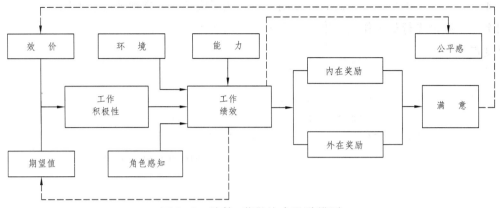

图 9-3 波特-劳勒综合激励模型

在这个模式中，波特与劳勒把激励过程看成外部刺激、个体内部条件、行为表现、行为结果相互作用的统一过程。一般都认为，有了满足才有绩效。而他们则强调，先有绩效才能获得满足，奖励是以绩效为前提的，人们对绩效与奖励的满足程度反过来又影响以后的工作积极性。人们对某一工作的努力程度，是由其对目标实现效价和目标实现获得奖励满足的期望概率所决定的。同时，人们行为的结果即绩效，既依赖于个人的努力程度，也依赖于个体的品质、能力以及个体对自己工作角色的感知。

3 飞行员职业满意度影响因素

杨翠华（2012）使用"明尼苏达工作满意度调查量表"短式问卷从工作本身、工作回报、工作关系和组织环境四个方面调查了深圳航空 170 名飞行员的工作满意度，发现飞行员的整体工作满意度处于中等水平（均值为 3.48，满分 5 分）。上述四个方面满意度排序依次是：工作关系 > 工作本身 > 工作回报 > 工作环境。本书认为，造成满意度低的最主要原因是安全压力大和收入相对较低。结合对飞行员的访谈，本书认为上述问题说明企业为飞行员提供的工作与飞行员的主观需求之间还有较大差距。

郭晓静（2016）从工作本身（指工作强度与复杂性、工作压力、工作流程等工作特征变量）、工作回报、工作环境、个人发展及企业感知（包括企业文化、企业发展前景、管理层能力、组织承诺等）五个方面编制工作满意度问卷，调查分析了 D 航空公司 488 名飞行员的工作满意度状况，发现飞行员整体满意度处于中上水平（均值为 3.92，满分 5 分）。而上述五个方面中，对工作回报的满意度最低。根据其对国内飞行员薪酬水平的统计来看，飞行教员和机长的收入较副驾平均高出 40%，因此副驾对工作回报的满意度最低。随着年龄的增长，飞行员对工作本身的满意度有降低趋势；25 岁以下的年轻飞行员在个人发展方面的满意度更高。有趣的是，在几乎所有维度上，已婚飞行员的工作满意度相对未婚飞行员均更低。

罗渝川、罗晓利等（2016—2017）使用自编的"航线飞行员工作满意度问卷"对某航空公司422名飞行员进行了调查研究。该问卷主要从工资待遇、物理环境、工作安排、人际关系四个维度测量飞行员工作满意度。结果表明，民航飞行员对其薪酬待遇和工作中人际关系满意度得分较高，而对工作中物理环境、工作安排满意度得分较低。其原因是飞行员执勤时间过长，睡眠时间被压缩，昼夜节律紊乱，节假日时间与家人不同步，工作负荷不均衡，飞行工作枯燥等。另外，已婚飞行员因需要协调工作与生活之间的平衡，对工作安排的满意度得分低于未婚飞行员；进入航空公司开始航线生产后，民航飞行员一般需10年左右成长为机长。民航飞行员的收入不仅与其飞行小时数有关，还与其职位密切相关。在相同飞行小时数的情况下，由于高职位飞行员所执飞的项目以及航线性质的差异，其收入也有较大差异。机长和机长教员薪酬满意度较高，工龄10年以上薪酬待遇较高；而在工作物理环境、工作安排方面，则呈现满意度更低的相反趋势。工龄10年以上的民航飞行员已基本成长为高职位的机长或机长教员，需要额外承担带飞、教学和飞行考核等任务，工作安排会比正副驾驶和短飞行工龄的民航飞行员更紧密，故工作安排维度得分较低。

4　如何养成和保持良好的飞行职业满意度，终身快乐飞行

（1）找出自己的优点、缺点和对工作的喜好。

知道自己擅长什么，不擅长什么，可能会引导飞行员走上一条最适合的道路。

（2）选择最大限度地发挥自己优势的工作。

不要选择一个自己不擅长的工作。为了获得更高的满意度，对这份工作的喜爱是最重要的。

（3）诚实、真诚地履行自己的职责。

花点时间尽可能地履行自己的工作职责。

（4）努力工作，没有替代品。

（5）不断学习新事物。

尽管可能认为自己对工作了如指掌，但总有一些新的东西需要学习。不要仅仅因为知道工作中的每一件事就不去参加会议或培训班。

（6）别指望自己的工作会有大的奇迹。

耐心等待工作完成后再递交辞职信。不要期望工作完成后马上就有回报，要有耐心。

（7）不要拿自己的表现和回报与别人相比。

每个人都有自己的大脑和努力，继续工作直到得到最大的满足。当然每个人都有自己的局限性。

（8）有条理，根据重要性，记下每天需要做的事情。

（9）了解同事。这将帮助你适应理解自己一天中潜在的冲突。

（10）白天偶尔休息一下，放松点，生活比工作更重要。这样，自然会感到神清气爽，也

能更有效率地完成工作。

（11）限制加工食品和饮料，包括咖啡。

如果习惯于吃"垃圾"食品，身体就会习惯它，长期下去有害健康。

（12）与工作建立积极的关系。

将工作看作是一次冒险，对参与的任何工作保持积极的态度。

（本专题由凤四海撰稿）

参考文献

[1] 杨翠华. 深航飞行员工作满意度现状研究[D]. 北京：北京师范大学，2012.

[2] VINNICOMBE S. Communications and job satisfaction：a case study of an airline's cabin crew members[J]. Leadership & Organization Development Journal, 1984, 5（1）：2 - 7.

[3] BARTOLO K, FURLONGER B. Leadership and job satisfaction among aviation fire fighters in Australia[J]. Journal of Managerial Psychology, 2000, 15（1）：87-93.

[4] MCCAMEY R. Assessing the relationship between airlines' maintenance outsourcing and aviation professionals' job satisfaction[J]. Center for the Built Environment, 2011, 218（1）：191-204.

[5] DEMIRKOL I C, NALLA M K . Predicting job satisfaction and motivation of aviation security personnel：a test of job characteristics theory[J]. Security Journal, 2018.

[6] SOPHIE B, ANDREAS K, ADRIAN S. Emotional exhaustion and job satisfaction in airport security officers-work-family conflict as mediator in the job demands-resources model[J]. Frontiers in Psychology, 2016, 7（654）：663.

[7] HAUGLI L, SKOGSTAD A, HELLESØY O H. Health, sleep, and mood perceptions reported by airline crews flying short and long hauls[J]. Aviation Space & Environmental Medicine, 1994, 65（1）：27.

[8] OFFICE U S G A. Commercial aviation：impact of airline crew scheduling on delays and cancellations of commercial flights[J]. Government Accountability Office Reports, 2008.

[9] SHIOTA M, SUDOU M, OHSHIMA M. Using outdoor exercise to decrease jet lag in airline crewmembers[J]. Aviation Space & Environmental Medicine, 1996, 67（12）：1155-60.

[10] DE G A, CALDORA M, SANTAQUILANI M, et al. Health risks from radiation exposure for civilian aviation flight personnel：a study of Italian airline crew members[J]. Radiation Research, 2001, 156（5）：689-694.

[11] COOPER C L, SLOAN S. The sources of stress on the wives of commercial airline pilots[J]. Aviation Space & Environmental Medicine, 1985, 56（4）：317.

[12] JAMAL M, PREENA S. Job Stress and Employee Well-Being Among Airline Personnel

in an Asian Developing Country[J]. International Journal of Stress Management, 1998, 5（2）: 121-127.

[13] COOPER C L, SLOAN S. Occupational and psychosocial stress among commercial aviation pilots[J]. Journal of Occupational Medicine Official Publication of the Industrial Medical Association, 1985, 27（8）: 570.

[14] FROOM P, CLINE B. Chapter 11-common occupational health problems in airline workers[J]. Occupational Health in Aviation, 1995, 54（5）: 189-200.

[15] 郑建林. 职业倦怠与工作满意度关系研究[J]. 统计科学与实践, 2012（1）: 24-25.

[16] 严标宾, 邓珊, 林知. 工作倦怠与工作满意度、工作绩效的关系研究[J]. 嘉应学院学报, 2015, 33（3）: 38-42.

[17] 宋俏珈. 公务员工作压力与心理健康、生活满意度的关系: 职业倦怠感的中介作用[D]. 北京: 中国科学院大学, 2013.

[18] 于炜晔. 工作满意度理论研究文献综述[J]. 产业与科技论坛, 2010（10）.

[19] 杨玉文, 李慧明, 翟庆国. 工作满意度量表在我国适用维度研究[J]. 知识丛林, 2010（10）.

[20] 方来坛, 时勘, 张风华, 等. 员工敬业度、工作绩效与工作满意度的关系研究[J]. 管理评论, 2011（12）: 110-117.

[21] 孙建法. 员工工作满意度影响因素研究[D]. 济南: 山东大学, 2006.

[22] 曾明, 秦璐. 工作满意度研究综述[J]. 河南教育学院学报（哲学社会科学版）, 2003（1）: 102-105.

专题 10 了解自己，自我测评：
常用心理健康自评量表

【引 子】

> 心理健康测试量表是在一定的心理健康理论指导下，根据心理测量学原理和方法编制的测试工具。科学的心理健康测试工具都经过了严格的心理测量学指标的检验（信度和效度），符合心理测量学标准。为便于同学们心理健康的自我检测，我们选取了11个常用心理健康自测量表供大家自检，所选取的12个心理健康测试量表主要以积极心理学倾向的量表为主，有个别量表（如 SCL-90）会涉及心理症状的检测，其测试结果仅供参考。如遇不太明白的问题或任何困惑，请一定要联系心理学教师或向心理咨询中心老师寻求帮助。

1 优势行动价值问卷（The Values in Action Inventory of Strengths，VIA-IS）①

1.1 简 介

由帕克（Park）和波得森（Peterson）等人编制的成人版人格力量（Character Strength）测量量表的中文译本由中央教育科学研究所心理与特殊教育研究中心主任孟万金教授修订，共有 240 个自评问题，采用 5 点记分（非常像我、像我、不确定、不像我、非常不像我）。得分越高表示该人格特质越趋向"积极"的一端。其在大学生中的适用性研究证明，其分半信度为 0.93，Cronbach a 系数为 0.87；验证性因素分析表明各项目在其所属维度的载荷如 0.32 ~ 0.89，$\chi^2 / df = 2.81$，NFI、TLI、CFI 均在 0.85 以上，同时 RMSEA<0.05，说明该量表的信度与效度较高。

---

① 袁磊，辛秀萍，刘艺. 地方高校学生干部优势人格状况调查与研究[J]. 河南教育学院学报，2018(5):68-71；
  郑祥专. 地方高校大学生积极人格发展研究[J]. 中国特殊教育，2009(6):69-74.

1.2 指导语及测题

该测试共有 240 个陈述性的句子，请根据与自己实际情况相符合的程度赋予一个分值填在题后的（　）内，答案无好坏之分。

非常像我=5 分；像我=4 分；不确定=3 分；不像我=2 分；非常不像我=1 分。

1. 我觉得这个世界很有趣。　　　　　　　　　　　　　　　　　　　　　　　　　（　　）
2. 我总是尽全力参加教育活动。　　　　　　　　　　　　　　　　　　　　　　　（　　）
3. 我总是为自己的行动找出理由。　　　　　　　　　　　　　　　　　　　　　　（　　）
4. 不断产生新奇和不同的念头是我的一个长处。　　　　　　　　　　　　　　　　（　　）
5. 我可以充分了解自己周围的环境。　　　　　　　　　　　　　　　　　　　　　（　　）
6. 我对正在发生的事情有全面的认识。　　　　　　　　　　　　　　　　　　　　（　　）
7. 面对强烈的反对时，我经常捍卫自己的立场。　　　　　　　　　　　　　　　　（　　）
8. 我从来不会在任务没有完成前就放弃。　　　　　　　　　　　　　　　　　　　（　　）
9. 我一向遵守承诺。　　　　　　　　　　　　　　　　　　　　　　　　　　　　（　　）
10. 我从不会借故太忙，而不去帮助朋友。　　　　　　　　　　　　　　　　　　（　　）
11. 我总是乐于和别人建立关系，即使有风险存在。　　　　　　　　　　　　　　（　　）
12. 我从不会错过小组会议或团体活动。　　　　　　　　　　　　　　　　　　　（　　）
13. 我总能承认自己的错误。　　　　　　　　　　　　　　　　　　　　　　　　（　　）
14. 在团体里，我总是尽力确保每一个人都有在团体内的感觉。　　　　　　　　　（　　）
15. 对我来说，吃健康食品没有困难。　　　　　　　　　　　　　　　　　　　　（　　）
16. 我从未故意伤害过任何人。　　　　　　　　　　　　　　　　　　　　　　　（　　）
17. 对我来说，生活在充满美的世界中是很重要的。　　　　　　　　　　　　　　（　　）
18. 我总是向关心我的人表达感谢。　　　　　　　　　　　　　　　　　　　　　（　　）
19. 我总是对事物抱着乐观的态度。　　　　　　　　　　　　　　　　　　　　　（　　）
20. 我注重精神生活。　　　　　　　　　　　　　　　　　　　　　　　　　　　（　　）
21. 我以谦逊的态度对待发生在自己身上的好事。　　　　　　　　　　　　　　　（　　）
22. 当我的朋友心情不好时，我努力逗他们开心。　　　　　　　　　　　　　　　（　　）
23. 我想要全身心投入到生活中，而不是像一个局外人那样旁观。　　　　　　　　（　　）
24. 对我来说，过去的事情就让它过去了。　　　　　　　　　　　　　　　　　　（　　）
25. 我从不感到无聊。　　　　　　　　　　　　　　　　　　　　　　　　　　　（　　）
26. 我愿意学习新事物。　　　　　　　　　　　　　　　　　　　　　　　　　　（　　）
27. 我总是会从事物的正反两面去考虑问题。　　　　　　　　　　　　　　　　　（　　）
28. 当别人告诉我应该怎么做一件事时，我会主动想出可以取得相同结果的其他方法。

　　　　　　　　　　　　　　　　　　　　　　　　　　　　　　　　　　　　（　　）

29. 我知道如何在不同的社交场合下扮演适合自己的角色。　　　　　　　　　　　（　　）
30. 不管发生什么，我都清楚地知道什么是最重要的。　　　　　　　　　　　　　（　　）
31. 我曾经因为能够直面问题，而摆脱了情绪困扰。　　　　　　　　　　　　　　（　　）
32. 我做事从不虎头蛇尾。　　　　　　　　　　　　　　　　　　　　　　　　　（　　）

33. 我的朋友认为我能够保持事情的真实性。 （ ）

34. 能为朋友做些小事让我感到很享受。 （ ）

35. 我身边有人像关心自己一样关心我，在乎我的感受。 （ ）

36. 我非常喜欢成为团体中的一份子。 （ ）

37. 能够妥协是我性格里的一个重要部分。 （ ）

38. 作为一个组织的领导，不管成员有过怎样的经历，我都对他们一视同仁。 （ ）

39. 就算美食当前，我也不会吃过量。 （ ）

40. "小心驶得万年船"是我喜欢的座右铭之一。 （ ）

41. 我会因为别人的仁慈善良而感动的几乎落泪。 （ ）

42. 听到一些伟大的善举时，我的心会受到震撼。 （ ）

43. 当别人看到事物消极的一面时，我总能乐观地发现它积极的一面。 （ ）

44. 我实践着我的宗教信仰。 （ ）

45. 我不喜欢在人群中突出自己。 （ ）

46. 大多数人认为和我在一起很有趣。 （ ）

47. 我从来没有早上不想起床的感觉。 （ ）

48. 我很少怀有怨恨。 （ ）

49. 我总是忙着做一些有趣的事情。 （ ）

50. 学习新事物让我感到兴奋。 （ ）

51. 只有掌握了所有信息以后，我才会做出决定。 （ ）

52. 我喜欢想一些新的方法去解决问题。 （ ）

53. 无论环境怎样，我都可以适应。 （ ）

54. 我拥有优秀的世界观。 （ ）

55. 我会毫不犹豫地公开阐述一个不受欢迎的观点。 （ ）

56. 我是一个以目标为行动导向的人。 （ ）

57. 我相信真诚是信任的基础。 （ ）

58. 我尽力让那些沮丧的人振作起来。 （ ）

59. 有人能够接受我的缺点。 （ ）

60. 我是一个极其忠诚的人。 （ ）

61. 我公平地对待所有人，不管他们是什么身份。 （ ）

62. 我的优点之一是能够让团体成员很好地协作，哪怕他们之间存在分歧。 （ ）

63. 我是一个高度自律的人。 （ ）

64. 我总是思考以后再讲话。 （ ）

65. 看到美好的事物时，总能触动我内心深处的情愫。 （ ）

66. 至少每天一次，我会暂停忙碌的生活节奏，细数值得自己感激的人和事。 （ ）

67. 即使面对挑战，我也总对将来充满希望。 （ ）

68. 在困难的时刻，我的信仰从来没有离弃过我。 （ ）

69. 我从不表现的特殊。 （ ）

70. 我抓住每一个机会，用欢笑点亮别人的生活。 （ ）

71. 我做事一向全神贯注。 （ ）

72. 我从不试图报复。 （ ）

73. 我对世界总是充满了好奇。 （ ）

74. 每一天我都期盼着学习和成长的机会。 （ ）

75. 我欣赏自己批判性的思维。 （ ）

76. 我为自己的原创力而感到骄傲。 （ ）

77. 我有能力令其他人对一些事物产生兴趣。 （ ）

78. 我从来没有因为给朋友提供了错误意见而导致他（她）犯错。 （ ）

79. 我支持自己坚信的事，即使会产生负面的结果。 （ ）

80. 即使会遇到阻碍，我也要把事情完成。 （ ）

81. 即使会造成伤害，我也会说出真相。 （ ）

82. 我喜欢令别人快乐。 （ ）

83. 对某些人来说，我是他们生命里最重要的人。 （ ）

84. 在团队中工作可以令我发挥出最佳状态。 （ ）

85. 对我来说，每个人的权利同样重要。 （ ）

86. 我非常擅长策划集体活动。 （ ）

87. 我会控制自己的情绪。 （ ）

88. 朋友们认为，我能在自己的言行上做出聪明的抉择。 （ ）

89. 我能看到被别人忽视的美好事物。 （ ）

90. 如果收到礼物，我总是要让送礼物的人知道我很喜欢。 （ ）

91. 对于自己希望在将来发生的事，我的脑子里有一幅清晰的图画。 （ ）

92. 我有明确的生活目标。 （ ）

93. 我从不吹嘘自己的成就。 （ ）

94. 不论在任何情形下，我都尝试寻找乐趣。 （ ）

95. 我热爱自己所做的事情。 （ ）

96. 我一向容许别人把错误留在过去，重新开始。 （ ）

97. 我对各式各样的活动都感到兴奋。 （ ）

98. 我是个真正的终身学习者。 （ ）

99. 我的朋友欣赏我能客观地看待事物。 （ ）

100. 我总能想出新方法去做事情。 （ ）

101. 我总能知道别人行事的动机。 （ ）

102. 别人认为我的智慧超越了我这个年龄应有的程度。 （ ）

103. 别人还在侃侃而谈时，我已经付诸行动了。 （ ）

104. 我是个工作勤奋的人。 （ ）

105. 我的承诺值得信赖。 （ ）

106. 在过去的一个月里，我主动帮助过我的邻居。 （ ）

107. 不管我的家人和好友做了什么，都不能阻止我对他们的爱。 （ ）

108. 我从不对外人说我所处团体的坏话。 （ ）

109. 我给每个人机会。 （ ）

110. 作为一个有效能的领导者，我一视同仁。 （ ）

111. 我从不想要长远来看有害的东西，即使他们在短期内让我感觉不错。 （ ）

112. 我总是避免参加会对身体造成伤害的活动。 （　）

113. 我经常被电影里所描述的美感动得说不出话。 （　）

114. 我是一个充满感恩之心的人。 （　）

115. 如果得到不好的成绩或评价，我会专注于下次机会，并计划做得更好。 （　）

116. 在过去的 24 小时内，我花了约 30 分钟进行祈祷、冥想或深思。 （　）

117. 我为自己是一个普通人而骄傲。 （　）

118. 我试着在所做的任何事情中添加一点幽默的成分。 （　）

119. 我期待新的一天的到来。 （　）

120. 我希望人们能学会原谅和遗忘。 （　）

121. 我有很多兴趣爱好。 （　）

122. 我经常尽量去参观博物馆。 （　）

123. 如果需要，我可以成为一个高度理性的思考者。 （　）

124. 朋友们认为我有各种各样的新奇想法。 （　）

125. 我一向能与刚认识的朋友融洽相处。 （　）

126. 我总能看到事物的全部。 （　）

127. 我总能捍卫自己的信念。 （　）

128. 我不言放弃。 （　）

129. 我忠于自己的价值观。 （　）

130. 在朋友生病时，我总会致电问候。 （　）

131. 我总能感受到自己生命中有爱存在。 （　）

132. 维护团体内的和睦对我来说很重要。 （　）

133. 我极其坚持正义和公平的原则。 （　）

134. 我相信人的本性让我们聚在一起，为了共同的目标而努力。 （　）

135. 我可以一直节食。 （　）

136. 行动前，我总是先考虑可能出现的结果。 （　）

137. 我总能觉察到周围环境里存在的自然美。 （　）

138. 我竭尽所能去答谢那些对我好的人。 （　）

139. 我对未来 5 年内想要做的事情有所计划。 （　）

140. 我的信仰塑造了现在的我。 （　）

141. 我比较喜欢让其他人谈论他们自己。 （　）

142. 我从不让沮丧的境遇带走我的幽默感。 （　）

143. 我精力充沛。 （　）

144. 我总是愿意给他人改正错误的机会。 （　）

145. 在任何情形下，我都能找到乐趣。 （　）

146. 我常常阅读。 （　）

147. 深思熟虑是我的特点之一。 （　）

148. 我经常有原创性的思维。 （　）

149. 我善于体会别人的感受。 （　）

150. 我对人生有成熟的看法。 （　）

151. 我总能直面自己的恐惧。 （　）

152. 我工作时从不被别的事情分散精力。 （　）

153. 不曾夸大过自己，我为此而骄傲。 （　）

154. 我为他人的好运而兴奋，就像自己获得好运一样。 （　）

155. 我能够表达对别人的爱。 （　）

156. 我在任何条件下都支持我的队员或组员。 （　）

157. 我不会无功受禄。 （　）

158. 朋友总认为我是一个强硬但公正的领导。 （　）

159. 我总是认为"知足常乐"。 （　）

160. 我一向对错分明。 （　）

161. 我非常喜欢各种形式的艺术。 （　）

162. 我对生命中所得到的一切充满感激。 （　）

163. 我知道，有一天我会成功实现自己所设定的目标。 （　）

164. 我相信每个人都有一个生存目的。 （　）

165. 我很少刻意引人注目。 （　）

166. 我很有幽默感。 （　）

167. 我会迫不及待地开始一项新的计划。 （　）

168. 我很少试图报复别人。 （　）

169. 我很会自娱自乐。 （　）

170. 如果想了解什么，我会立刻到图书馆或互联网查询。 （　）

171. 我总会权衡利弊。 （　）

172. 我的想象力超过朋友。 （　）

173. 我清楚自己的感觉和动机。 （　）

174. 别人喜欢来征询我的建议。 （　）

175. 我曾经战胜过痛苦与失望。 （　）

176. 一旦决定做什么事情，我就会坚持下去。 （　）

177. 我非常讨厌装腔作势。 （　）

178. 我享受善待他人的感觉。 （　）

179. 我能够接受别人的爱。 （　）

180. 即使不同意团体领袖的观点，我还是会尊重他。 （　）

181. 即使不喜欢一个人，我也会公平地对待他（她）。 （　）

182. 作为一个团体领导，我尽量让每一个成员快乐。 （　）

183. 无论在办公室、学校或家中，我总是在限期之前完成各种任务。 （　）

184. 我是个非常小心的人。 （　）

185. 他人认为生命中理所当然存在着的简单事物，我却会对它们心存敬畏。 （　）

186. 当审视自己的生活时，我发现有很多地方值得感恩。 （　）

187. 我确信自己的做事方法会得到最佳的效果。 （　）

188. 我相信一种全宇宙的力量，比如神。 （　）

189. 别人告诉我，谦虚是我最显著的优点之一。 （　）

190. 能使别人微笑或大笑，令我感到满足。 （　）

191. 我迫不及待地想要知道自己未来的生活是什么样子。 （　）

192. 通常情况下，我愿意给别人第二次机会。 （　　）

193. 我认为我的生活非常有趣。 （　　）

194. 我阅读大量各种各样的书籍。 （　　）

195. 我尝试为自己的重大决定找出好的理由。 （　　）

196. 上个月，我为自己生命中的难题想出了一个创新性的解决方法。 （　　）

197. 我总是知道说什么话可以让别人感觉良好。 （　　）

198. 或许不会跟别人说起，但我认为自己是个智者。 （　　）

199. 听到有人说卑鄙的事情，我总会大声提出抗议。 （　　）

200. 做计划时，我有把握付诸实行。 （　　）

201. 朋友总说我是一个实际的人。 （　　）

202. 能让别人一起分享成功所带来的公众瞩目，这让我感到高兴。 （　　）

203. 在我的邻居、同事或同学中，有我真正关心的人。 （　　）

204. 尊重团体的决定对我来说很重要。 （　　）

205. 我认为每个人都应该有发言权。 （　　）

206. 作为团体领导者，我认为每个成员都有对团体所做的事发表意见的权利。 （　　）

207. 对我来说，练习与表演一样重要。 （　　）

208. 我总是谨慎地做出决定。 （　　）

209. 我经常渴望能感受伟大的艺术，比如音乐、戏剧或绘画。 （　　）

210. 每天我都心怀深刻的感激之情。 （　　）

211. 情绪低落时，我总是回想生活中美好的事情。 （　　）

212. 信仰使我的生命变得重要。 （　　）

213. 没有人认为我是一个自大的人。 （　　）

214. 我更相信人生是游乐场而不是战场。 （　　）

215. 早晨醒来，我会为了新一天中存在的无限可能性而兴奋。 （　　）

216. 我不想看到任何人受苦，哪怕是我最大的敌人。 （　　）

217. 我非常喜欢听别人讲述其他国家和文化。 （　　）

218. 我喜欢将阅读非小说类的书籍作为消遣。 （　　）

219. 朋友欣赏我的判断力。 （　　）

220. 我强烈希望在来年做一些创新的事。 （　　）

221. 很少有人能利用我。 （　　）

222. 别人认为我是一个聪明的人。 （　　）

223. 我是一个勇敢的人。 （　　）

224. 能得到自己想要的，是因为我付出了努力。 （　　）

225. 别人相信我能帮他们保守秘密。 （　　）

226. 我总是倾听别人讲述他们的问题。 （　　）

227. 和他人分享我的感受是一件容易的事。 （　　）

228. 为了集体的利益，我愿意牺牲个人利益。 （　　）

229. 我相信聆听每个人的意见是值得的。 （　　）

230. 大权在握的时候，我不会因小事随便责怪他人。 （　　）

231. 我定时锻炼身体。 （　　）

232. 我想象不到说谎和骗人是怎么一回事。 （ ）

233. 在过去的一年中，我创造了一些美好的东西。 （ ）

234. 在生命中，我一直拥有别人给予的深厚的祝福。 （ ）

235. 我期待会发生最好的事情。 （ ）

236. 我的生命有一个使命。 （ ）

237. 别人都因我的谦逊而走近我。 （ ）

238. 我因富于幽默而被众人所知。 （ ）

239. 人们形容我为一个热情洋溢的人。 （ ）

240. 当别人家待我不好时，我尝试以谅解来回应。 （ ）

1.3 评分标准

将每题得分填入表 10-1，表中共 24 行，分别代表 24 种人格力量。每行代表的人格力量分别为：好奇心、热爱学习、判断力、创造力、社会智商、洞察力、勇敢、持久（勤奋）、诚实、善良、爱、公民感、公正、领导力、自律、谨慎、欣赏美丽和卓越、感恩、希望、精神信仰、谦虚、幽默、有活力、宽恕。每行 10 题相加即是该 10 题所代表的人格力量分值。

表 10-1　24 种人格力量测试计分表

第 1 题：	第 25 题：	第 49 题：	第 73 题：	第 97 题：	第 121 题：	第 145 题：	第 169 题：	第 193 题：	第 217 题：	合计：
第 2 题：	第 26 题：	第 50 题：	第 74 题：	第 98 题：	第 122 题：	第 146 题：	第 170 题：	第 194 题：	第 218 题：	合计：
第 3 题：	第 27 题：	第 51 题：	第 75 题：	第 99 题：	第 123 题：	第 147 题：	第 171 题：	第 195 题：	第 219 题：	合计：
第 4 题：	第 28 题：	第 52 题：	第 76 题：	第 100 题：	第 124 题：	第 148 题：	第 172 题：	第 196 题：	第 220 题：	合计：
第 5 题：	第 29 题：	第 53 题：	第 77 题：	第 101 题：	第 125 题：	第 149 题：	第 173 题：	第 197 题：	第 221 题：	合计：
第 6 题：	第 30 题：	第 54 题：	第 78 题：	第 102 题：	第 126 题：	第 150 题：	第 174 题：	第 198 题：	第 222 题：	合计：
第 7 题：	第 31 题：	第 55 题：	第 79 题：	第 103 题：	第 127 题：	第 151 题：	第 175 题：	第 199 题：	第 223 题：	合计：
第 8 题：	第 32 题：	第 56 题：	第 80 题：	第 104 题：	第 128 题：	第 152 题：	第 176 题：	第 200 题：	第 224 题：	合计：
第 9 题：	第 33 题：	第 57 题：	第 81 题：	第 105 题：	第 129 题：	第 153 题：	第 177 题：	第 201 题：	第 225 题：	合计：
第 10 题：	第 34 题：	第 58 题：	第 82 题：	第 106 题：	第 130 题：	第 154 题：	第 178 题：	第 202 题：	第 226 题：	合计：
第 11 题：	第 35 题：	第 59 题：	第 83 题：	第 107 题：	第 131 题：	第 155 题：	第 179 题：	第 203 题：	第 227 题：	合计：
第 12 题：	第 36 题：	第 60 题：	第 84 题：	第 108 题：	第 132 题：	第 156 题：	第 180 题：	第 204 题：	第 228 题：	合计：
第 13 题：	第 37 题：	第 61 题：	第 85 题：	第 109 题：	第 133 题：	第 157 题：	第 181 题：	第 205 题：	第 229 题：	合计：
第 14 题：	第 38 题：	第 62 题：	第 86 题：	第 110 题：	第 134 题：	第 158 题：	第 182 题：	第 206 题：	第 230 题：	合计：
第 15 题：	第 39 题：	第 63 题：	第 87 题：	第 111 题：	第 135 题：	第 159 题：	第 183 题：	第 207 题：	第 231 题：	合计：
第 16 题：	第 40 题：	第 64 题：	第 88 题：	第 112 题：	第 136 题：	第 160 题：	第 184 题：	第 208 题：	第 232 题：	合计：
第 17 题：	第 41 题：	第 65 题：	第 89 题：	第 113 题：	第 137 题：	第 161 题：	第 185 题：	第 209 题：	第 233 题：	合计：
第 18 题：	第 42 题：	第 66 题：	第 90 题：	第 114 题：	第 138 题：	第 162 题：	第 186 题：	第 210 题：	第 234 题：	合计：
第 19 题：	第 43 题：	第 67 题：	第 91 题：	第 115 题：	第 139 题：	第 163 题：	第 187 题：	第 211 题：	第 235 题：	合计：
第 20 题：	第 44 题：	第 68 题：	第 92 题：	第 116 题：	第 140 题：	第 164 题：	第 188 题：	第 212 题：	第 236 题：	合计：
第 21 题：	第 45 题：	第 69 题：	第 93 题：	第 117 题：	第 141 题：	第 165 题：	第 189 题：	第 213 题：	第 237 题：	合计：
第 22 题：	第 46 题：	第 70 题：	第 94 题：	第 118 题：	第 142 题：	第 166 题：	第 190 题：	第 214 题：	第 238 题：	合计：
第 23 题：	第 47 题：	第 71 题：	第 95 题：	第 119 题：	第 143 题：	第 167 题：	第 191 题：	第 215 题：	第 239 题：	合计：
第 24 题：	第 48 题：	第 72 题：	第 96 题：	第 120 题：	第 144 题：	第 168 题：	第 192 题：	第 216 题：	第 240 题：	合计：

1.4 常模

《成年人24种人格力量量表》在大学生中测试的常模如表10-2所示，自测分数与大学生常模进行比较，可以知道自己在大学生群体中的具体位置和水平。

表10-2　大学生品格优势常模（$n = 1\,587$）

品格优势	平均值	标准差
欣赏美和卓越	3.586	0.579
勇敢	3.488	0.528
爱	4.048	0.523
谨慎	3.590	0.524
公民感	3.882	0.551
创造力	3.546	0.659
好奇心	3.669	0.575
公正	4.003	0.495
宽恕	3.807	0.587
感恩	3.997	0.552
诚实	4.058	0.442
希望	3.798	0.559
幽默	3.763	0.605
持久（勤奋）	3.614	0.626
判断力	3.670	0.564
善良	4.003	0.490
领导力	3.801	0.558
热爱学习	3.528	0.597
谦虚	3.545	0.548
洞察力	3.396	0.581
自律	3.439	0.514
社会智商	3.691	0.548
精神信仰	3.412	0.612
有活力	3.557	0.563

1.5 结果解释

分值前5位的人格即是你的人格力量（在"中国民航飞行学生心理健康测试与 EAP

系统"平台上可用雷达图表示）。建议在生活中更加有意识地运用它们。24项心理品质结果解释如下：

（1）希望：你对未来有最好的期望，为此努力达成心愿。你相信未来掌握在自己手中。

（2）判断力：能从多角度思考和考证事物是你重要的特质。你不会妄下结论，只会根据实际的证据做出决定，并且能够变通。

（3）热爱学习：不管是在课堂上或自学，你都喜欢学习新事物。你喜欢上学、阅读、参观博物馆和任何有学习机会的地方。

（4）爱：你重视和别人的亲密关系，特别是那些互相分享和关怀的关系。那些给你最亲密感觉的人，他们同样感到跟你最亲密。

（5）感恩：你留意到发生在自己身上的好事，但从不会视为理所当然。由于你常常表达谢意，你的朋友和家人都知道你是个懂得感恩的人。

（6）对美丽和卓越的欣赏：生命中的一切，从大自然、艺术、数学、科学以至日常生活体验，你都会注意到和欣赏到其美丽、优秀之处。

（7）好奇心：你对任何事都感到好奇。你经常发问，对所有话题和题目都感到着迷。你喜欢探索和发掘新事物。

（8）诚实：你是个诚实的人，不止说实话，还会以真诚和真挚的态度生活。你是个实事求是的人，不虚伪，是个"真心"的人。

（9）创造力：能够想出新方法做事是你拥有的重要特质。如果有更好的方法，你决不会满足于用传统方法去做同样的事。

（10）公平和公正：对所有人公平，是你坚持不变的原则。你不会因为个人的感情，而影响你对别人做出有偏差的判断。你给予每个人平等的机会。

（11）社交智慧：你明白别人的动机和感受。在不同的社交场合，你知道该做什么，也知道要做些什么，才能使其他人感到自在。

（12）勇敢：你这个人无所畏惧，绝不会在威胁、挑战、困难或痛苦前畏缩。即使面对反抗，你仍会为正义大声疾呼。你会根据自己的信念而行动。

（13）谨慎：你这个人很小心，选择也是一贯的谨慎。你不会说些将来会令自己后悔的话，或是做会后悔的事。

（14）公民感、团队精神和忠心：作为团队的一分子，你的表现突出，是个忠心和热心的队员。你对自己的份内工作负责，并为团队的成功而努力。

（15）友善：你对别人仁慈和宽宏大量。别人请你做事，你从不推脱。你享受为别人做好事，即使那些人和你交往不深。

（16）精神信仰：你对崇高的人生目标、宇宙的意义有着强烈和贯彻的信念。你知道自己怎样在大环境中做出配合。你的信念塑造了你的行为，也成了你的慰藉之源。

（17）有活力：无论做什么事，你都怀着兴奋的心情和干劲去做。你做事不会半途而废，也不会觉得没劲。对于你来说，生命是一场冒险。

（18）幽默感：你喜欢大笑和逗别人开心。对你来说，为别人带来欢笑很重要。在任何情况下，你都尝试去看事情轻松的一面。

（19）持久（坚毅）：你努力完成自己开展的工作。无论怎样的工作，你都会尽力准时完成。工作时，你不会分心，而且在完成工作的过程中获得满足感。

（20）宽恕：你宽恕那些得罪你的人，也经常给别人第二次机会。你的座右铭是慈悲，而不是报复。

（21）领导才能：你在领导方面表现出色。你鼓励组员完成工作，令每名组员都有归属感，并能维持团队的和谐。你在计划和实践活动方面表现良好。

（22）洞察力（智慧）：你不认为自己有智慧，但你的朋友却认为你有。他们重视你对事物的洞察力，并向你寻求意见。你对这个世界的看法，无论对自己和别人来说，都有意义。

（23）自律：你自觉地规范自己的感觉与行为，是个自律的人。你对自己的食量和情绪有自制力，不会反被它们支配。

（24）谦虚：你不追求别人的注视，比较喜欢让自己的成就不言而喻。你不认为自己很特别，而你的谦虚是公认和受重视的。

1.6　应用情况

郑详专采取整群抽样的方法，在福建、江苏、安徽、山东、黑龙江五个省的七所地方院校进行问卷调查后发现，我国大学生 24 项积极人格特质的发展整体处于中等偏上水平，感恩、和蔼慷慨、虚心、宽恕仁慈、爱、欣赏美是大学生排名前六的人格力量。袁磊、辛秀萍等对 200 名普通学生测试后发现，其前五项优势人格依次为公平、正直、爱、善良、宽恕。

2　大学生积极人格量表[①]

2.1　简　介

《大学生积极人格量表》由杜夏华编制，该量表共有 88 个项目，包含 24 个维度，用于测试大学生积极人格。

2.2　信效度

总问卷的 Cronbach α 系数为 0.960，分半系数为 0.928，各维度的 Cronbach α 系数为 0.621 ~ 0.810，具有较好的信度。χ^2 / df 的值为 2.578，小于 3，NFI、NNFI、CFI、IFI、RMSEA 几个指标的值为 0.9 ~ 0.94，模型拟合较好，RMSEA 的值为 0.05 ~ 0.08，模型拟合合理。

---

① 杜夏华. 大学生积极人格特质及其与幸福感的关系研究[D]. 南昌：南昌大学，2009.

2.3 指导语

下面每一个问题都有 5 个备选项，1 = 很不符合，2 = 较不符合，3 = 不确定，4 = 较为符合，5 = 很符合，请从中选取最符合你的真实想法和实际情况的一项，并在选中的答案上打"√"。

2.4 量表测题

测　题	很不符合	较不符合	不确定	较为符合	很符合
1. 我习惯于从正反方面来辩证地看问题。	1	2	3	4	5
2. 我能很客观地评价我的思考能力。	1	2	3	4	5
3. 我是一个充满激情的人。	1	2	3	4	5
4. 即使可能会遭到拒绝，我也会主动尝试去建立新的人际关系。	1	2	3	4	5
5. 我是一个有明确目标的人。	1	2	3	4	5
6. 在没有完成任务前我绝不放弃。	1	2	3	4	5
7. 作为领导，不论下属有无经验，我都会平等对待。	1	2	3	4	5
8. 无论是谁，我都一视同仁。	1	2	3	4	5
9. 我总是既往不咎。	1	2	3	4	5
10. 我总是能看到事情积极的一面。	1	2	3	4	5
11. 对那些我坚信的事情，我一定会主动站出来支持，即使可能会有不好的结果。	1	2	3	4	5
12. 我发现这个世界非常有趣。	1	2	3	4	5
13. 我宁愿死去也不愿做一个虚伪的人。	1	2	3	4	5
14. 我能够控制自己不吃对健康无益的食品，即使是我十分喜欢吃的。	1	2	3	4	5
15. 我愿意积极参与各种小组和团体活动。	1	2	3	4	5
16. 每当见到美好的事物时，我总是情不自禁地被其吸引和感动。	1	2	3	4	5
17. 我知道该如何应对不同的社交场合。	1	2	3	4	5
18. 我总是对学习新的知识很感兴趣。	1	2	3	4	5
19. 对于我取得的好成绩我总是习惯保持低调。	1	2	3	4	5
20. 无论有多忙我都会帮助我的朋友。	1	2	3	4	5

21. 生活中我时常能感受到爱的存在。	1	2	3	4	5
22. 对于同一个问题我总是能想出不同的解决方法。	1	2	3	4	5
23. 我的朋友认为，我能对生活中的事情做出明智的选择。	1	2	3	4	5
24. 很多人认为和我在一起是充满欢乐的。	1	2	3	4	5
25. 我精力充沛。	1	2	3	4	5
26. 我可以表达出我对他人的爱。	1	2	3	4	5
27. 我是一个不会轻易放弃的人。	1	2	3	4	5
28. 如果我是领导，我会给每一个人以同样的机会。	1	2	3	4	5
29. 每一个人的权利对我来说都是同等重要。	1	2	3	4	5
30. 我能原谅别人曾经犯的错，重新给他们一个机会。	1	2	3	4	5
31. 在别人看来似乎是消极的事物我总是能发现其积极的一面。	1	2	3	4	5
32. 尽管道路是艰辛曲折的，但我还是勇往直前。	1	2	3	4	5
33. 很多不同的活动都能调动起我的积极性。	1	2	3	4	5
34. 只有当我有十足的把握时我才会做出定论。	1	2	3	4	5
35. 我的朋友说我是一个脚踏实地的人。	1	2	3	4	5
36. 即使是很好吃的食物放在我面前，我都不会多吃。	1	2	3	4	5
37. 我很乐意能加入一个团队，成为团队的一员。	1	2	3	4	5
38. 我善于体察他人的感受。	1	2	3	4	5
39. 我喜欢学习新鲜事物。	1	2	3	4	5
40. 我从未故意伤害过任何人。	1	2	3	4	5
41. 当我审视自己的生活时，我发现有很多值得感激的事情。	1	2	3	4	5
42. 做事情时我喜欢创新。	1	2	3	4	5
43. 对于生活中的不同问题，我能够根据实际情况而采取不同的处理办法。	1	2	3	4	5
44. 我总是知道该如何激发他人的潜力。	1	2	3	4	5
45. 我富有幽默感。	1	2	3	4	5
46. 每天醒来我都能感受到自己充满了活力。	1	2	3	4	5
47. 在我的亲人、朋友和同学中有我关心的人。	1	2	3	4	5
48. 我有坚定的人生信念。	1	2	3	4	5
49. 无论我决定做什么，都会坚持到底。	1	2	3	4	5
50. 作为一个好的管理者，我一视同仁。	1	2	3	4	5

51. 即使我不喜欢一个人，我也会公正客观地对待他（她）。	1	2	3	4	5
52. 我总是愿意给别人改正错误的机会。	1	2	3	4	5
53. 尽管有挑战，但我还是对未来充满希望。	1	2	3	4	5
54. 我可以直面我的恐惧。	1	2	3	4	5
55. 我认为我生活充满了乐趣。	1	2	3	4	5
56. 我会在说话之前深思熟虑想好要说什么。	1	2	3	4	5
57. 我不能想象我会欺骗和说谎。	1	2	3	4	5
58. 我可以保持规律的饮食习惯。	1	2	3	4	5
59. 对我来说，同我所在的团队保持和谐至关重要。	1	2	3	4	5
60. 我十分欣赏各种形式的艺术。	1	2	3	4	5
61. 我了解自己的情感和动机。	1	2	3	4	5
62. 当我学习一些新东西时我会感到很开心。	1	2	3	4	5
63. 我从来不会自夸我的才能。	1	2	3	4	5
64. 我乐于帮助朋友。	1	2	3	4	5
65. 我对人生中的每一天都心怀感激。	1	2	3	4	5
66. 我的朋友说我有很多新奇的想法。	1	2	3	4	5
67. 我考虑问题总是能从大处着眼。	1	2	3	4	5
68. 对于一些问题的看法，我能像一个思想家一样理性客观。	1	2	3	4	5
69. 我有能力使大家感到快乐。	1	2	3	4	5
70. 我的信念一直支撑着我。	1	2	3	4	5
71. 作为一个领导，我认为每一个人对于团队应该做什么都具有发言权。	1	2	3	4	5
72. 我通常会很乐意再给别人一次机会。	1	2	3	4	5
73. 我对世界总是充满着好奇。	1	2	3	4	5
74. 我做事情绝不会马马虎虎。	1	2	3	4	5
75. 我会合理地安排时间锻炼身体。	1	2	3	4	5
76. 毫无例外，我会支持我的队友和伙伴。	1	2	3	4	5
77. 我总是渴望去感受伟大的艺术：诸如音乐、戏剧或是绘画。	1	2	3	4	5
78. 我知道说什么可以使别人感觉很舒服。	1	2	3	4	5
79. 每一天，我都盼望着学习和成长的机会。	1	2	3	4	5
80. 我并不会因为我是谁或者我拥有什么而夸耀自己。	1	2	3	4	5

81. 在过去的一个月里我主动地帮助过我的同学朋友。 1 2 3 4 5

82. 在过去的一年，我经历了很多美好的事情。 1 2 3 4 5

83. 我觉得自己是一个具有独创性思维的人。 1 2 3 4 5

84. 我的朋友说我有很好的判断力。 1 2 3 4 5

85. 我因自己的幽默而闻名。 1 2 3 4 5

86. 我知道我一定可以实现为自己设立的目标。 1 2 3 4 5

87. 我很少强调我自己的优点。 1 2 3 4 5

88. 我总是三思而后行。 1 2 3 4 5

2.5 计分方式

《大学生积极人格量表》中各维度对应题目如表10-3所示，将各人格维度对应题目分数相加即为该维度总分，得分前五的人格即为主要人格力量。

表 10-3　各维度对应条目

维度	题目	维度	题目
谨慎	34、56、74、88	团队协作	15、37、59、76
坚持	6、27、49	领导力	7、28、50、71
公平	8、29、51	宽容	9、30、52、72
希望	10、31、53	勇敢	11、32、54
好奇心	12、33、55、73	自律	14、36、58、75
好学	18、39、62、79	谦虚	19、63、80、87
信仰	5、48、70、86	热情	3、25、46
创造力	22、42、66、83	爱心	21、26、47
善良	20、40、64、81	幽默	24、45、69、85
判断力	1、2、23、84	洞察力	38、61、67、68
社会智力	4、17、43、78	鉴赏	44、60、77
真诚	13、57、35	感恩	16、41、65、82

2.6 常　模

《大学生积极人格量表》常模如表10-4所示。

表 10-4 大学生积极人格特质常模（$n = 450$）

维度	平均值	标准差
鉴赏	3.91	0.69
勇敢	3.72	0.65
爱心	3.71	0.63
谨慎	3.51	0.69
团队协作	3.81	0.64
创造力	3.42	0.69
好奇心	3.75	0.65
公平	3.66	0.70
宽容	3.70	0.62
感恩	3.84	0.67
真诚	3.44	0.74
希望	3.75	0.67
幽默	3.40	0.71
坚持	3.68	0.73
判断力	3.58	0.61
善良	3.87	0.56
领导力	3.80	0.63
好学	3.86	0.64
谦虚	3.70	0.68
洞察力	3.41	0.62
自律	3.05	0.81
社会智力	3.63	0.63
信仰	3.74	0.67
热情	3.42	0.76

2.7 结果解释

分值前五位的人格即是你的人格力量。建议在生活中更加有意识地运用。

（1）谨慎：你细心地做出自己的选择；不会冒不当的风险；不说也不会做会后悔的事。

（2）团队协作：你具有团队协作精神，作为集体或团队中的一员能好好工作；对集体忠诚。

（3）坚持：你做事有始有终；坚持行为方向，不论障碍险阻。

（4）领导力：你善于维持良好的集体关系，促进集体中的个人完成自己的事情。

（5）公平：你依照公平和正义的观念平等对待所有人；避免让个人偏见误导对他人的判定。

（6）宽容：你宽恕做错事的人；接纳他人的短处；给予他人第二次机会；不心怀报复。

（7）希望：你对将来有最好的展望，并努力实现它，同时认为未来是可以掌控的。

（8）勇敢：你不畏威胁、挑战、困顿或苦痛；依觉悟而行，不论其是否被普遍认同。

（9）好奇心：你对新事物有浓厚的兴趣；喜欢开放式体验；乐于进行探索和发现。

（10）自律：你管理自己的感觉和行为；守纪律；能控制自己的欲望和情绪。

（11）好学：你愿意掌握新的技能及知识，不管是出于自愿或是其他要求。

（12）谦虚：你拿成绩说话；不自夸、不自大。

（13）信仰：你对更高追求、生活意义以及宇宙意义充满信仰。

（14）热情：你的生活充满激情和能量；你给人的感觉是活跃、活泼。

（15）创造力：你思索新颖而有价值的方法来产生概念和做事情。

（16）爱心：你珍爱与他人的亲密关系，有能力与他人建立爱的联结，相互关照。

（17）善良：你总为他人帮忙、做好事。

（18）幽默：你喜欢笑，喜欢逗乐；能给他人带来欢笑；能看到事物的光明面。

（19）判断力：你通过全方位信息来思考事物，做决定时能公平权衡所有的证据；具备良好的判断力。

（20）洞察力：你能对他人提出明智的建议；能着眼于对己对人有意义的世界。

（21）社会智力：你了解他人以及自己的目的和感觉。

（22）鉴赏：你欣赏美丽、卓越的事物；欣赏人们在生活的不同领域的娴熟表现。

（23）真诚：你自我表现诚恳；对自己的感觉和行为负责。

（24）感恩：你知道并感谢发生的好事情；常常表达谢意。

2.8 应用情况

杜夏华选取 5 所高校的大学生进行调查，共发放问卷 500 份，回收 476 份，最终得出大学生积极人格量表总分的平均分为 87.36，积极人格特质的各维度的平均分数均在中值（中点=3 分）以上，其中鉴赏（3.91）、善良（3.87）、团队协作（3.86）得分分别排在前三位；自律（3.05）、幽默（3.40）、洞察力（3.41）排在后三位，得分较低。大学生积极人格特质总体得分较高。

白燕采用杜夏华编制的《大学生积极人格量表》对北京大学的 390 名大学生进行了测试，发现除了自律（2.92），其他各维度的平均分均在中值 3 分以上，表明大学生积极人格的整体水平良好。其中，大学生的显著积极人格依次是感恩（4.03）、善良（4.02）、团队（3.94），这 3 个因子的得分排在前三位；而自律（2.92）、真诚（3.35）、洞察力（3.53）这 3 个因子的得分较低，排在后三位。

3　症状自评量表（SCL-90）①

3.1　简　介

《症状自评量表 SCL-90》是世界上最著名的心理健康测试量表之一，是当前使用最为广泛的精神障碍和心理疾病检查量表，将协助测试者从 10 个方面来了解自己的心理健康程度。本测验适用对象为 16 岁以上的人群。

该量表由德若伽提斯（L.R.Derogatis）于 1975 年编制，在编制该量表的过程中他主要参考了以下量表和研究：《康奈尔医学指数量表》（Cornell Medical Index，CMI，1944）、Frank，J. D 修订的《不适量表（Discomfort Scale，1954）》、德若伽提斯编制的 Hopkin's 症状清单（JHSCL 1973），曾有过 58 项版本及 35 项的简本。此处介绍的是共有 90 个项目的 SCL90 量表，它包含了较广泛的精神和心理健康内容，从感觉、情感、思维、意识、行为直至生活习惯、人际关系、饮食睡眠等，均有涉及，并采用 9 个因子分别反映 9 个方面的心理症状情况。它评定一个人是否有某种心理症状及其严重程度如何，对有心理症状（即有可能处于心理障碍或心理障碍边缘）的人有良好的区分能力。

由于自评量表是测量个体在一段时间内感觉到的症状的严重与否，所以在量表分数的解释上应该慎重，并不是得分高就一定说明个体出现了很严重的心理问题，某些分量表上得分较高有可能只是由于个体当时遇到了一些难题如失恋、面临考试、生病等，因此还应该对学生得分高的原因做进一步的分析。

如果个体在多个维度上自觉这些症状较为严重时，应该加强心理健康的教育，严重时还应该到比较权威的心理咨询、治疗机构进行进一步的检查和诊断。

3.2　测　题

指导语：仔细阅读每一条，根据自己最近一星期内的感觉，在相应的方格内画"√"。必

---

① 白燕. 积极心理学视阈下的大学生心理健康教育研究[D]. 北京：北京化工大学，2013.

须逐条填写，不可遗漏，每一项只能画一个"√"，不能划两个或更多。自我评定的五个等级：

1. 无：自觉并无该项问题（症状）；

2. 轻度：自觉有该问题，但发生得并不频繁、严重；

3. 中度：自觉有该项症状，其严重程度为轻到中度；

4. 偏重：自觉常有该项症状，其程度为中到严重；

5. 严重：自觉该症状的频度和强度都十分严重。

测 题	无	轻度	中度	偏重	严重
1. 头痛。	1	2	3	4	5
2. 神经过敏，心中不踏实。	1	2	3	4	5
3. 头脑中有不必要的想法或字句盘旋。	1	2	3	4	5
4. 头晕或晕倒。	1	2	3	4	5
5. 对异性的兴趣减退。	1	2	3	4	5
6. 对旁人责备求全。	1	2	3	4	5
7. 感到别人能控制你的思想。	1	2	3	4	5
8. 责怪别人制造麻烦。	1	2	3	4	5
9. 忘性大。	1	2	3	4	5
10. 担心自己的衣饰整齐及仪态的端正。	1	2	3	4	5
11. 容易烦恼和激动。	1	2	3	4	5
12. 胸痛。	1	2	3	4	5
13. 害怕空旷的场所或街道。	1	2	3	4	5
14. 感到自己的精力下降，活动减慢。	1	2	3	4	5
15. 想结束自己的生命。	1	2	3	4	5
16. 能听到旁人听不到的声音。	1	2	3	4	5
17. 发抖。	1	2	3	4	5
18. 感到大多数人都不可信任。	1	2	3	4	5
19. 胃口不好。	1	2	3	4	5
20. 容易哭泣。	1	2	3	4	5
21. 同异性相处时感到害羞不自在。	1	2	3	4	5
22. 感到受骗，中了圈套或有人想抓住你。	1	2	3	4	5
23. 无缘无故地突然感到害怕。	1	2	3	4	5
24. 自己不能控制地大发脾气。	1	2	3	4	5
25. 怕单独出门。	1	2	3	4	5
26. 经常责怪自己。	1	2	3	4	5

27. 腰痛。	1	2	3	4	5
28. 感到难以完成任务。	1	2	3	4	5
29. 感到孤独。	1	2	3	4	5
30. 感到苦闷。	1	2	3	4	5
31. 过分担忧。	1	2	3	4	5
32. 对事物不感兴趣。	1	2	3	4	5
33. 感到害怕。	1	2	3	4	5
34. 你的感情容易受到伤害。	1	2	3	4	5
35. 旁人能知道你私下的想法。	1	2	3	4	5
36. 感到别人不理解你、不同情你。	1	2	3	4	5
37. 感到人们对你不友好，不喜欢你。	1	2	3	4	5
38. 做事必须做得很慢以保证做得正确。	1	2	3	4	5
39. 心跳得很厉害。	1	2	3	4	5
40. 恶心或胃部不舒服。	1	2	3	4	5
41. 感到比不上他人。	1	2	3	4	5
42. 肌肉酸痛。	1	2	3	4	5
43. 感到有人在监视你、谈论你。	1	2	3	4	5
44. 难以入睡。	1	2	3	4	5
45. 做事必须反复检查。	1	2	3	4	5
46. 难以做出决定。	1	2	3	4	5
47. 怕乘电车、公共汽车、地铁或火车。	1	2	3	4	5
48. 呼吸有困难。	1	2	3	4	5
49. 一阵阵发冷或发热。	1	2	3	4	5
50. 因为感到害怕而避开某些东西、场合或活动。	1	2	3	4	5
51. 脑子变空了。	1	2	3	4	5
52. 身体发麻或刺痛。	1	2	3	4	5
53. 喉咙有梗塞感。	1	2	3	4	5
54. 感到前途没有希望。	1	2	3	4	5
55. 不能集中注意力。	1	2	3	4	5
56. 感到身体的某一部分软弱无力。	1	2	3	4	5
57. 感到紧张或容易紧张。	1	2	3	4	5
58. 感到手或脚发重。	1	2	3	4	5
59. 想到死亡的事。	1	2	3	4	5

60. 吃得太多。	1	2	3	4	5
61. 当别人看着你或谈论你时感到不自在。	1	2	3	4	5
62. 有一些不属于你自己的想法。	1	2	3	4	5
63. 有想打人或伤害他人的冲动。	1	2	3	4	5
64. 醒得太早。	1	2	3	4	5
65. 必须反复洗手、点数。	1	2	3	4	5
66. 睡得不稳不深。	1	2	3	4	5
67. 有想摔坏或破坏东西的想法。	1	2	3	4	5
68. 有一些别人没有的想法。	1	2	3	4	5
69. 感到对别人神经过敏。	1	2	3	4	5
70. 在商店或电影院等人多的地方感到不自在。	1	2	3	4	5
71. 感到任何事情都很困难。	1	2	3	4	5
72. 一阵阵恐惧或惊恐。	1	2	3	4	5
73. 感到公共场合吃东西很不舒服。	1	2	3	4	5
74. 经常与人争论。	1	2	3	4	5
75. 单独一人时神经很紧张。	1	2	3	4	5
76. 别人对你的成绩没有做出恰当的评价。	1	2	3	4	5
77. 即使和别人在一起也感到孤单。	1	2	3	4	5
78. 感到坐立不安心神不定。	1	2	3	4	5
79. 感到自己没有什么价值。	1	2	3	4	5
80. 感到熟悉的东西变成陌生或不像是真的。	1	2	3	4	5
81. 大叫或摔东西。	1	2	3	4	5
82. 害怕会在公共场合晕倒。	1	2	3	4	5
83. 感到别人想占你的便宜。	1	2	3	4	5
84. 为一些有关性的想法而很苦恼。	1	2	3	4	5
85. 你认为应该因为自己的过错而受到惩罚。	1	2	3	4	5
86. 感到要很快把事情做完。	1	2	3	4	5
87. 感到自己的身体有严重问题。	1	2	3	4	5
88. 从未感到和其他人很亲近。	1	2	3	4	5
89. 感到自己有罪。	1	2	3	4	5
90. 感到自己的脑子有毛病。	1	2	3	4	5

3.3 SCL-90 测验答题纸（见表 10-5）

表 10-5　SCL-90 测验答题纸

F1		F2		F3		F4		F5		F6	
项目	评分	项目	评分	项目	评分	项目	评分	项目	评分	项目	评分
1		3		6		5		2		11	
4		9		21		14		17		24	
12		10		34		15		23		63	
27		28		36		20		33		67	
40		38		37		22		39		74	
42		45		41		26		57		81	
48		46		61		29		72			
49		51		69		30		78			
52		55		73		31		80			
53		65				32		86			
56						54					
58						71					
						79					
合计		合计		合计		合计		合计		合计	

F7		F8		F9		F10		结果处理		
项目	评分	项目	评分	项目	评分	项目	评分	因素分	初分/项目分	T 分
13		8		7		19		F1	/12	
25		18		16		44		F2	/10	
47		43		35		59		F3	/9	
50		68		62		60		F4	/13	
70		76		77		64		F5	/10	
75		83		84		66		F6	/6	
82				85		89		F7	/7	
				87				F8	/6	
				88				F9	/10	
				90				F10	/7	
合计		合计		合计		合计				

3.4 计分方法及结果解释

3.4.1 评分方法

SCL-90的每一个项目均采取5级评分制，具体说明如下：
1. 无：自觉无该症状（问题）；
2. 轻度：自觉有该症状，但对受测者并无实际影响，或影响轻微；
3. 中度：自觉有该症状，对受测者有一定影响；
4. 相当重：自觉常有该项症状，对受测者有相当程度的影响；
5. 严重：自觉该症状的频度和轻度都十分严重，对受测者的影响严重。

这里所指的"影响"，包括症状所致的痛苦和烦恼，也包括症状造成的心理社会功能损害。"轻""中""重"的具体定义，则应该由受测者自己去体会，不必做硬性规定。

评定一个特定时间内，通常是一周以来的情况。一次评定一般约20分钟。评定结束时，测试者应仔细检查自己的自评表，凡有漏评或者重复评定均影响分析的准确性。

3.4.2 统计指标

SCL-90的分析统计主要有以下各项，其中最常用的是总分与因子分。

（1）单项分：90个项目的各个评分值。

（2）总分：90个单项分相加之和，可反映整体心理健康水平。

（3）总均分：又称总症状指数，是将总分除以90。

（4）阳性项目数：评分为2~5分的项目数，也等于90减去评为1分的项目数，可反映症状广度，表示受测者在多少项目中呈现"有症状"。

（5）阴性项目数：单项分等于1的项目数，即90减去阳性项目数，表示受测者"无症状"的项目有多少。

（6）阳性症状痛苦水平：总分除以阳性项目数。

（7）阳性症状均分：计算方法为（总分－阴性项目数）/阳性项目数，表示受测者在所谓阳性项目（即"有症状"项目）中的平均得分，反映受测者自我感觉不佳的项目，其严重程度究竟介于哪个范围。

$$阳性项目=总分－阴性项目数$$

阴性项目数都为1，说明有几个阴性项目数就得了几分。

（8）因子分：共有10个因子，每个因子反映一类症状，当得到因子分后，便可以用轮廓图（Profiles）分析方法，了解各因子的分布趋势和评定结果的特征，并据此分析各症状的主次轻重；不同时间的轮廓图比较可动态分析症状变化趋向。

$$因子分=组成某因子的各项目总分/组成某因子的项目数$$

量表作者并未提出分界值，应按下述常模结果（见表 10-6），总分超过 160 分，或阳性项目数超过 43 项，或任一因子分超过 2 分，考虑筛查阳性，需进一步检查。

SCL-90 测查结果的解释方法有很多，既可以从整个量表（90 个题目）中的阳性症状均分和总均分出发来宏观评定被试心理障碍的平均程度等级；又可从统计原理出发，对被试的某一因子得分偏离常模团体均数的程度加以评定。一般来说，当某因子偏离常模团体、均数达到两个标准差（SD）时，即为异常。

3.5 常模、分界值及结果解释

3.5.1 常 模

将自己的测试分数与全国常模分数进行比较，可以知道自己所在的位置或水平。我国 SCL-90 量表修订协作组曾对全国 13 个地区 1 388 名正常成人的 SCL-90 进行了分析，主要结果如表 10-6 所示。

表 10-6 中国正常成人 SCL—90 统计指标结果（$n = 1\ 388$）

统计指标	均分	标准差	因子分	均分	标准差
总分	129.96	38.76	躯体化	1.37	0.48
			强迫	1.62	0.58
总均分	1.44	0.43	人际关系	1.65	0.51
			抑郁	1.50	0.59
阳性项目数	24.92	18.41	焦虑	1.39	0.43
			敌对	1.48	0.56
阴性项目数	65.08	18.33	恐怖	1.23	0.41
			偏执	1.43	0.57
阳性症状均分	2.60	0.59	神经病性	1.29	0.42

3.5.2 得分症状详解

以下提供的是一个对测验结果的简单解释，应该说这个解释相当粗糙，主要是给对心理测量知识不太熟悉的大学生提供参考。要进一步了解测验结果的意义就必须将测验分数与常模相对照，以发现被试在各分量表的得分与一般水平的差异有多大。这样才能准确地确定成绩的意义。对于本量表来说，被试各分量表的分数的分级原则为：① 平均值上或下各一个标准差以内的为"中等水平的症状表现"；② 平均值上或下两个标准差以内的为"较高或较低水平的症状表现"；③ 平均值上或下超过两个标准差的为"高或低的症状表现"。因此，从表面上看被试的得分高低是不够的，还要看其在同一群体中所处的水平，才能确定其症状表现的真实程度。比如在某些分量表上被试的得分虽然比较高，但如果常模中该分量表的平均分也比较高，计算后发现被试的得分没有超过一个标准差，那么就表明该被试在该方面的症状表现也只是中等水平，不必过于担心。

1）总症状指数

总症状指数是指总的来看，被试的自我症状评价介于"没有"到"严重"的哪一个水平。总症状指数的分数为 1～1.5，表明被试自我感觉没有量表中所列的症状；1.5～2.5，表明被试感觉有点症状，但发生得并不频繁；2.5～3.5，表明被试感觉有症状，其严重程度为轻到中度；3.5～4.5，表明被试感觉有症状，其程度为中到严重；4.5～5 表明被试感觉有症状，且症状的频度和强度都十分严重。

2）阳性项目数

阳性项目数是指被评为 2～5 分的项目数分别是多少，它表示被试在多少项目中感到"有症状"。

3）阴性项目数

阴性项目数是指被评为 1 分的项目数，它表示被试"无症状"的项目有多少。

4）阳性症状均分

阳性症状均分是指个体自我感觉不佳的项目的程度究竟处于哪个水平。其意义与总症状指数的相同。

5）因子分

SCL-90 包括 9 个因子，每一个因子反映出个体某方面的症状情况，通过因子分可了解症状分布特点。因子分等于组成某一因子的各项总分除以组成某一因子的项目数。当个体在某一因子的得分大于 2 时，即超出正常均分，则个体在该方面就很有可能有心理健康方面的问题。

（1）躯体化。

躯体化主要反映身体不适感，包括心血管、胃肠道、呼吸和其他系统的不适，头痛、背痛、肌肉酸痛，以及焦虑等躯体不适表现。

该分量表的得分为 12～60 分。得分在 36 分以上，表明个体在身体上有较明显的不适感，并常伴有头痛、肌肉酸痛等症状；得分在 24 分以下，躯体症状表现不明显。总的说来，得分越高，躯体的不适感越强；得分越低，症状体验越不明显。

（2）强迫症状。

强迫症状主要指那些明知没有必要，但又无法摆脱的无意义的思想、冲动和行为，还有一些比较一般的认知障碍的行为征象也在这一因子中反映。

该分量表的得分为 10～50 分。得分在 30 分以上，强迫症状较明显；得分在 20 分以下，强迫症状不明显。总的说来，得分越高，表明个体越无法摆脱一些无意义的行为、思想和冲动，并可能表现出一些认知障碍的行为征兆；得分越低，表明个体在此种症状上表现越不明显，没有出现强迫行为。

（3）人际关系敏感。

人际关系敏感主要是指某些人际的不自在与自卑感,特别是与其他人相比较时更加突出。在人际交往中的自卑感、心神不安、明显的不自在,以及人际交流中的不良自我暗示,消极的期待等是这方面症状的典型原因。

该分量表的得分如 9～45 分。得分在 27 分以上,表明个体人际关系较为敏感,人际交往中自卑感较强,并伴有行为症状(如坐立不安、退缩等);得分在 18 分以下,表明个体在人际关系上较为正常。总的说来,得分越高,个体在人际交往中表现出的问题就越多,自卑,自我中心越突出,并且已表现出消极的期待;得分越低,个体在人际关系上越能应付自如,人际交流自信、胸有成竹,并抱有积极的期待。

（4）抑郁。

抑郁指以苦闷的情感与心境为代表性症状,还以生活兴趣的减退、动力缺乏、活力丧失等为特征,表现出失望、悲观以及与抑郁相联系的认知和躯体方面的感受,甚至包括有关死亡的思想和自杀观念。

该分量表的得分在 13～65 分。得分在 39 分以上,表明个体的抑郁程度较强,生活缺乏足够的兴趣,缺乏运动活力,极端情况下,可能会有想死亡和自杀的想法。得分在 26 分以下,表明个体抑郁程度较轻,生活态度乐观积极、充满活力、心境愉快。总的说来,得分越高,抑郁程度越明显;得分越低,抑郁程度越不明显。

（5）焦虑。

焦虑一般指那些烦躁、坐立不安、神经过敏、紧张以及由此产生的躯体征象,如震颤等。

该分量表的得分为 10～50 分。得分在 30 分以上,表明个体较易焦虑,易表现出烦躁、不安静和神经过敏,极端时可能导致惊恐发作;得分在 20 分以下,表明个体不易焦虑,易表现出安定的状态。总的说来,得分越高,焦虑表现越明显;得分越低,焦虑表现越不明显。

（6）敌对。

敌对主要从 3 个方面来反映敌对的表现,即思想、感情及行为。其项目包括厌烦的感觉、摔物、争论直到不可控制的脾气爆发等各方面。

该分量表的得分为 6～30 分。得分在 18 分以上,表明个体易表现出敌对的思想、情感和行为;得分在 12 分以下表明个体容易表现出友好的思想、情感和行为。总的说来,得分越高,个体越容易敌对,好争论,脾气难以控制;得分越低,个体的脾气越温和,待人友好,不喜欢争论、无破坏行为。

（7）恐怖。

恐惧的对象包括出门旅行,空旷场地,人群或公共场所和交通工具。此外,还有社交恐怖。

该分量表的得分为 7～35 分。得分在 21 分以上,表明个体恐怖症状较为明显,常表现出社交、广场和人群恐惧;得分在 14 分以下,表明个体的恐怖症状不明显。总的说来,得分越高,个体越容易对一些场所和物体发生恐惧,并伴有明显的躯体症状;得分越低,个体越不易产生恐怖心理,越能正常交往和活动。

（8）偏执。

偏执主要指投射性思维、敌对、猜疑、妄想、被动体验和夸大等。

该分量表的得分为 6 ~ 30 分。得分在 18 分以上，表明个体的偏执症状明显，较易猜疑和敌对；得分在 12 分以下，表明个体的偏执症状不明显。总的说来，得分越高，个体越易偏执，表现出投射性的思维和妄想；得分越低，个体思维越不易走极端。

（9）精神病性。

精神病性指反应各式各样的急性症状和行为，即限定不严的精神病性过程的症状表现。

该分量表的得分为 10 ~ 50 分。得分在 30 分以上，表明个体的精神病性症状较为明显；得分在 20 分以下，表明个体的精神病性症状不明显。总的说来，得分越高，越多地表现出精神病性症状和行为；得分越低，就越少表现出这些症状和行为。

（10）其他项目（睡眠、饮食等）。

附加项目或其他，作为第 10 个因子来处理，以便使各因子分之和等于总分。

3.6 本量表的心理测量学指标（信度、效度）

根据德若伽提斯的报道，各因子（症状）效度系数为 0.77 ~ 0.99（$P<0.01$），陈树林（2003）等报道的各因子重测信度为 0.73 ~ 0.91，详见表 10-7。

表 10-7 不同人群 SCL-90 各因子的 α 系数和重测信度

因子分	总样本（4 526 人）		成年人（2 808 人）	
	α 系数	重测	α 系数	重测
躯体化	0.83	0.86	0.84	0.85
强迫 人际关系 抑郁	0.84 0.81 0.86	0.83 0.87 0.91	0.82 0.80 0.82	0.81 0.86 0.90
焦虑 敌对	0.84 0.77	0.82 0.78	0.81 0.74	0.80 0.79
恐怖 偏执	0.79 0.78	0.80 0.89	0.78 0.80	0.82 0.86
精神病性 其他	0.80 0.69	0.81 0.73	0.78 0.67	0.80 0.75

3.7 SCL-90 量表在航空领域的应用

SCL-90 量表在国内外的应用非常广泛，在航空领域也有较好的应用。例如，李敬强等 2010 年采用横断历史研究技术分析我国军航飞行员心理健康状况随时间的变化趋势与特征。

方法检索 Web of Science、CNKI、万方数据库，检索时限从 1993 年 1 月至 2015 年 12 月，查找有关我国军航飞行员 SCL-90 的文献，按照纳入与排除标准筛选文献并提取数据，采用 SPSS 软件包进行数据分析。结果显示，中国军航飞行员心理健康状况在 1991—2004 年呈上升趋势，2004—2013 年呈下降趋势。军航飞行员总体心理健康状况好于中国成人常模，主要表现为在人际敏感、抑郁方面好于中国军人常模，陆军飞行员心理健康状况好于空军飞行员，空军飞行员心理健康状况好于海军飞行员，主要表现在人际敏感、抑郁、焦虑、敌对、偏执方面。结论为：管理部门可根据飞行员心理健康变化特征，制定心理健康干预措施，提升飞行员身心健康水平。

高翔、卢小英于 2011 年采用分层随机抽样，以 523 名一线管制员作为该心理健康状态调查对象。采用症状自评量表 SCL-90 对管制员进行心理健康状态调查。结果显示，目前民航一线管制员心理健康状态良好，强迫症状表现较为明显。不同岗位管制员心理健康状态存在显著差异（F: 7.33, $P<0.001$）；不同工作年限管制员心理健康状态存在显著差异（F: 6.41，$P<0.001$）。其中，区调管制员、工作年限为 11～15 年的管制员心理健康状态有待改善。结论为：一线管制员心理健康状态较为良好，有明显职业特征，为保证安全运行，提升管制员个体心理素质，适当的心理辅导与训练是必要的。

刘晓鹏，邢军等于 2012 年对 4 486 名空勤人员进行了 SCL-90 的测查。结果显示，空勤人员群体在 SCD90 各因子分、阳性项目数及总分上均低于军人常模（$P<0.001$）。空勤人员群体在躯体化、敌意、精神病性因子分上高于全国常模（$P<0.001$），其他因子分、总分均低于全国常模（$P<0.05$，或 $P<0.001$），在阳性项目数上无统计学差异（$P>0.05$）。以总分和阳性项目数为筛查指标，2006 年以来阳性检出率均呈现递减的趋势。阳性项目数≥43 项，2006 年度为 21.61，2011 年为 8.79。SCL-90 总分≥160 分，2006 年度为 16.54，2011 年降至 6.64。2011 年度 SCL-90 各因子分、阳性项目数及总分均低于 2006 年（$P<0.001$）。结论为：空勤人员群体的心理健康状况好于军人常模及全国常模，近年来心理健康水平亦有所提高。

2013 年，邓丽芳采用元分析方法对 2003—2013 年中国飞行员心理健康状况进行了分析，她通过搜索 2001—2010 年所有用 SCI-90 量表研究中国飞行员心理健康的文献，对符合要求的文献用元分析和横断历史研究的方法进行分析，探讨近 10 年中国飞行员的心理健康状况。结果发现：① 2000 年到 2001 年飞行员 SCL-90 得分增加，2001—2009 年飞行员 SCL-90 数据呈 U 形曲线，2005 年得数最低，2009 年得分最高；② "躯体化" "抑郁" "焦虑" "恐怖" 四因子与一般成人常模差异不显著，其余五因子均与常模差异显著，分数低于常模；③ 民航飞行员 SCL-90 的各因子得分低于军事飞行员。

2016 年，刘增山等选取 390 名飞行员进行 SCL-90 症状自评量表问卷调查，采用五级评分法衡量症状严重程度并分别计分，采用 Epidata3.0 软件录入数据并进行双录入核对，应用 SPSS19.0 统计学软件进行统计分析处理。结果显示：飞行员除阳性项目数、躯体化分值高于中国常模之外，其余各项分值均低于中国常模，差异有统计学意义（$P<0.05$）。除阳性项目均分高于军人常模之外，其余各项分值均显著低于军人常模，差异有统计学意义（$P<0.05$）。各年龄组差异有统计学意义（$P<0.05$）。20～24 岁组各项分值均最低，45 岁以上组各项分值均

高于 20 ~ 24 岁组、低于其他年龄组，35 ~ 39 岁组各项分值最高。结论为：飞行员心理健康状况明显优于中国一般人群和中国军人群；20 ~ 24 岁组和 45 岁以上组飞行员心理健康状况优于 35 ~ 39 岁组飞行员。

4 社交回避及苦恼量表（Social Avoidance and Distress Scale，SADS）①

4.1 简 介

社交回避及苦恼量表由 Watson 和 Friend 于 1969 年编制，是测量个体在社交中的回避倾向及在实际交往中的苦恼感受的工具，其中社交回避（SA）是一种行为表现，社交苦恼（SD）为情感反应。

在建立该量表时，作者十分注重社交回避和苦恼的概念。社交回避是回避社会交往的倾向，苦恼是指其身临其境时的苦恼感受。作者把"社交回避"与"不能参与社交"加以区分，指出"社交回避"的反面不是"社交参与"而是"不回避"。作者谨慎地将主观的苦恼及行为上的回避等包括在内，排除了焦虑的主观指标及在社交中产生的障碍性行为的测题。在最初的量表条目选择时，考虑了社交愿望及赞同的频率，并且进行了广泛的预测。

SADS 含有 28 个条目，其中 14 条用于评价社交回避，14 条用于评价社交苦恼，评分采用"是/否"的评分方式。

4.2 测 题

请你认真阅读以下题项，并选择与你的真实情况相符的选项。

1. 即使在不熟悉的社交场合里我仍然感到放松。（ ）

A. 是

B. 否

2. 我尽量避免迫使我参加交际应酬的情形。（ ）

A. 是

B. 否

3. 我同陌生人在一起时很容易放松。（ ）

A. 是

B. 否

---

① 彭纯子，范晓玲，李罗初. 社交回避与苦恼量表在学生群体中的信效度研究[J]. 中国临床心理学杂志，2003(4):279-281；梁执群，卢莉，籍继颖，朱素娟，虞婕. 某医科大学学生社交回避及苦恼的相关因素研究[J]. 中国学校卫生，2004(3):318-319.

4. 我并不特别想去回避他人。（　　　）

A. 是

B. 否

5. 我通常感觉社交场合令人心烦意乱。（　　　）

A. 是

B. 否

6. 在社交场合我通常感觉平静及舒适。（　　　）

A. 是

B. 否

7. 在同异性交谈时，我通常感觉放松。（　　　）

A. 是

B. 否

8. 我尽量避免与别人讲话，除非特别熟。（　　　）

A. 是

B. 否

9. 如果有同新人相会的机会，我会抓住的。（　　　）

A. 是

B. 否

10. 在非正式的聚会上如有异性参加，我通常觉得焦虑和紧张。（　　　）

A. 是

B. 否

11. 我与人们在一起时通常感到焦虑，除非与他们特别熟。（　　　）

A. 是

B. 否

12. 我与一群人在一起时通常感到很放松。（　　　）

A. 是

B. 否

13. 我经常想离开人群。（　　　）

A. 是

B. 否

14. 在置身于不认识的人群中时，我通常感到不自在。（　　　）

A. 是

B. 否

15. 在初次遇见某些人时，我通常是放松的。（　　　）

A. 是

B. 否

16. 当被介绍给别人时，我会感到紧张和焦虑。（　　）

A. 是

B. 否

17. 尽管满房间都是生人，我可能还是会进去的。（　　）

A. 是

B. 否

18. 我会避免走进去并加入一大群人中间。（　　）

A. 是

B. 否

19. 当上司想同我谈话时，我很高兴与他谈话。（　　）

A. 是

B. 否

20. 当与一群人在一起时，我通常感觉忐忑不安。（　　）

A. 是

B. 否

21. 我喜欢躲开人群。（　　）

A. 是

B. 否

22. 在晚会上或社交聚会上与人们交谈对我没有问题。（　　）

A. 是

B. 否

23. 在一大群人中间，我极少能感到自在。（　　）

A. 是

B. 否

24. 我经常想出一些借口以回避社交活动。（　　）

A. 是

B. 否

25. 我有时充当为人们相互介绍的角色。（　　）

A. 是

B. 否

26. 我尽量避开正式的社交场合。（　　）

A. 是

B. 否

27. 我通常参加我所能参加的各种社会交往，不管是什么社交活动，我一般是能去就去。
（　　）

A. 是

B. 否

28. 我发现同他人在一起时放松很容易。（　　　）

A. 是

B. 否

4.3　计分方式

社交回避及苦恼量表中 14 题为正向计分，14 题为反向计分，控制了趋同效应的影响。在具体评分时，与下列答案相同的选择便各得 1 分：

是：2、5、8、10、11、13、14、16、18、20、21、23、24、26；

否：1、3、4、6、7、9、12、15、17、19、22、25、27、28。

总分是将所有各项得分相加。

4.4　常模及结果解释

4.4.1　国内大学生常模

已有的关于 SADS 量表的国内大学生常模如表 10-8 所示。

表 10-8　国内大学生常模

	M	SD
回避分量表 SA	5.06	3.36
焦虑分量表 SD	4.87	3.41
总分	9.89	6.06

4.4.2　参照常模的结果解释

（1）当做题者的分数低于（常模+标准差）分数时，表示个体表现正常，没有这方面的问题。

（2）当做题者的分数高于（常模+标准差）分数，但低于（常模+2×标准差）时，则表示个体在这方面可能存在一定程度的问题，需要进一步接受专业人员的检查。

（3）当做题者的分数高于（常模+2×标准差）分数时，则表示存在这方面的问题，需要接受专业的帮助。

4.4.3 简易的结果解释

1）回避分量表

（1）回避分量表分数≤8.5分：你不回避社会交往，没有社交回避方面的问题。

（2）回避分量表分数为8.5~11.5分：你可能存在一定程度的社交回避问题，有回避社会交往的倾向，建议必要时接受专业人员的进一步检查。

（3）回避分量表分数≥11.5分：你有回避社会交往的倾向，情绪焦虑、烦躁，行为上避免与他人接触、交谈，建议你向心理医生或老师寻求帮助。

2）焦虑分量表

（1）焦虑分量表分数≤8分：你表现正常，没有社交焦虑方面的问题。

（2）焦虑分量表分数为8~11.5分：你在社会交往场合中可能感到苦恼，建议必要时向专业人员寻求帮助。

（3）焦虑分量表分数≥11.5分：你在社会交往中感到低落、苦恼、紧张、焦虑，缺乏愉快情绪，建议你向心理医生或老师寻求帮助。

4.5 量表的心理测量学指标（信、效度）

彭纯子、范晓玲以598名大学生、259名高中生为样本，得到苦恼分量表与总分的相关为0.90（$P<0.01$），回避分量表与总分的相关为0.91（$P<0.01$）。两个分量表之间的相关为0.65（$P<0.01$）。总量表的Cronbachα系数为0.85；回避与苦恼分量表的Cronbachα系数分别为0.77、0.73。间隔两周，对32名大学生进行重测，重测信度为0.76。用验证性因素分析估计了SADS实际所得测量数据对理论模型的拟合程度，验证其两因素的结构效度。结果显示，除了条目3的因子负荷比较小之外，其他条目的负荷均为0.2~0.6。得到拟合指数如表10-9所示，拟合指数基本达到了测量学的要求。

表10-9 验证性因素分析拟合指数

	χ^2/df	CFI	TLI	RMSEA
研究模型	4.451	0.937	0.927	0.059
饱和模型	—	1.000	—	—
独立模型	21.179	0	0	0.218

4.6 应用评价

尽管量表被进一步分为回避及苦恼两个分量表，大多数研究人员仍愿意直接采用量表中的所有条目。总的来说，SADS量表是一个精心设计的量表，并且已通过一系列的测查证实其在社交苦恼及回避测量中的用途。但有一点需注意，因为量表中的条目同时测量社交困难的主观方面及行为方面，所以只有在希望同时测量苦恼及回避时采用 SADS 量表才是适宜的。虽然在某些测查中分开采用分量表也可能是适宜的，但其信度尚未得到系统的研究。

林雄标等让 50 例社交恐怖症（SPH）和 60 例正常人填写 SADS，评分结果得到患者的 SADS 总分为 20.92＋4.27，焦虑分量表（SA）得分为 11.38±25，回避分量表（SD）得分为 9.54±2.61；显著高于对照组的 8.03±4.64（t 值 = 15.28，$p<0.01$）、3.92±3.1（t 值 13.92，$p<0.01$）和 4.14±2.62（t 值 = 11.04，$p<0.01$），表明该量表在同时测量 SPH 患者的社交焦虑和回避行为时不失为一个方便的工具。熊波对军航飞行员进行了测试，发现飞行员 SADS 得分为 5.42±4.93，SA 得分为 3.42±2.73，SD 得分为 2.00±2.66，低于国内大学生常模。

5　大学生心理和谐量表①

5.1　简　介

问卷由吴九君和郑日昌编制，共 20 个题目，3 个维度，包括自我和谐、人际和谐和人事和谐。

5.2　指导语

该问卷每个题目有 5 种答案："完全符合""基本符合""不确定""基本不符合""完全不符合"。请认真看完每个问题后选择符合自己情况的选项，每个问题只能选择一个答案。

测　题	完全不符合	基本不符合	不确定	基本符合	完全符合
1. 当事情变得很糟糕时，我通常能妥善处理它们。	1	2	3	4	5
2. 我做的大多数事情都做得很好。	1	2	3	4	5
3. 处理问题时我总是抓不住重点。	1	2	3	4	5
4. 能接受生活中的各种挑战。	1	2	3	4	5
5. 我的人生是有意义的。	1	2	3	4	5
6. 总体来说，我对自己感到满意。	1	2	3	4	5
7. 我能跟价值观与自己不同的人友好相处。	1	2	3	4	5

---

① 吴九君，郑日昌. 大学生心理和谐量表的编制[J]. 中国健康心理学杂志，2011，19(5):622-624.

8. 我能尊重他人的立场与利益。	1	2	3	4	5
9. 我是个有价值的人。	1	2	3	4	5
10. 我能得到周围很多人的关爱。	1	2	3	4	5
11. 我有很多优点。	1	2	3	4	5
12. 常平心静气化解困难	1	2	3	4	5
13. 看到别人有困难或烦恼时，能安慰与帮助他（她）。	1	2	3	4	5
14. 周围的人都说我很宽容。	1	2	3	4	5
15. 我能很好地处理学习中的困难和冲突。	1	2	3	4	5
16. 我能很好地处理生活中的困难和冲突。	1	2	3	4	5
17. 能接纳别人不同的观点。	1	2	3	4	5
18. 能与大多数人友好相处。	1	2	3	4	5
19. 我生活过得很开心。	1	2	3	4	5
20. 我做事懂得把握分寸，能够做到恰到好处。	1	2	3	4	5

5.3　常模、计分方法及解释

（1）常模（见表10-10 和表10-11）。

表10-10　各年级大学生心理和谐量表常模

指标	大一		大二		大三		大四	
	M	SD	M	SD	M	SD	M	SD
心理和谐总分	75.54	9.21	76.13	7.99	73.54	9.30	73.04	9.52
自我和谐	20.54	3.17	20.89	2.63	19.98	3.17	19.80	3.26
人际和谐	29.14	3.31	28.78	3.22	27.79	3.54	27.68	3.82
人事和谐	25.86	4.16	26.46	3.52	25.77	3.89	3.98	2.07

表10-11　按性别的大学生心理和谐量表常模

指标	男		女	
	M	SD	M	SD
心理和谐总分	74.255	9.897	74.976	8.278
自我和谐	20.225	3.238	20.408	2.954
人际和谐	28.074	3.754	28.699	3.246
人事和谐	25.956	4.224	25.869	3.595

（2）计分方法。

量表采用 likert5 点计分：

正向计分：从"完全不符合"到"完全符合"分别计 1~5 分。

反向计分：从"完全不符合"到"完全符合"分别计 5~1 分。

分值越高表明被试的心理和谐程度越高。

（3）测试结果解释。

学生得分情况，得分越高，说明该生心理和谐程度越高，与周围同学关系很融洽，处理问题能力和抗挫折能力很强。得分越低，说明该生的心理和谐程度不高，与周围同学的关系差，处理问题和抗挫折能力不强。

6 防御方式问卷（Defense Style Questionnaire，DSQ）[①]

6.1 简 介

防御方式问卷（DSQ）是由 M. Bond（加拿大）于 1983 年编制的一种自评问卷。我国也于 1990 年翻译引进了目前在国外被公认为较好的由加拿大 M. Bond 编制的防御方式问卷（DSQ），经修订后在小样本人群中试用。随后于 1993 年 10 月将 DSQ 中译本首次用于文化层次较高的 4 309 名大学生，为 DSQ 在国内的使用提供一系列有关数据。

DSQ 共包括 88 个项目，包括比较广泛的防御行为，即从成熟的直到不成熟的。每个项目均采用 1~9 的九级评定方法，较为细致。具体介绍如下：

1.完全反对；2.很反对；3.比较反对；4.稍微反对；5.既不反以对也不同意；6.稍微同意；7.比较同意；8.很同意；9.完全同意。

此处的程度，完全由评定者自己体会，即是否赞同条目对自己行为的描述，并无硬性规定。

6.2 测 题

编号： 性别： 年龄： 文化程度：

指导语：

请仔细阅读每一个问题，然后根据自己的实际情况认真填写，不要去猜测怎样才是正确的答案，因为这里不存在正确或错误的问题，也无故意捉弄人的问题。每个问题有 9 个答案，

---

① 刘国华，孟宪璋.防御方式问卷(DSQ)信度和效度研究[J].中国临床心理学杂志，2004(4):352-353.
李宁宁，王旭梅，姜潮.《防御方式问卷》的验证性因素分析[C]. 中华医学会(Chinese Medical Association)、中华医学会精神病学分会(Chinese Society of Psychiatry).中华医学会第十一次全国精神医学学术会议、第三届亚洲神经精神药理学术会议论文汇编.中华医学会(Chinese Medical Association)、中华医学会精神病学分会(Chinese Society of Psychiatry):中华医学会，2013:319-320.

分别用 1、2、3、4、5、6、7、8、9 来表示。

1. 我因帮助他人而获得满足，如果不这样做，我就会变得抑郁。

    1   2   3   4   5   6   7   8   9

2. 人们常说我是个脾气暴躁的人。

    1   2   3   4   5   6   7   8   9

3. 在我没有时间处理某个棘手的事情时，我可以把它搁置一边。

    1   2   3   4   5   6   7   8   9

4. 人们总是不公平地对待我。

    1   2   3   4   5   6   7   8   9

5. 我通过做一些积极的或创见性的事情来摆脱自己的焦虑不安，如绘画、做木工活等。

    1   2   3   4   5   6   7   8   9

6. 偶尔，我把一些今天该做的事情推迟到明天再做。

    1   2   3   4   5   6   7   8   9

7. 我不知道为什么会遇到相同的受挫情境。

    1   2   3   4   5   6   7   8   9

8. 我能够相当轻松地嘲笑我自己。

    1   2   3   4   5   6   7   8   9

9. 我受到挫折时，表现得就像个孩子。

    1   2   3   4   5   6   7   8   9

10. 在维护我的利益方面，我羞于与人计较。

    1   2   3   4   5   6   7   8   9

11. 我比我认识人中的大多数都强。

    1   2   3   4   5   6   7   8   9

12. 人们往往虐待我。

    1   2   3   4   5   6   7   8   9

13. 如果某人骗了我或偷了我的钱，我宁愿他得到帮助，而不是受到惩罚。

    1   2   3   4   5   6   7   8   9

14. 偶尔，我想一些坏得不能说出口的事情。

    1   2   3   4   5   6   7   8   9

15. 偶尔，我因一些下流的笑话而大笑。

    1   2   3   4   5   6   7   8   9

16. 人们说我像一只鸵鸟，把自己的头埋入沙中，换句话说，我往往有意忽视一些不愉快的事情。

    1   2   3   4   5   6   7   8   9

17. 我常常不能竭尽全力地与人竞争。

    1   2   3   4   5   6   7   8   9

18. 我常感到我比和我在一起的人强。
    1 2 3 4 5 6 7 8 9

19. 某人正在想剥夺我所得到的一切。
    1 2 3 4 5 6 7 8 9

20. 我有时发怒。
    1 2 3 4 5 6 7 8 9

21. 我时常在某种内在力量的驱使下，不由自主地做出些行为。
    1 2 3 4 5 6 7 8 9

22. 我宁愿饿死也不愿被迫吃饭。
    1 2 3 4 5 6 7 8 9

23. 我常常故意忽视一些危险，似乎我是个超人。
    1 2 3 4 5 6 7 8 9

24. 我以有贬低别人威望的能力而自豪。
    1 2 3 4 5 6 7 8 9

25. 人们告诉我：我总有被害的感觉。
    1 2 3 4 5 6 7 8 9

26. 有时感觉不好时，我就发脾气。
    1 2 3 4 5 6 7 8 9

27. 当某些事情使我烦恼时，我常常不由自主地做出些行为。
    1 2 3 4 5 6 7 8 9

28. 当遇事不顺心时，我就会生病。
    1 2 3 4 5 6 7 8 9

29. 我是一个很有自制力的人。
    1 2 3 4 5 6 7 8 9

30. 我简直就像一个不得志的艺术家一样。
    1 2 3 4 5 6 7 8 9

31. 我不总是说真话。
    1 2 3 4 5 6 7 8 9

32. 当我感到自尊心受伤害时，我就会回避。
    1 2 3 4 5 6 7 8 9

33. 我常常不由自主地迫使自己干些过头的事情，以至于其他人不得不限制我。
    1 2 3 4 5 6 7 8 9

34. 我的朋友们把我看作乡下佬。
    1 2 3 4 5 6 7 8 9

35. 在我愤怒的时候，我常常回避。
    1 2 3 4 5 6 7 8 9

36. 我往往对那些确实对我友好的人，比我应该怀疑的人保持更高的警惕性。
    1   2   3   4   5   6   7   8   9

37. 我已学得特殊的才能，足以使我毫无问题地度过一生。
    1   2   3   4   5   6   7   8   9

38. 有时，在选举的时候，我往往选那些我几乎不了解的人。
    1   2   3   4   5   6   7   8   9

39. 我常常不能按时赴约。
    1   2   3   4   5   6   7   8   9

40. 我幻想的多，可在现实生活中做得少。
    1   2   3   4   5   6   7   8   9

41. 我羞于与人打交道。
    1   2   3   4   5   6   7   8   9

42. 我什么都不怕。
    1   2   3   4   5   6   7   8   9

43. 有时我认为我是个天使，有时我认为我是个恶魔。
    1   2   3   4   5   6   7   8   9

44. 在比赛时，我想要赢而不愿输。
    1   2   3   4   5   6   7   8   9

45. 在我愤怒的时候，我变得很愿挖苦人。
    1   2   3   4   5   6   7   8   9

46. 在我自尊心受伤害时，我就公开还击。
    1   2   3   4   5   6   7   8   9

47. 我认为当我受伤害时，我就应该翻脸。
    1   2   3   4   5   6   7   8   9

48. 我每天读报时，不是每个版面都读。
    1   2   3   4   5   6   7   8   9

49. 我沮丧时，就会避开。
    1   2   3   4   5   6   7   8   9

50. 我对性问题感到害羞。
    1   2   3   4   5   6   7   8   9

51. 我总是感到我所认识的某个人像个保护神。
    1   2   3   4   5   6   7   8   9

52. 我的处世哲学是："非理勿信，非理勿做，非理勿视"。
    1   2   3   4   5   6   7   8   9

53. 我认为：人有好坏之分。
    1   2   3   4   5   6   7   8   9

54. 如果我的上司惹我生气，我可能会在工作中找麻烦或磨洋工，以报复他。

1　2　3　4　5　6　7　8　9

55. 每个人都和我对着干。

1　2　3　4　5　6　7　8　9

56. 我往往对那些我讨厌的人而表示友好。

1　2　3　4　5　6　7　8　9

57. 如果我乘坐的飞机一个发动机失灵，我就会非常紧张。

1　2　3　4　5　6　7　8　9

58. 我认识这样一个人，他什么都能做而且做得合理。

1　2　3　4　5　6　7　8　9

59. 如果我感情的发泄会妨碍我正从事的事业，那么我就能控制住它。

1　2　3　4　5　6　7　8　9

60. 一些人正在密谋要害我。

1　2　3　4　5　6　7　8　9

61. 我通常可以看到恶境当中的好的一面。

1　2　3　4　5　6　7　8　9

62. 在我不得不去做一些我不愿做的事情时，就头痛。

1　2　3　4　5　6　7　8　9

63. 我常常发现我对那些理应仇视的人，表示很友好。

1　2　3　4　5　6　7　8　9

64. 我认为："人人都有善意"是不存在的，如果你不好，那么你一切都不好。

1　2　3　4　5　6　7　8　9

65. 我决不会对那些我讨厌的人表示愤怒。

1　2　3　4　5　6　7　8　9

66. 我确信生活对我是不公正的。

1　2　3　4　5　6　7　8　9

67. 在严重的打击下，我就会垮下来。

1　2　3　4　5　6　7　8　9

68. 在我意识到不得不面临一场困境的时候，如考试、招工会谈，我就试图想象它会如何，并计划出一些方法去应付它。

1　2　3　4　5　6　7　8　9

69. 医生们决不会真的弄清我患的是什么病。

1　2　3　4　5　6　7　8　9

70. 当某个和我很亲近的人死去时，我并不悲伤。

1　2　3　4　5　6　7　8　9

71. 在我为了利益和人争斗之后，我往往因为我的粗鲁而向人道歉。

1 2 3 4 5 6 7 8 9

72. 发生与我有关的大部分事情并不是我的责任。

1 2 3 4 5 6 7 8 9

73. 当我感觉情绪压抑或焦虑不安时，吃点东西，可以使我感觉好些。

1 2 3 4 5 6 7 8 9

74. 勤奋工作使我感觉好些。

1 2 3 4 5 6 7 8 9

75. 医生不能真的帮我解决问题。

1 2 3 4 5 6 7 8 9

76. 我常听人们说我不暴露自己的感情。

1 2 3 4 5 6 7 8 9

77. 我认为，人们在看电影，戏剧或书籍对所领悟的意义，比这些作品所要表达的意义要多。

1 2 3 4 5 6 7 8 9

78. 我感觉到我有一些不由自主要去做的习惯或仪式行为，并给我带来很多麻烦。

1 2 3 4 5 6 7 8 9

79. 当我紧张时，就喝酒或吃药。

1 2 3 4 5 6 7 8 9

80. 当我心情不愉快时，就想和别人待在一起。

1 2 3 4 5 6 7 8 9

81. 如果我能够预感到我会沮丧的话，我就能更好地应付它。

1 2 3 4 5 6 7 8 9

82. 无论我怎样发牢骚，从未得到过满意的结果。

1 2 3 4 5 6 7 8 9

83. 我常常发现当环境要引起我强烈的情绪反应时，我就会麻木不仁。

1 2 3 4 5 6 7 8 9

84. 忘我地工作，可使我摆脱情绪上的忧郁和焦虑。

1 2 3 4 5 6 7 8 9

85. 紧张的时候，我就吸烟。

1 2 3 4 5 6 7 8 9

86. 如果我陷入某种危机时，我就会寻找另一个和我具有同样命运的人。

1 2 3 4 5 6 7 8 9

87. 如我做错了事情，不能受责备。

1 2 3 4 5 6 7 8 9

88. 如果我有攻击他人的想法，我就感觉有种做点事情的需要，以转移这种想法。

1 2 3 4 5 6 7 8 9

6.3 计分方法与结果解释

6.3.1 评分方法

防御方式问卷（DSQ）采用 1 ~ 9 的九级评定方法，得分越高，表示此防御方式的应用频率越高。具体说明如下：

1. 完全反对：自觉无该症状（问题）；
2. 很反对：自觉有该症状，但对受测者并无实际影响，或影响轻微；
3. 比较反对：自觉有该症状，对受测者有一些影响；
4. 稍微反对：自觉有该症状，对受测者有一定的影响；
5. 既不反以对也不同意：不能察觉自己是否有该症状；
6. 稍微同意：自觉会有该症状，对受测者有较多的影响；
7. 比较同意：自觉常有该症状，对受测者有相当程度的影响；
8. 很同意：自觉很频繁地出现该症状，对受测者的影响很大；
9. 完全同意：自觉该症状的频度和轻度都十分严重，对受测者的影响严重。

此处的程度，完全由评定者自己体会，即是否赞同条目对自己行为的描述，并无硬性规定。

6.3.2 统计指标

防御方式问卷 DSQ 的分析统计主要有以下各项，其中最常用的是总分与因子分。

（1）单项分：88 个项目的各个评分值。

（2）总分：88 个单项分相加之和，可反映整体心理防御水平。

（3）总均分：又称总症状指数，是将总分除以 88。

（4）4 个因子分及因子均分。

$$因子均分 = \frac{因子分}{因子所属条目数}$$

各因子分为其所属各防御机制之和。因子均分反映的是评定者在某因子上自我主评价介于 1 ~ 9 的哪种程度。4 个因子分别为成熟防御机制、中间型防御机制、不成熟防御机制、掩饰度。如越靠近 9 即应用某类机制的频度越大，其掩饰度则越小。

（5）各防御机制分及均分：

$$防御机制均分 = \frac{防御机制分}{防御机制所属条目数}$$

各防御机制分为反映该机制项目评分之和。此指标在于了解评定者在某防御机制上，自我评价介于 1 ~ 9 的哪种程度。越接近 9，应用此种防御机制的频度越大。

6.4 常模、分界值及结果解释

6.4.1 常 模

请注意，此问卷目前国内外尚无明确常模，研究时应设立对照组，实际应用时应参考相关文献。但根据王东等人对 429 名民航从业人员防御方式特征进行了分析，结果如表 10-12 所示。

表 10-12 飞行员、航空安全员和地勤人员的 DSQ 统计指标结果（ $n = 429$ ）

因子分	飞行员		航空安全员		地勤人员	
	均分	标准差	均分	标准差	均分	标准差
不成熟因子	3.27	1.51	4.18	1.48	3.03	1.54
投射	3.18	1.32	4.33	1.61	2.76	1.14
被动攻击	3.56	1.22	3.67	1.34	3.41	1.41
潜意显现	3.21	1.13	3.16	1.23	3.33	1.31
抱怨	2.97	1.26	3.17	1.27	3.23	1.49
幻想	2.83	1.42	2.64	1.31	2.89	1.47
分裂	1.48	0.76	1.67	0.89	1.59	0.65
退缩	1.23	0.64	1.27	0.71	1.38	0.87
躯体化	4.35	1.74	4.67	1.89	2.51	1.06
成熟因子	5.58	1.88	5.74	2.01	5.46	1.67
升华	5.27	1.63	5.42	1.85	5.16	1.47
压抑	5.76	1.78	5.89	1.72	5.94	1.89
幽默	6.01	1.96	5.32	1.42	5.57	1.42
中间型因子	3.48	1.41	3.36	1.35	3.54	1.51
反作用	3.52	1.21	3.25	1.14	3.38	1.31
解除	4.31	1.45	4.18	1.36	4.24	1.52
制止	5.34	1.74	5.57	1.82	5.68	1.91
回避	5.09	1.70	5.26	1.84	5.64	1.86
理想化	4.19	1.32	4.08	1.27	4.28	1.21
假性利他	3.41	1.88	3.53	1.93	3.26	1.54
伴无能之全能	2.89	1.07	2.74	1.12	2.94	1.31
隔离	2.98	1.15	2.78	1.21	2.84	1.23
同一化	1.97	1.43	1.86	1.53	1.74	1.37
否认	4.57	1.64	4.38	1.56	4.43	1.71
交往倾向	4.06	1.62	4.14	1.56	4.23	1.67
消耗倾向	2.89	1.15	2.93	1.43	2.78	1.33
期望	6.29	1.78	6.31	1.84	6.43	1.92
掩饰因子	5.31	1.52	5.21	1.63	5.83	1.67

6.4.2　得分解释

该量表主要根据不成熟因子、成熟因子以及中间型因子的分值判断被试的防御方式，得分较高的因子即为被试的防御方式特征。此处暂且将飞行员的研究统计指标作为划分标准，较为粗糙。

（1）不成熟因子得分为 1.76～4.78，提示学生"你的不成熟防御方式处于正常水平"；得分在 4.78 以上则提示学生"你的不成熟防御方式处于较高水平，在防御方式方面较为不成熟，应注意处理问题的方式"；得分在 1.76 以下则提示学生"你的不成熟防御方式处于较低的水平，处理问题能采取较好的方式"。

（2）成熟因子得分为 4.4～6.76，提示学生"你的成熟防御方式处于正常状态"；得分在 6.67 以上则提示学生"你的防御方式较为成熟，成熟防御方式处于较高水平"；得分在 4.4 以下提示学生"你的防御方式较为不成熟，成熟防御方式处于较低水平"。

（3）中间型因子得分为 2.07～4.89，提示学生"你的中间型防御方式处于正常状态，处理问题的方式尚可"；得分在 4.89 以上提示学生"你的中间型防御方式较高，较多使用中间型防御方式处理问题"；得分在 2.07 以下提示学生"你的中间防御方式处于较低水平，处理问题时较少使用中间型防御方式"。

其余各因子分数也有分级原则：

（1）平均值上或下各一个标准差以内的为"中等水平的症状表现"。

（2）平均值上或下两个标准差以内的为"较高或较低水平的症状表现"。

（3）平均值上或下超过两个标准差的为"高或低的症状表现"。

因此，从表面上看被试的得分高低是不够的，还要看其在同一群体中所处的水平，才能确定其症状表现的真实程度。比如在某些分量表上被试的得分虽然比较高，但如果常模中该分量表的平均分也比较高，计算后发现被试的得分没有超过一个标准差，那么就表明该被试在该方面的症状表现也只是中等水平，不必过于担心。

6.5　防御方式问卷在航空领域的应用

通过防御方式问卷可以了解民航从业人员防御方式特征与心理健康状况。随着民航航空业的不断壮大，工作时间长、规律性差、飞行跨时区等因素造成民航从业人员的身心状态有异于常人，其身心健康状况与飞行安全相关。成熟的防御机制能为人提供有效的心理保护。为充分了解民航从业人员的防御方式，可采用防御方式问卷（DQS）为研究基础。该应用问卷能够较全面、省时地收集较标准的资料，便于比较和研究，能够提供一个连续的心理社会成熟程度指标，不仅适用于研究常人的防御行为，也适用于航空从业者的防御行为。由此，加深防御机制的研究、不断完善问卷，对精神卫生工作具有较大的推动作用。

7 忍耐性（宽容性）量表①

7.1 简 介

明尼苏达多相个性测查表（MMPI）是世界上使用得最为广泛的个性测量问卷之一，广泛应用于军队、司法、临床、警察、飞行员等各个领域。忍耐性量表（Tolerance Scale）是MMPI众多附加量表中的一个，主要用来测试一个人的容纳和接受他人信念价值的程度，共计30个条目。这些条目反映个人的认知过程、思维和行为模式，心理适应，诚实，自信心，责任心，客观地对待现实，宽容不同的信念或相反的价值观，处世态度（纪术茂等，2002）。

7.2 指导语

当你阅读每一题目时，请考虑是否符合自己的行为、感情、态度及意见。如果情况符合，请选择"是"；如果情况不符合，请选择"否"。请尽快填写你看完题目后的第一个印象，不要在每一道题目上费太多时间思考。答案无所谓对与不对，好与不好，完全不必有任何顾虑。

1. 我曾经有过很特别、很奇怪的体验。

A. 是

B. 否

2. 每星期至少有一、二次，我突然觉得无缘无故地全身发热。

A. 是

B. 否

3. 我喜欢诗。

A. 是

B. 否

4. 我觉得大多数人是为了向上爬而不惜说谎的。

A. 是

B. 否

5. 大部分人之所以是诚实的，主要是因为怕被别人识破。

A. 是

B. 否

6. 大多数人不惜用不正当的手段谋取利益，而不愿失掉机会。

A. 是

B. 否

---

① 陈国民，王丽君. 忍耐性量表的项目分析及简式量表研究[J]. 中国健康心理学杂志，2012, 20(2)：311-313.

7. 如果别人待我好，我常常怀疑他们别有用心。

A. 是

B. 否

8. 有时我仿佛觉得我必须伤害自己或别人。

A. 是

B. 否

9. 我觉得我时常无缘无故地受到惩罚。

A. 是

B. 否

10. 在聚会当中，尽管有人出风头，如果让我也这样做，我会感到很不舒服。

A. 是

B. 否

11. 我不大怕蛇。

A. 是

B. 否

12. 当我要做一件事的时候，我常发现我的手在发抖。

A. 是

B. 否

13. 我喜欢科学。

A. 是

B. 否

14. 有人想把世界上所能得到的东西都夺到手，我决不责怪他。

A. 是

B. 否

15. 大多数人交朋友，是因为朋友对他们有用。

A. 是

B. 否

16. 在学校里，要我在班上发言，是非常困难的。

A. 是

B. 否

17. 我拒绝玩那些我玩不好的游戏。

A. 是

B. 否

18. 有人不将自己的贵重物品保管好因而引起别人偷窃，这种人和小偷一样应受责备。

A. 是

B. 否

19. 大多数人内心都不愿意挺身去帮助别人。

A. 是

B. 否

20. 我所操心的事，远远超过了我所应该操心的。

A. 是

B. 否

21. 我有一些奇怪和特别的念头。

A. 是

B. 否

22. 我时常遇见一些所谓的专家，他们并不比我高明。

A. 是

B. 否

23. 当我听说我所熟悉的人成功了，我就觉得自己失败了。

A. 是

B. 否

24. 我常发现别人妒忌我的好主意，因为他们没能先想到。

A. 是

B. 否

25. 我通常喜欢和妇女一起工作。

A. 是

B. 否

26. 我确信只有一种宗教是真的。

A. 是

B. 否

27. 只要你不是真正地犯法，钻法律的空子是可以的。

A. 是

B. 否

28. 一个男人和一个女人相处的时候，他通常想到的是关于她的性方面的事。

A. 是

B. 否

29. 每星期我总有几次觉得好像有可怕的事情要发生。

A. 是

B. 否

30. 未来是变化无常的，一个人很难做出认真的安排。

A. 是

B. 否

7.3 计分方式

问卷包括 30 个条目，其中 3 个答"是"计分，27 个答"否"计分。

T 条目：3、11、13。

F 条目：1、2、4、5、6、7、8、9、10、12、14、15、16、17、18、19、20、21、22、23、24、25、26、27、28、29、30

7.4 常模及结果解释

常模如表 10-13 所示。

表 10-13 忍耐性（宽容性）量表常模

性别	男性	女性
少年	16.93±4.34	17.02±4.65
成年	16.73±4.51	15.96±4.24

高分的人愿意帮助和促进团体的福利安宁，与每个人保持友善、合作。有美好的思考，通情达理，思维合理，宽厚，诚恳，乐意接纳和了解他人（这来自认知的态度，而不是从温暖或真实地实在感觉），主张现实的态度。宽容他人的信念和态度，相对地少有严重的冲突或心理学的问题。

低分给人的整体印象是：厌倦、痛苦、怨恨、易怒、爱发牢骚、思路不清、心胸狭窄、缺乏热情、专断、教条的、防御的、直言不讳、器量小、怀恶意、有理解力、惴惴不安、有点让人难以理解。这些人容易轻待他人，易在背后搬弄是非。将钱花在外表的装饰，爱着奇装异服。人际关系不好或者人际关系很不融洽，以自我为中心，不关心他人的感受，好批评他人，缺乏真诚，爱抱偏见，不宽容，喜欢以激烈的言辞攻击他人，或损人利己；不信任他人的动机，故意找碴儿，无事生非。这种人往往有不能容忍配偶的行为，婚姻常不协调。可能有暴力倾向和消极行为，而且带有明显的强迫性（纪术茂等，2002）。

8 心理承受能力测试量表①

8.1 简 介

问卷由中国人民解放军第 102 医院，国家二级心理咨询师孔令明等人编制。

---

① 张作记. 行为医学量表手册[M]. 北京：中华医学电子音像出版社，2005.

8.2 指导语

该问卷每个题目有两种答案:"是"和"否"。请认真看完每个问题后选择符合自己情况的答案,每个问题只能选择一个答案。

1. 当你与父母发生不愉快时,你是否曾想离家出走?

A. 是　　　　B. 否

2. 如果现在就去睡觉,你会担心自己睡不着吗?

A. 是　　　　B. 否

3. 晚睡两个小时会使你第二天明显的精神不振吗?

A. 是　　　　B. 否

4. 看完惊险片后,在很长一段时间内,你一直觉得心有余悸吗?

A. 是　　　　B. 否

5. 你常常觉得生活很累吗?

A. 是　　　　B. 否

6. 当考试成绩不理想时,你会感到非常沮丧吗?

A. 是　　　　B. 否

7. 当你与某个同学闹意见后,你一直无法消除相处时的尴尬吗?

A. 是　　　　B. 否

8. 当你在课堂上回答不出问题时,你在课后还会久久地感到烦恼吗?

A. 是　　　　B. 否

9. 每到一个新地方,你是否常常会出现问题,如睡不好等。

A. 是　　　　B. 否

10. 你明显偏食吗?

A. 是　　　　B. 否

11. 你认为自己是个弱者吗?

A. 是　　　　B. 否

12. 你觉得自己有些神经衰弱吗?

A. 是　　　　B. 否

13. 看到苍蝇、蟑螂等讨厌的东西,你会感到害怕吗?

A. 是　　　　B. 否

14. 你常常因为想心事而躺在床上久久不能入睡吗?

A. 是　　　　B. 否

15. 在人多的场合或陌生人面前说话,你是否感到窘迫?

A. 是　　　　B. 否

16. 你受到的挫折与其他人相比,是否根本算不了什么?

A. 是　　　　B. 否

17. 你是否喜欢冒险和刺激?

A. 是　　　　B. 否

18. 你生活在使你感到快乐和温暖的班级里吗？

A．是　　　　B．否

19. 你相信自己能够战胜任何挫折吗？

A．是　　　　B．否

20. 你是否常常与同学们交流看法？

A．是　　　　B．否

21. 你认为你的老师喜欢你吗？

A．是　　　　B．否

22. 心情不愉快时，你的饭量与平时差不多吗？

A．是　　　　B．否

23. 你是否每周至少进行一次喜欢的体育活动，如登山、打球等？

A．是　　　　B．否

24. 即使在困难时，你还是相信困难终将过去吗？

A．是　　　　B．否

25. 大部分时间你对未来充满信心吗？

A．是　　　　B．否

26. 你有一个关心、爱护你的家吗？

A．是　　　　B．否

27. 你是否有一些无话不谈的知心朋友？

A．是　　　　B．否

28. 你认为自己健壮吗？

A．是　　　　B．否

29. 生病时你依旧乐观吗？

A．是　　　　B．否

30. 你是否认为家人需要你？

A．是　　　　B．否

8.3　计分标准

1~15题，选择 A 不得分，选择 B 得 1 分；16~30题，选择 A 得 1 分，选择 B 不得分。然后将各题所得的分数相加。

8.4　结果解释

（1）总得分为 0~9 分：你的心理承受能力差，你遇到困难易灰心，常常有挫折感。

（2）总得分为 10~20 分：你的心理承受能力一般，能轻松地承受一些小的压力，但遇到大的打击时，还是容易产生心理危机。

（3）总得分为 21～30 分：你的心理承受能力很强，你能在各种艰难困苦面前保持旺盛的斗志。

9　意志品质自我测量评价表①

9.1　简　介

本量表是我国心理学家陈会昌编制的意志品质自测简易量表，共 20 题，每题有 5 种答案，分值依次为 5、4、3、2、1 分。

9.2　指导语

下面共 20 道测试题，请根据你的情况作答。每题设有 5 个选项，请选择符合你的选项：A：很符合；B：比较符；C：介于中间；D：不太符合；E：很不符合。

1. 你喜爱体育运动，因为这些运动能够增强你的体质和毅力。 [A　B　C　D　E]
2. 你总是很早起床、从不睡懒觉。 [A　B　C　D　E]
3. 你信奉不干则已，干就要干好的格言。 [A　B　C　D　E]
4. 你投入地做一件事，是因为其重要，应该做，而不是因为兴趣。 [A　B　C　D　E]
5. 当工作和娱乐发生冲突时，你会放弃娱乐。 [A　B　C　D　E]
6. 你下决心坚持下去的事，不论遇到什么困难，你都持之以恒。 [A　B　C　D　E]
7. 你能长时间做一件非常重要但却无比枯燥的工作。 [A　B　C　D　E]
8. 你不喜欢盲从别人的意见和说法，而善于分析、鉴别。 [A　B　C　D　E]
9. 你不怕做没做过的事情，不怕独自负责，你认为那是锻炼机会。 [A　B　C　D　E]
10. 你和同事、朋友、家人相处，从不无缘故发脾气。 [A　B　C　D　E]
11. 你给自己订了计划，但常常因为主观原因不能完成计划。 [A　B　C　D　E]
12. 你认为凡事不能太累，做得成就做，做不成就算了。 [A　B　C　D　E]
13. 你临睡前发誓第二天要干重要事情，但第二天却没兴趣干了。 [A　B　C　D　E]
14. 你常因读好看的小说或看精彩的电视节目而忘记时间。 [A　B　C　D　E]
15. 如果你工作中遇到了什么困难，首先想到请教别人有什么办法。 [A　B　C　D　E]
16. 你的爱好广泛而善变，做事情常常因为心血来潮。 [A　B　C　D　E]
17. 你喜欢先做容易的事情，困难的能拖就拖，不能拖则应付了事。 [A　B　C　D　E]
18. 凡是你认为比你能干的人，你都不会太怀疑他们的看法。 [A　B　C　D　E]
19. 遇到复杂莫测的情况，你常常拿不定主意。 [A　B　C　D　E]
20. 你生性胆小，没有百分之百把握的事情，你从来不敢做。 [A　B　C　D　E]

① 张作记. 行为医学量表手册[M]. 北京：中华医学电子音像出版社，2005.

9.3 评分标准（见表10-14）

表10-14 评分标准

题号	分值					题号	分值				
1	A: 5	B: 4	C: 3	D: 2	E: 1	11	A: 1	B: 2	C: 3	D: 4	E: 5
2	A: 5	B: 4	C: 3	D: 2	E: 1	12	A: 1	B: 2	C: 3	D: 4	E: 5
3	A: 5	B: 4	C: 3	D: 2	E: 1	13	A: 1	B: 2	C: 3	D: 4	E: 5
4	A: 5	B: 4	C: 3	D: 2	E: 1	14	A: 1	B: 2	C: 3	D: 4	E: 5
5	A: 5	B: 4	C: 3	D: 2	E: 1	15	A: 1	B: 2	C: 3	D: 4	E: 5
6	A: 5	B: 4	C: 3	D: 2	E: 1	16	A: 1	B: 2	C: 3	D: 4	E: 5
7	A: 5	B: 4	C: 3	D: 2	E: 1	17	A: 1	B: 2	C: 3	D: 4	E: 5
8	A: 5	B: 4	C: 3	D: 2	E: 1	18	A: 1	B: 2	C: 3	D: 4	E: 5
9	A: 5	B: 4	C: 3	D: 2	E: 1	19	A: 1	B: 2	C: 3	D: 4	E: 5
10	A: 5	B: 4	C: 3	D: 2	E: 1	20	A: 1	B: 2	C: 3	D: 4	E: 5

9.4 结果解释

总分为20~100，总的来说是分数越高，学习意志力就越强。

80~100分者：你是一个意志力十分坚强的人，对学习能持之以恒地努力，你内心常常有一个声音，督促自己进行自我检查、自我监督，你不服输，确定下来的事情就一定会做到，坚持到底是你人格中很有魅力的部分，也是你今后成功的重要因子。但是必须要提醒你的是：你必须要考虑清楚哪些东西是不能改变的，不要强求，哪些事情是应该放弃的，不要执着。

60~80分者：你的意志力比较强；学习上的事情，该做什么，怎样去做，你非常清楚，你也知道坚持怎么样的程度会达到最好的效果，但正是因为你对事情考虑得太过清楚，所以你会在过程中间偷懒。在努力过程中不要考虑太多，按部就班地把事情坚持下来对你的学习更有帮助。

40~60分者：你的意志力一般；你需要有人监督你的学习，否则你便不能很好地坚持自己的计划，有时候你需要确定你的学习目标与自己的年龄、经验、能力水平相适应，是经过努力能够实现的，而且要从心里重视学习意志力的培养。

40分以下者：你的想象力、意志力比较薄弱。关于意志力，曾有学者提过意志的心理现象一定隐含矛盾的存在，此矛盾由环境的诱惑力和与此相抗衡的内在力量构成。当内在力量胜过外在诱惑力时，我们称之为意志力的表现。对于你来说，也许是抵抗诱惑的能力不强，也许是懒散的作风还围绕着你，如果你能将你的大部分的能量专注于学习上，而不将能量耗费在注意外界诱惑，以及自己内心的挣扎于生活的不良惯性上，你的意志力将会有所提升。

10 气质测验量表[①]

10.1 简 介

陈会昌气质量表，又称"陈会昌60气质量表"。该量表是由山西省教科院陈会昌等在1985年完成编制的，共60题，每种气质类型15题，测量出4种气质类型：胆汁质、多血质、黏液质和抑郁质。他们的研究结果表明，多数人的气质是典型气质和另外两种气质的混合型，典型气质和三种气质混合型的人很少。

10.2 测 题

指导语：请认真阅读下列各题，对于每一题，请凭你的第一印象作答。

A. 很符合自己的情况；B. 比较符合自己的情况；C. 介于符合与不符合之间；D. 比较不符合自己的情况；E. 完全不符合自己的情况。

1. 做事力求稳妥，不做无把握的事。　[A　B　C　D　E]
2. 遇到可气的事就怒不可遏，想把心里话全说出来才痛快。　[A　B　C　D　E]
3. 宁肯一个人干事，不愿很多人在一起。　[A　B　C　D　E]
4. 到一个新环境很快就能适应。　[A　B　C　D　E]
5. 厌恶那些强烈的刺激，如尖叫、噪声、危险的镜头等。　[A　B　C　D　E]
6. 和人争吵时，总是先发制人，喜欢挑衅。　[A　B　C　D　E]
7. 喜欢安静的环境。　[A　B　C　D　E]
8. 喜欢和人交往。　[A　B　C　D　E]
9. 羡慕那种能克制自己感情的人。　[A　B　C　D　E]
10. 生活有规律，很少违反作息制度。　[A　B　C　D　E]
11. 在多数情况下，情绪是乐观的。　[A　B　C　D　E]
12. 碰到陌生人觉得很拘束。　[A　B　C　D　E]
13. 遇到令人气愤的事，能很好地自我克制。　[A　B　C　D　E]
14. 做事总是有旺盛的精力。　[A　B　C　D　E]
15. 遇到问题常常举棋不定，优柔寡断。　[A　B　C　D　E]
16. 在人群中从不觉得过分拘束。　[A　B　C　D　E]
17. 情绪高昂时，觉得干什么都有趣。　[A　B　C　D　E]
18. 当注意力集中于一件事时，别的事很难使我分心。　[A　B　C　D　E]
19. 理解问题总比别人快。　[A　B　C　D　E]

[①] 张拓基，陈会昌. 关于编制气质量表及其初步试用的报告[J]. 山西大学学报（哲学社会科学版），1985(3).

20．碰到危险情境，常有一种极度恐怖感。 [A B C D E]

21．对学习、工作、事业怀有很高的热情。 [A B C D E]

22．能够长时间做枯燥、单调的工作。 [A B C D E]

23．符合兴趣的事情，干起来劲头十足，否则就不想干。 [A B C D E]

24．一点小事就能引起情绪波动。 [A B C D E]

25．讨厌做那种需要耐心、细致的工作。 [A B C D E]

26．与人交往不卑不亢。 [A B C D E]

27．喜欢参加热烈的活动。 [A B C D E]

28．爱看感情细腻、描写人物内心活动的文学作品。 [A B C D E]

29．工作、学习时间长了，常感到厌倦。 [A B C D E]

30．不喜欢长时间谈论一个问题，愿意实际动手干。 [A B C D E]

31．宁愿侃侃而谈，不愿窃窃私语。 [A B C D E]

32．别人说我总是闷闷不乐。 [A B C D E]

33．理解问题常比别人慢些。 [A B C D E]

34．疲倦时只要短暂的休息就能精神抖擞，重新投入工作。 [A B C D E]

35．心里有话宁愿自己想，不愿说出来。 [A B C D E]

36．认准一个目标就希望尽快实现，不达目的，誓不罢休。 [A B C D E]

37．学习、工作同样一段时间后，常比别人更疲倦。 [A B C D E]

38．做事有些莽撞，常常不考虑后果。 [A B C D E]

39．老师或师傅讲授新知识、技术时，总希望他讲慢些，多重复几遍。[A B C D E]

40．能够很快地忘记那些不愉快的事情。 [A B C D E]

41．做作业或完成一件工作总比别人花的时间多。 [A B C D E]

42．喜欢运动量大的剧烈体育活动，或参加各种文娱活动。 [A B C D E]

43．不能很快地把注意力从一件事转移到另一件事上去。 [A B C D E]

44．接受一个任务后，希望把它迅速完成。 [A B C D E]

45．认为墨守成规比冒风险强些。 [A B C D E]

46．能够同时注意几件事物。 [A B C D E]

47．当我烦闷的时候，别人很难使我高兴起来。 [A B C D E]

48．爱看情节起伏跌宕、激动人心的小说。 [A B C D E]

49．对工作抱认真严谨、始终一贯的态度。 [A B C D E]

50．和周围人们的关系总是相处不好。 [A B C D E]

51．喜欢复习学过的知识，重复做已经掌握的工作。 [A B C D E]

52．喜欢做变化大、花样多的工作。 [A B C D E]

53．小时候会背的诗歌，我似乎比别人记得清楚。 [A B C D E]

54．别人说我"出语伤人"，可我并不觉得是这样。 [A B C D E]

55．在体育活动中，常因反应慢而落后。 [A B C D E]

56. 反应敏捷，头脑机智。　　　　　　　　　　　　　　[A　B　C　D　E]

57. 喜欢有条理而不甚麻烦的工作。　　　　　　　　　　[A　B　C　D　E]

58. 兴奋的事常使我失眠。　　　　　　　　　　　　　　[A　B　C　D　E]

59. 老师讲新概念，常常听不懂，但是弄懂以后就很难忘记。[A　B　C　D　E]

60. 假如工作枯燥无味，马上就会情绪低落。　　　　　　[A　B　C　D　E]

10.3　量表常模

量表常模如表 10-15 所示。

表 10-15　气质量表常模

气质类型		很不明显	比较不明显	中等	比较明显	很明显
胆汁质	男	15~40	41~47	48~54	55~61	62~75
	女	15~41	42~47	48~54	55~60	61~75
多血质	男	15~37	38~44	45~52	53~59	60~75
	女	15~37	38~44	45~52	53~59	60~75
黏液质	男	15~42	43~48	49~55	56~61	62~75
	女	15~41	42~47	48~54	55~60	61~75
抑郁质	男	15~43	44~49	50~56	57~62	63~75
	女	15~44	45~50	51~56	57~62	63~75

10.4　各气质对应题项

按题号将各题分成四类，分别结算每类题的总分（见表 10-16）。

表 10-16　各气质对应题项

胆汁质	2	6	9	14	17	21	27	31	36	38	42	48	50	54	58
多血质	4	8	11	16	19	23	25	29	34	40	44	46	52	56	60
黏液质	1	7	10	13	18	22	26	30	33	39	43	45	49	55	57
抑郁质	3	5	12	15	20	24	28	32	35	37	41	47	51	53	59

10.5　气质测验量表的功能及权威性

气质指个体心理活动的稳定的动力特征，不仅对智力和教育方法有影响，也是职业选择的依据之一，是人才测评的一个重要内容。

10.6　气质测验量表的适用人群

该量表适用于 16 岁及以上人群。

10.7　气质测验量表的评价方法

A. 很符合自己的情况，记+2 分。
B. 比较符合自己的情况，记+1 分。
C. 介于符合与不符合之间，记 0 分。
D. 比较不符合自己的情况，记－1 分。
E. 完全不符合自己的情况，记－2 分。

最后的评分标准是：如果某种气质得分明显高出其他三种（均高出 4 分以上），则可定为该种气质；如两种气质得分接近（差异低于 3 分）而又明显高于其他两种（高出 4 分以上），则可定为两种气质的混合型；如果三种气质均高于第四种的得分且相接近，则为三种气质的混合型。如 4 栏分数皆不高且相近（＜3 分），则为四种气质的混合型。多数人的气质是一般型气质或两种气质的混合型，典型气质和数种气质的混合型的人较少。

由此就总结出：13 种气质类型：① 胆汁；② 多血；③ 黏液；④ 抑郁；⑤ 胆汁－多血；⑥ 多血－黏液；⑦ 黏液－抑郁；⑧ 胆汁－抑郁；⑨ 胆汁－多血－黏液；⑩ 多血－黏液－抑郁；⑪ 胆汁－多血－抑郁；⑫ 胆汁－黏液－抑郁；⑬ 胆汁－多血－黏液－抑郁。

此外，凡是在 1，3，5……奇数题上答"2"或"1"，或在 2，4，6……偶数题上答"－1"或"－2"，每题各得 1 分，否则得半分。如果你是男性，总得分在 0～10 则非常内向，11～25 比较内向，26～35 介于内外向之间，36～50 比较外向，51～60 非常外向。如果你是女性，总得分在 0～10 非常内向，11～21 比较内向，22～31 介于内外向之间，32～45 比较外向，46～60 非常外向。

需要强调的是，运用短时的观察和实验法来确定气质类型时，有一定的局限性。全面而准确地测定需要通过长时间和多方面的观察，并联系对被试者整个生活历程的了解和分析，才能真正看出一个人高级神经活动类型的最稳定的特征。因此，气质的问卷调查对被试者气质类型的确定只是一种大致的确定。

10.8　气质测验量表的四种气质的典型特征

1）多血质

强而平衡，灵活性高。这种人的情感和情绪表现迅速，表露于外，极易变化，灵活而敏捷，动作活泼好动，但往往不求甚解。工作适应力强，讨人喜欢，交际广泛。容易接受新事物，也容易见异思迁而显得轻浮。

神经特点：感受性低；耐受性高；不随意反应性强；具有可塑性；情绪兴奋性高；反应速度快而灵活。

心理特点：活泼好动；善于交际；思维敏捷；容易接受新鲜事物；情绪情感容易产生也容易变化和消失，容易外露；体验不深刻。

典型表现：多血质又称活泼型，敏捷好动，善于交际，在新的环境里不会感到拘束。在工作学习中富有精力而效率高，表现出机敏的工作能力，善于适应环境变化。在集体中精神愉快，朝气蓬勃，愿意从事合乎实际的事业，能对事业心向神往，能迅速地把握新事物，在有充分自制能力和纪律性的情况下，会表现出极大的积极性。兴趣广泛，但情感易变，如果事业上不顺利，热情可能消失，其速度与投身事业一样迅速。从事多样化的工作往往成绩卓越。

合适的职业：导游、推销员、节目主持人、演讲者、外事接待人员、演员、市场调查员、监督员等。

2）胆汁质

强而不平衡。这样的人情感和情绪表现迅速，爆发力强。同时，情感和情绪消失得也快，情绪趋于外向。智力活动灵敏有力，但理解问题容易粗枝大叶。意志力坚强，不怕挫折，勇敢果断，但容易冲动，难以抑制。工作热情高，表现得雷厉风行，顽强有力。

神经特点：感受性低；耐受性高；不随意反应强；外倾性明显；情绪兴奋性高；控制力弱；反应快但不灵活。

心理特点：坦率热情；精力旺盛，容易冲动；脾气暴躁；思维敏捷；准确性差；情感外露，但持续时间不长。

典型表现：胆汁质又称不可遏止型或战斗型。具有强烈的兴奋过程和比较弱的抑郁过程，情绪易激动，反应迅速，行动敏捷，暴躁而有力；在语言上、表情上、姿态上都有一种强烈而迅速的情感表现；在克服困难上有不可遏止和坚韧不拔的劲头，而不善于考虑是否能做到；性急，易爆发而不能自制。这种人的工作特点带有明显的周期性，埋头于事业，也准备去克服通向目标的重重困难和障碍，但是当精力耗尽时，易失去信心。

适合职业：管理工作、外交工作、驾驶员、服装纺织业、餐饮服务业、医生、律师、运动员、冒险家、新闻记者、演员、军人、公安干警等。

3）黏液质

强而平衡，灵活性低。这种人情绪比较稳定，兴奋性低，变化缓慢，内向、喜欢沉思。思维和言行稳定而迟缓，冷静而踏实。对工作考虑细致周到，不折不扣，坚定地执行自己已经做出的决定，往往对已经习惯了的工作表现出高度热情，而不容易适应新的工作和环境。

神经特点：感受性低；耐受性高；不随意反应低；外部表现少；情绪具有稳定性；反应速度快但不灵活。

心理特点：稳重，考虑问题全面；安静，沉默，善于克制自己；善于忍耐。情绪不易外露；注意力稳定而不容易转移，外部动作少而缓慢。

典型表现：这种人又称为安静型，在生活中是一个坚持而稳健的辛勤工作者。由于这些人具有与兴奋过程向均衡的强的抑制，所以行动缓慢而沉着，严格恪守既定的生活秩序和工作制度，不为无所谓的动因而分心。黏液质的人态度持重，交际适度，不做空泛的清谈，情感上不易激动，不易发脾气，也不易流露情感，能自治，也不常常显露自己的才能。这种人能长时间坚持不懈，有条不紊地从事自己的工作。其不足之处：有些事情不够灵活，不善于转移自己的注意力；惰性使他因循守旧，表现出固定性有余而灵活性不足。具有从容不迫和严肃认真的品德，以及性格的一贯性和确定性。

适合职业：外科医生、法官、管理人员、出纳员、会计、播音员、话务员、调解员、教师、人力人事管理主管等。

4）抑郁质

弱性，易抑制。这种人情绪体验深刻，不易外露；对事物有较高的敏感性，能体察到一般人所觉察不到的东西，观察事物细致；行动缓慢、多愁善感，也易于消沉，干工作常常显得信心不足，缺乏果断性；交往面较窄，常常有孤独感。

神经特点：感受性高；耐受性低；随意反应低；情绪兴奋性高；反应速度慢，刻板固执。

心理特点：沉静、对问题感受和体验深刻；持久；情绪不容易表露；反应迟缓但是深刻；准确性高。

典型表现：有较强的感受能力，易动感情、情绪体验的方式较少，但是体验的持久而有力，能观察到别人不容易察觉到的细节，对外部环境变化敏感，内心体验深刻，外表行为非常迟缓、忸怩、怯弱、怀疑、孤僻、优柔寡断，容易恐惧。

适合职业：校对、打字、排版、检察员、雕刻工作、刺绣工作、保管员、机要秘书、艺术工作者、哲学家、科学家。

气质类型与人的生理素质关系尤为密切，不易改变。每个人的气质都有其所长，也有其所短，要了解其特点，扬长避短。多血质的人活泼、敏捷、情绪丰富、工作能力强，容易适应环境，但行为轻率、情感不深、注意力不稳定、兴趣容易转移；胆汁质的人，主动、热情、精力旺盛，但暴躁、任性、缺乏耐性；黏液质的人，沉着、冷静、坚韧，但容易精神不振、缺乏生气，迟钝、冷淡；抑郁质的人，耐受性差，易感到疲劳，但感情深刻细腻，做事审慎小心，观察力敏锐，善于觉察别人不易发现的问题。

不同的气质都有容易培养的良好品质，如多血质的活泼、易感；胆汁质的迅速；黏液质的安静和耐性；抑郁质的情感稳定和深刻。同时，要注意防止和克服每一种气质易产生的不良倾向，如多血质的精力分散；胆汁质的急躁；黏液质的冷淡；抑郁质的沉沦于个人体验的倾向和过度的沉默。

11　心理弹性量表（CD‑RISC）[①]

11.1　简　介

CD-RISC 量表是 Connor 和 Davidson（2003）编制的，起源于对创伤后应激障碍

---

① 雷万胜，陈栩，陈锦添. 大学生心理韧性研究[J]. 中国健康心理学杂志，2008(2)：155-157

（Post-Traumatic Stress Disorder，PTSD）的研究。心理弹性概念始于美国，21 世纪初引入我国，张建新、余肖楠于 2007 年提出 3 纬度分法。目前对心理弹性的概念尚有争议，大体可概括为 3 种：① 心理弹性即个体自身具备的某种特质，在处于危机或压力情境时该特质可产生应对策略；② 心理弹性是一种创伤后产生的积极适应的结果；③ 心理弹性是一种动态的过程，反映个体保护与环境危险相互作用的过程。

11.2　测　题

指导语：下表是用于评估心理弹性水平的自我评定量表。请根据过去一个月你的情况，对下面每个阐述，选出最符合你的一项。注意回答这些问题没有对错之分。

测　题	完全不是这样	很少这样	有时这样	经常这样	几乎总是这样
1. 我能适应变化。	0	1	2	3	4
2. 我有亲密、安全的关系。	0	1	2	3	4
3. 有时，命运或上帝能帮忙。	0	1	2	3	4
4. 无论发生什么我都能应付。	0	1	2	3	4
5. 过去的成功让我有信心面对挑战。	0	1	2	3	4
6. 我能看到事情幽默的一面。	0	1	2	3	4
7. 应对压力使我感到有力量。	0	1	2	3	4
8. 经历艰难或疾病后，我往往会很快恢复。	0	1	2	3	4
9. 事情发生总是有原因的。	0	1	2	3	4
10. 无论结果怎样，我都会尽自己最大努力。	0	1	2	3	4
11. 我能实现自己的目标。	0	1	2	3	4
12. 当事情看起来没什么希望时，我不会轻易放弃。	0	1	2	3	4
13. 我知道去哪里寻求帮助。	0	1	2	3	4
14. 在压力下，我能够集中注意力并清晰思考。	0	1	2	3	4
15. 我喜欢在解决问题时起带头作用。	0	1	2	3	4
16. 我不会因失败而气馁。	0	1	2	3	4
17. 我认为自己是个强有力的人。	0	1	2	3	4
18. 我能做出不寻常的或艰难的决定。	0	1	2	3	4
19. 我能处理不快乐的情绪。	0	1	2	3	4
20. 我不得不按照预感行事。	0	1	2	3	4

21.	我有强烈的目的感。		0	1	2	3	4
22.	我感觉能掌控自己的生活。		0	1	2	3	4
23.	我喜欢挑战。		0	1	2	3	4
24.	我努力工作以达到目标。		0	1	2	3	4
25.	我对自己的成绩感到骄傲。		0	1	2	3	4

11.3 心理弹性量表使用方法

心理弹性量表（Connor-Davidson resilience scale，CD-RISC）原问卷包含 25 个项目，采用里克特氏 5 点量表评定法，从 0～4 表示完全不是这样、很少这样、有时这样、经常这样、几乎总是这样。计算得分越高，心理弹性越高。

11.4 心理弹性量表的适用人群

通过在不同人群中施测，具有良好的信度和效度。CD-RISC 量表对于心理弹性的预测效力已得到公认，应用较为广泛。

11.5 心理弹性量表的应用价值

心理弹性量表的得分高低反映的是一个人的心理复原能力水平。得分越高说明你的心理弹性、心理复原能力越好。这是一种成功必备的品质，即一种弹性的解决问题的能力或是应对危机的能力。心理韧性显现的结果是发展出健康、积极的应对策略，能够克服逆境。具有心理韧性的人具有真实感或是自我感，对自己身份恰当认同，具有较强的对环境的适应性，拥有卓越的信念。

11.6 心理弹性量表常模

1）不同性别大学生心理韧性比较（见表 10-17）

表 10-17 不同性别分值对比

因变量	男（$n=72$）	女（$n=144$）	t	P
坚韧	47.31±8.54	43.38±6.64	3.719	0.000
力量	30.57±5.23	29.42±3.63	1.877	0.062
乐观	13.92±2.59	13.59±2.13	0.986	0.325

2）来自城市和农村大学生心理韧性比较（见表 10-18）

表 10-18　不同地域分数对比

因变量	农村（n=135）	城市（n=81）	t	P
坚韧	44.55±7.96	44.91±6.81	−0.344	0.731
力量	29.67±4.53	29.99±3.77	−0.486	0.627
乐观	13.36±2.44	14.26±1.91	−2.825	0.005

3）独生子女和非独生子女大学生心理韧性比较（见表 10-19）

表 10-19　是否独生子女分数比较

因变量	独生子女（n=59）	非独生子女（n=157）	t	P
坚韧	42.86±7.80	45.37±7.35	−2.196	0.611
力量	29.08±4.67	30.07±4.07	−1.531	0.593
乐观	13.78±2.51	13.67±2.14	0.316	0.578

4）大学生心理韧性年级差异比较之单因素方差分析（见表 10-20）

表 10-20　不同年级分数比较

因变量	大一（n=44）	大二（n=44）	大三（n=101）	大四（n=27）	F	P
坚韧	42.25±1.06	43.68±1.12	44.47±0.79	46.18±1.27	0.722	0.540
力量	29.84±0.57	28.88±0.57	29.94±0.41	0.74±0.77	1.157	0.327
乐观	13.93±0.32	13.31±0.39	13.67±14.13	14.03 ±0.35	0.752	0.522

11.7　心理弹性量表的得分解释

评分＜60 分为心理弹性水平较差。

评分在 60～70 分为心理弹性水平一般。

一个人遇到打击的时候不善于处理打击，如果遇到的打击更大，他的处理能力就会更弱。这样的人就是心理弹性差的人。

首先，遇到事情要勇敢地去面对，不要去逃避，要去正视这件事情的本身。其次，多去社交、旅游、健身，以增加自己的心理弹性。最后，最有效的方法还是锻炼自己的大脑的注意力（哈佛大学的一项实验显示：人们每天都是在思考焦虑沮丧的事情的时间有 50%）。所以，如果我们每天把自己的精力转移到自己的当下的事情上的话，那么我们的心理弹性自然就提高了。

评分在 70～80 分为心理弹性水平良好。

评分 > 80 分为心理弹性水平优秀。

心理弹性好的人很容易释放自己的压力，其大脑皮层很容易接受不同的事物，并能够快速地切换大脑皮层的思维。

11.8　心理弹性量表在航空领域的应用

彭李、陈文俊等人于 2018 年研究了海军航空兵飞行员的心理弹性状况及影响因素，为海军航空兵的心理弹性训练提供了依据。采用心理弹性量表（CD-RISC）、正负性情感量表（PNAS）、情绪调节方式量表（ERQ）和自我效能感量表（GSES）对 160 名海军航空兵飞行员进行问卷调查。结果显示：海军航空兵的心理弹性总分为 71.76 ± 10.07；坚韧性得分为 36.35 ± 6.29，力量得分为 24.76 ± 3.59，乐观性得分为 10.65 ± 2.09。心理弹性与正性情绪、认知重评和自我效能感呈显著正相关（r=0.65，0.39，0.37，P<0.05）；心理弹性与负性情绪、表达抑制呈显著负相关（r= − 0.43， − 0.35，P<0.05）。正性情绪、负性情绪和认知重评能够显著预测心理弹性，总解释率为 58.1%（F=28.45，P<0.01）。结构方程模型显示，认知重评在正负性情绪中起着部分中介作用。结论：海军航空兵飞行员心理弹性普遍较好，其心理弹性与正负性情绪、情绪调节方式以及自我效能感密切相关，认知重评的情绪调节方式在其心理弹性中起着重要作用。

12　心理授权量表（Psychological Empowerment Scale）①

12.1　简　介

心理授权量表（Psychological Empowerment Scale）是个体体验到的心理状态或认知的综合体，它反映了个体对自己工作角色的一种积极定位。心理授权包含个人对其工作角色定位的 4 个方面的认知：能力（或自我的效能）、影响力、工作意义和工作自主性（Spreitzer，1995）。能力，是个体对自己完成任务的能力的信念（Gist，1987）；影响力，是个体对组织的战略、管理或工作结果的影响程度（Ashforth，1989）；工作意义，是在个体自己的标准看来一项工作的个人价值（Thomas&Velthouse，1990）；工作自主性，是个体对工作决策的自主性感受（Avolio et al.，2004）。Spreitzer（1995）基于前人关于心理授权的一些理论，编制了测量心理授权的问卷，并通过实证研究证明了心理授权是一个完整的四维度结构。

国内学者李超平、时勘等（2006）对 Spreitzer 编制的心理授权问卷进行了修订，先由 4 名专家独立将问卷翻译成中文，讨论后确定中文稿。然后，请 10 名来自不同企业、不同文化程度的员工填写了问卷，在问卷填写完之后对他（她）进行了访谈，并根据访谈结果对部分文字表述进行了修改，形成了心理授权中文版初稿。之后，邀请 2 名英文专业的专家通过讨论将中文的问卷回译成英文，并根据回译的问卷对中文版初稿进行了适当调

---

① 李超平, 李晓轩, 时勘, 陈雪峰. 授权的测量及其与员工工作态度的关系[J]. 心理学报, 2006(1):99-106.

整，确定了最终的中文问卷。修订后的量表仍然包括心理授权的 4 个方面的内容，但与国外的研究有所区别。后来的一些研究表明，修订后的心理授权问卷在测量心理授权方面有较好的信度和效度。

12.2 测 题

请仔细阅读下面的题目，根据你的实际情况，判断这些陈述与你的符合程度，并在没想成熟后面相应的数字上打"√"，判断标准如下：

测 题	非常不同意	比较不同意	不好确定	比较确定	非常确定
1. 我的工作对我来说非常重要。	1	2	3	4	5
2. 工作上所做的事对我个人来说非常有意义。	1	2	3	4	5
3. 我所做的工作对我来说非常有意义。	1	2	3	4	5
4. 我对自己完成工作的能力非常有信心。	1	2	3	4	5
5. 我自信自己有干好工作上的各种事情的能力。	1	2	3	4	5
6. 我掌握了完后工作所需要的各项技能。	1	2	3	4	5
7. 在决定如何完成我的工作上，我有很大的自主权。	1	2	3	4	5
8. 在如何完成工作上，我有很大的独立性和自主权。	1	2	3	4	5
9. 我自己可以决定如何来着手来做我的工作。	1	2	3	4	5
10. 我对发生在本部门的事情有很大的影响力和作用。	1	2	3	4	5
11. 我对发生在本部门的事情起着很大的控制作用。	1	2	3	4	5
12. 我对发生在本部门的事情有重大的影响。	1	2	3	4	5

12.3 计分方法及结果解释

12.3.1 评分方法

该问卷采用利克特 5 分等级量表，分别为：
1. 非常不同意；
2. 比较不同意；
3. 不好确定；
4. 比较确定；
5. 非常确定。
调查过程中，要求被试根据自己的感知对问卷中的描述在多大程度上与自己的情况相符合做出判断。

12.3.2 常模及结果解释

1）常 模

李超平等人正式调查 20 家企业，发放 1 100 份左右问卷，实际收回 987 份问卷。（见表 10-21）

表 10-21　主要变量的描述性统计结果

	M	SD	1	2	3	4	5	6	7	8
工作意义	3.69	0.76	0.76							
自我效能	4.01	0.55	0.229	0.71						
自主性	3.32	0.87	0.295	0.192	0.76					
工作影响	2.83	0.82	0.201	0.142	0.340	0.74				
员工满意度	3.28	0.67	0.554	0.185	0.385	0.206	0.75			
组织承诺	3.58	0.68	0.600	0.268	0.329	0.209	0.618	0.79		
工作倦怠	2.15	1.28	−0.316	−0.102	−0.115	−0.030	−0.389	−0.348	0.87	
离职意向	2.57	0.90	−0.492	−0.161	−0.224	−0.045	−0.544	−0.647	0.391	0.82

2）得分解释

授权对员工满意度、组织承诺、离职意向与工作倦怠均具有显著的影响。授权程度越高，员工满意度就越高，组织承诺就越强，工作倦怠的程度就越低，离职意向也越低。

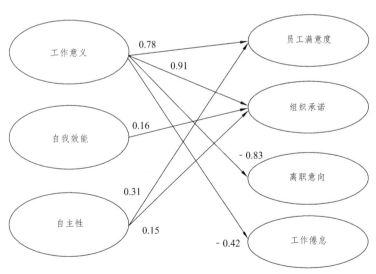

图 10-1　授权与员工工作态度的最终模型

从图 10-1 我们可以发现，工作意义对员工满意度、组织承诺、离职意向与工作倦怠均有显著的影响，而且是唯一一个对这些员工工作态度变量均有显著影响的维度。

自主性对员工满意度与组织承诺有正向的影响。自主性，也就是员工在工作中能否决定如何来开展他们的工作，能否控制与他们工作相关的决策，被认为是内部激励的重要组成成分。

自我效能对组织承诺有正向影响，而对员工满意度、离职意向与工作倦怠没有显著的影响。

工作影响对员工满意度、组织承诺、离职意向与工作倦怠均没有显著影响。

（本专题由罗晓利撰写）

参考文献

[1] 袁磊，辛秀萍，刘艺. 地方高校学生干部优势人格状况调查与研究[J]. 河南教育学院学报，2018（5）：68-71；

[2] 郑祥专.地方高校大学生积极人格发展研究[J]. 中国特殊教育，2009（6）：69-74.

[3] 杜夏华. 大学生积极人格特质及其与幸福感的关系研究[D]. 南昌：南昌大学，2009.

[4] 白燕. 积极心理学视阈下的大学生心理健康教育研究[D]. 北京：北京化工大学，2013.

[5] 彭纯子，范晓玲，李罗初. 社交回避与苦恼量表在学生群体中的信效度研究[J]. 中国临床心理学杂志，2003（4）：279-281.

[6] 梁执群，卢莉，籍继颖，朱素娟，虞婕.某医科大学学生社交回避及苦恼的相关因素研究[J].中国学校卫生，2004（3）：318-319.

[7] 林雄标，胡纪泽. 社交恐怖症患者的认知特征及相关因素[J]. 中国心理卫生杂志，2003（6）：423-425.

[8] 熊波. 飞行员社交回避及苦恼的心理社会因素研究[D]. 西安：第四军医大学，2008.

[9] 张艳. 大学生家庭亲密度、学业情绪与心理和谐的关系研究[D]. 石家庄：河北师范大学，2013.

[10] 张作记. 行为医学量表手册[M]. 北京：中华医学电子音像出版社，2005：166.

[11] 张拓基，陈会昌. 关于编制气质量表及其初步试用的报告. 山西大学学报（哲学社会科学版），1985（3）.

[12] 雷万胜，陈栩，陈锦添. 大学生心理韧性研究[J].中国健康心理学杂志，2008（2）：155-157.

[13] 李超平，李晓轩，时勘，陈雪峰. 授权的测量及其与员工工作态度的关系[J]. 心理学报，2006（1）：99-106.

专题 11　飞行学生心理健康测试与 EAP 平台系统的使用方法

【引　子】

　　"中国民航飞行学生心理健康测试与 EAP 系统"是专门为了解和维护飞行学员心理健康而创建的。通过使用该系统，同学们能够在 PC 端和移动设备上便捷地参加心理测评和自测、寻求线上心理咨询与援助，同时也可以在门户网站获取大量的心理健康知识和信息。

1　Web 端使用

1.1　如何登录系统

　　打开浏览器，在地址栏中输入 http://eap.cafuc.pinyikeji.cn/#/login（推荐使用谷歌 Chrome 浏览器），即可进入中国民航飞行学生心理健康测试与 EAP 系统。进入后可看到"用户名登录"和"手机验证码登录"两种登录方式。

　　注：如果采用用户名登录，用户名和密码请输入学号，手机验证码登录需要预先在系统个人信息中配置正确的手机号。

1.2　如何进行心理测试

　　第一步：进入测试界面。通过系统菜单"心理测试""在线测试"进入在线测试界面，如图 11-1 所示。在所示的内容中，有"待测试记录""可测试量表"两个选项卡。"待测试记录"中包含的内容为：

　　（1）未开始、需要在指定时间内完成的心理测评。

　　（2）正在测试、由于不慎关闭浏览器或者退出了当前心理测评作答界面的心理测评。

　　"可测试量表"选项卡中则可以看到所有开放、允许飞行学员自行测试的量表。

图 11-1　测试界面

第二步：开始测试。点击每个量表下方的"开始测试"按钮，进入量表测试指导页。指导页中的内容包含了测试说明以及人口学变量。上图中的"人际关系"即是量表配置的人口学变量，每套量表分析指标不同会存在不同的人口学变量，学生需要先填写该信息，填写完成后点击开始答题即可。

第三步：完成测试。点击选项前面的钩选框，对该题目进行作答，作答完成后点击右上方的下一题，重复该操作直至所有题目答完，点击右上方的"完成测试"按钮完成测试。（见图 11-2）

在右侧的答题卡中可以查看当前心理测评的答题进度，点击其中的题目可以快捷跳转至指定的题目。

图 11-2　完成测试界面

第四步：查看测试结果。完成测试后会自动跳转至测试结果。

1.3 如何进行心理咨询

第一步：进入咨询。通过系统菜单"心理援助""在线咨询"进入在线咨询界面。可查看到所有心理辅导老师的状态。

然后选择一个处于"在线"状态的心理辅导老师进行在线咨询。如果所想要咨询的心理辅导老师正处于"工作中"或者"离线"状态，则需要选择该心理辅导老师进行咨询预约（见图 11-3）。

图 11-3 "在线"状态界面

第二步：咨询申请或咨询预约。当有心理辅导老师处于"在线"状态时，点击"咨询申请"按钮，然后等待心理辅导老师接受咨询申请即可开始进行在线咨询。当有老师处于"离线"状态时，点击"咨询预约"，然后输入或选择预置的预约咨询模版，完成后点击对话框右下角的"确定"按钮（见图 11-4）。

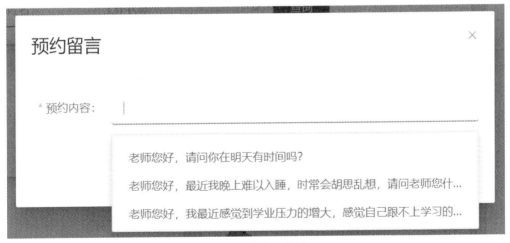

图 11-4 "离线"状态界面

第三步：查看回复。在"心理援助""预约管理"中查看老师的回复。预约发送成功后，心理辅导老师会在系统消息中收到通知消息，并在预约管理中进行回复，与心理辅导老师确认了预约的时间之后则可以在该心理辅导老师空闲的时间段进行咨询申请。

第四步：发送咨询内容。待心理辅导老师接受咨询后，系统会自动弹出聊天窗口。左侧红色方框内的文本框中输入内容后。点击右下角红色区域内的发送按钮即可发送消息。（见图11-5）

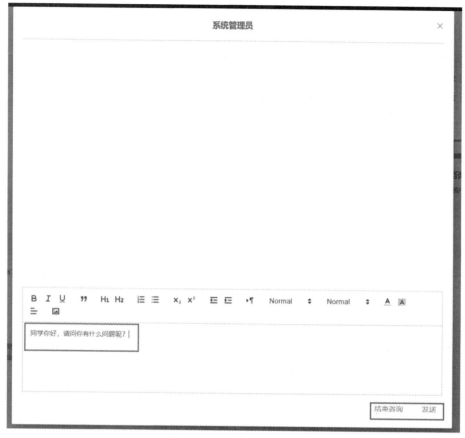

图 11-5　预约留言界面

第五步：查看咨询记录。通过"心理援助""咨询记录"查看相关的咨询记录。

注：若是聊天窗口在不留意的情况下关闭，可在左侧系统菜单中"心理援助""咨询记录"中找到想要查找的咨询记录。点击"正在咨询"即可恢复聊天窗口。

1.4　如何查看测试记录

通过系统菜单"心理测试""测试记录"进入测试记录查询界面，可以查询到自己所有的心理测评记录，通过系统提供的丰富查询条件可以方便地定位到自己想要找到的心理测评记录，点击列表行上最右侧的"查看详情"按钮，即可查看该次心理测评记录分数、结果解释及建议、答题记录、上次测试情况（见图11-6）。

另外，通过上图右上角的切换按钮可以切换至心理测评报告手册，通过报告手册可以查询到剖析图示、误差分析等信息帮助飞行学员对该次心理测评结果有准确的认识。（见图11-7）。

卡特尔十六种人格因素测验

答题人：小张　　学号：2020100000XX

答题时间：2020-09-11 16:37:57　　答题用时：0 小时 7 分 9 秒

量表简介

　　本测验全称是Catell 16 Personality Factor Test,是美国伊利诺州立大学人格及能力研究所卡特尔（Catell）教授编制的。卡特尔根据自己的人格特质理论，运用因素分析方法编制了这一测验。卡特尔认为：人的行为之所以具有一致性和规律性就是因为每一个人都具有根源特质。为了测量4500个用来描述人类行为的词汇，从中选定171项特征名称，让大学生应用这些名称对同学进行行为评定，因素分析后最终得到16种人格特质。卡特尔认为这16种特质代表着人格组织的基本构成。

测试结果

排序：◉ 默认排序　　○ 按导出分数降序　　○ 按导出分数升序

因素A（乐群性）		
导出分数: 5	原始分数: 11	未出现风险预警
解释： 　你在因素A（乐群性）属于中性特征		
建议： 　你在因素A（乐群性）属于中性特征		

图 11-6　测试记录

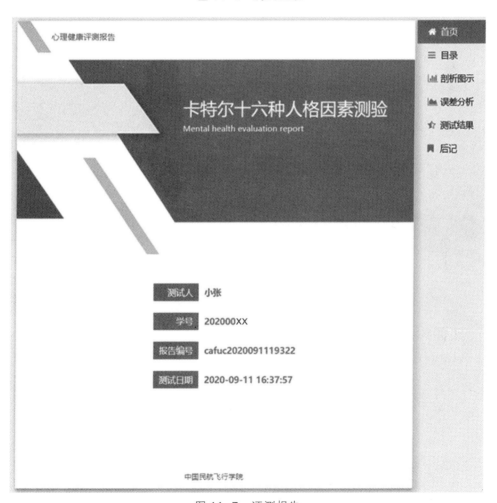

图 11-7　评测报告

1.5　如何查看心理档案

飞行学员通过"个人档案"进入自己的心理档案，可以查询出心理测评完成情况、在线咨询完成情况、测试记录、咨询记录以及测试分析。通过测试分析可以看出自己在一段时间内的心理变化趋势（见图 11-8）。

图 11-8　心理档案

1.6　如何使用门户网站

第一步：打开浏览器，在地址栏输入 http://web.cafuc.pinyikeji.cn（推荐使用百度、360、谷歌浏览器）。（见图 11-9）

图 11-9　门户网站

第二步：根据自身需要浏览心理学相关知识。

2 移动端使用

2.1 如何登录系统

可通过扫描以下二维码登录系统，用户名和密码都是学号。

2.2 如何进行心理测试

第一步：进入测试界面。通过系统菜单"在线测试"进入在线测试界面。界面中的内容与 Web 一致都包含"待测试记录""可测试量表"选项卡（见图 11-10）。找到所想要测试的量表，直接点击即可。

图 11-10 测试界面

第二步：开始测试。点击所想要测试的量表，进入量表测试指导页，与 Web 端开始测试一致，需要先将人口学变量信息填写完成后，点击开始答题（见图 11-11）。

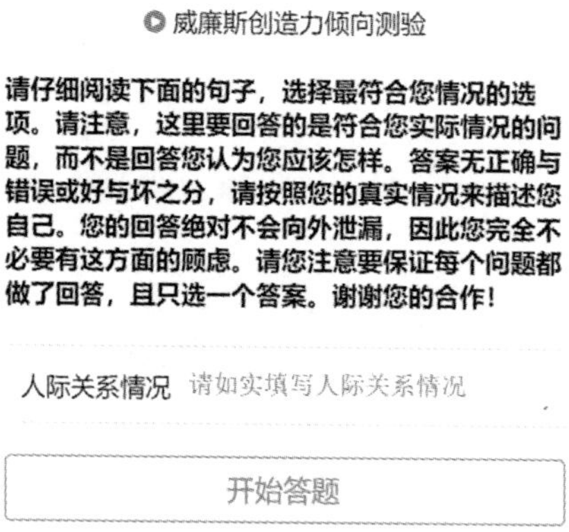

◉ 威廉斯创造力倾向测验

请仔细阅读下面的句子，选择最符合您情况的选项。请注意，这里要回答的是符合您实际情况的问题，而不是回答您认为您应该怎样。答案无正确与错误或好与坏之分，请按照您的真实情况来描述您自己。您的回答绝对不会向外泄漏，因此您完全不必要有这方面的顾虑。请您注意要保证每个问题都做了回答，且只选一个答案。谢谢您的合作！

人际关系情况　请如实填写人际关系情况

开始答题

图 11-11　开始测试

第三步：完成测试。点击选项前面的钩选框，对该题目进行作答，一题完成后点击下方的"＞"做下一题，重复该操作直至所有题目答题完成。答题卡则可通过图 11-12 中题目列表进行查看。点击右上方的"完成测试"按钮即可完成测试。

📖 测试信息　　　　　　　　　完成测试

量表名称：威廉斯创造力倾向测验
开始时间：2020-09-16 11:46:07
答题时间：无
题目列表：点击查看

🚩 题目

1、在学校里，我喜欢试着对事情或问题作猜测，即使不一定都猜对也无所谓：

○ 完全符合

○ 部分符合

○ 完全不符合

〈　　〉

图 11-12　完成测试

第四步：查看测试结果。完成测试后会自动跳转至测试结果。

2 移动端使用

2.1 如何登录系统

可通过扫描以下二维码登录系统，用户名和密码都是学号。

2.2 如何进行心理测试

第一步：进入测试界面。通过系统菜单"在线测试"进入在线测试界面。界面中的内容与 Web 一致都包含"待测试记录""可测试量表"选项卡（见图 11-10）。找到所想要测试的量表，直接点击即可。

图 11-10　测试界面

第二步：开始测试。点击所想要测试的量表，进入量表测试指导页，与 Web 端开始测试一致，需要先将人口学变量信息填写完成后，点击开始答题（见图 11-11）。

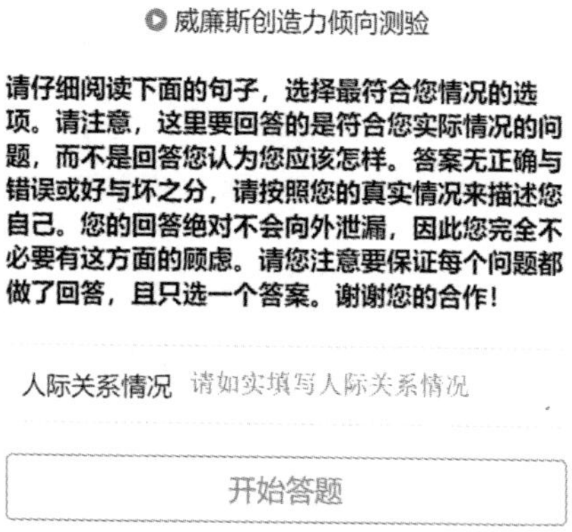

图 11-11　开始测试

第三步：完成测试。点击选项前面的钩选框，对该题目进行作答，一题完成后点击下方的"＞"做下一题，重复该操作直至所有题目答题完成。答题卡则可通过图 11-12 中题目列表进行查看。点击右上方的"完成测试"按钮即可完成测试。

图 11-12　完成测试

第四步：查看测试结果。完成测试后会自动跳转至测试结果。

2.3 如何查看测试记录和测试结果

第一步：查找测试记录。通过界面下方的固定菜单"心理档案"找到想要查看的测试记录，点击列表行。

第二步：点击"测试记录"切换至测试记录模块（见图 11-13）。

图 11-13 测试记录

第三步：查看测试记录。点击想要查看的测试记录（见图 11-14）。

图 11-14 查看测试记录

2.4 如何进行心理咨询

第一步：进入咨询界面。然后选择一个处于"在线"状态的心理辅导老师进行在线咨询。如果所想要咨询的心理辅导老师正处于"工作中"或者"离线"状态，则需要选择该心理辅导老师进行咨询预约。

点击界面中心理辅导老师所显示的块状区域可以唤醒操作栏（见图11-15）。

图11-15 咨询预约

第二步：咨询申请或咨询预约。如有老师在线，点击"咨询申请"按钮，即可向心理辅导老师发送咨询请求。发送申请后，等待心理辅导老师回应。心理辅导老师接受咨询后，就会出现聊天窗口。

如老师处于离线或者工作中状态，想进行预约咨询，点击咨询预约栏，即会出现图11-6中所示的对话框。输入预约内容后，点击图中红色箭头所指示的"确定"按钮即可向心理辅导老师发送预约留言。

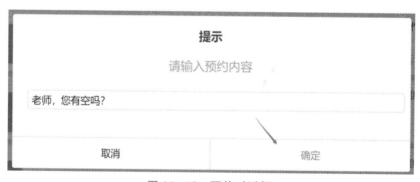

图11-16 预约对话框

第三步：查看预约。预约发送成功后，心理辅导老师会在系统消息中收到通知消息，并在预约管理中进行回复，与心理辅导老师确认了预约时间之后则可以在该心理辅导老师空闲的时间段进行咨询申请。通过底部菜单中的"预约管理"进入预约留言列表。点击图中预约留言所示块状区域即可查看回复内容（见图11-17）。

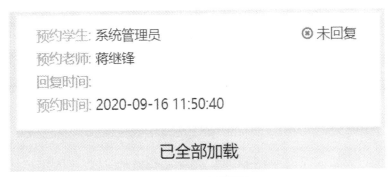

图 11-17 查看预约

第四步：发送咨询内容。待心理辅导老师接受咨询后，系统会自动弹出聊天窗口。界面下方则是聊天输入框区域，在其中输入内容后，点击右下角红色箭头所指示"发送"按钮即可发送消息（见图11-18）。

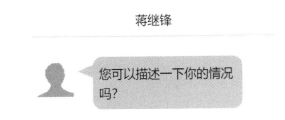

图 11-18 发送咨询

2.5 心理档案查询

飞行学员通过底部固定的系统菜单"个人档案"进入自己的心理档案，可以查询出心理测评完成情况、在线咨询完成情况、测试记录、咨询记录以及测试分析。通过测试分析，飞行学员可以看出自己一段时间内的心理变化趋势。

2.6 如何访问门户网站

扫描以下二维码即可进入门户网站浏览心理学相关知识。

（本专题由罗晓利撰写）

参考文献

[1] 罗晓利，朱西平，等. 基于大数据的民航飞行学员心理健康测试与 EAP 平台用户指南[S]. 基于大数据的民航飞行学生心理健康维护/疾病风险管理体系研究课题组，2019（10）.